配电自动化技术培训教材

国网山西省电力公司技能培训中心　组编

中国电力出版社
CHINA ELECTRIC POWER PRESS

内 容 提 要

配电网作为城乡重要基础设施，是人民生活电力保障的“最后一公里”。配电自动化通信系统是配电自动化的重要组成部分，是配电自动化系统可靠运行的重要保障。与电力系统其他通信系统相比，配电自动化通信系统具有点多、面广、运行环境恶劣等特点，其技术体制的选择影响着配电自动化系统的整体建设投资，其运行维护直接关系到配电自动化系统的安全稳定运行。

本书共 6 章，分别是配电网与配电自动化、配电自动化通信系统、配电自动化通信系统建设、配电自动化通信系统运维管理、配电自动化信息交互与网络安全和配电物联网。

本书可供配电相关专业的研究人员、规划设计人员和工程技术人员参考，也可为配电通信相关的产品和系统研发人员提供有益帮助。

图书在版编目（CIP）数据

配电自动化技术培训教材 / 国网山西省电力公司技能培训中心组编. —北京：中国电力出版社，2023.7

ISBN 978-7-5198-7805-4

Ⅰ. ①配… Ⅱ. ①国… Ⅲ. ①配电自动化–技术培训–教材 Ⅳ. ①TM76

中国国家版本馆 CIP 数据核字（2023）第 079795 号

出版发行：中国电力出版社
地　　址：北京市东城区北京站西街 19 号（邮政编码 100005）
网　　址：http://www.cepp.sgcc.com.cn
责任编辑：罗　艳
责任校对：黄　蓓　郝军燕
装帧设计：张俊霞
责任印制：石　雷

印　　刷：廊坊市文峰档案印务有限公司
版　　次：2023 年 7 月第一版
印　　次：2023 年 7 月北京第一次印刷
开　　本：710 毫米×1000 毫米　16 开本
印　　张：17.5
字　　数：301 千字
印　　数：0001—1500 册
定　　价：88.00 元

编 委 会

主　　编　成文忠

副 主 编　樊广峰

编写人员　李宏伟　王喜聪　闫　劲

　　　　　张　宇　杨　峥　史奕龙

前 言

配电网是重要的国家基础设施，覆盖城乡区域，连接千家万户，承担着广泛的政治责任、经济责任、社会责任。在推进中国式现代化、建设新型能源体系的新时代，保障电力安全可靠供应仍是配电网发展的首要责任，支撑能源清洁低碳转型成为配电网发展的重要任务，配电网发展面临更高要求、更高标准。

在新的战略机遇下，新型能源体系建设对配电网的智慧升级提出了更高要求。海量分散新要素新业态的广泛接入，要求配电网全面提升可观可测的数字透明水平；双向有源系统的根本转变，要求配电网全面提升柔性可调可控能力，建立协同调控机制，实现源网荷储多元主体互动、主配微协同高效运行。

为顺应发展形势，响应变革要求，加强传统配电网的通信网络建设，综合利用光纤专网、4G/5G 无线公网、无线虚拟专网等各种通信制式，并积极探索量子加密、电力专用高安全卫星系统等新型通信技术在配电网的研究应用，全面提高配电网安全供电保障能力、清洁能源消纳能力、多元负荷承载能力、优化配置资源能力，高质量服务现代智慧配电网和中国式现代化的发展。

本书从配电网与配电自动化的基本概念入手，回顾了配电自动化的发展历程，介绍了配电自动化通信系统的组成结构、常见模式、通信协议，以及通信网管系统的技术内涵，并从系统建设、运维管理、信息交互与信息安全等多个方面详述了配电自动化通信系统工程实施的有关内容，并结合工程实例，介绍了配电物联网的相关知识。

受学识水平、工程经验及技术能力的限制，疏漏之处在所难免，恳请各位读者批评指正！

编　者

2023 年 4 月

目 录

第1章 配电网与配电自动化

1.1 配电网发展现状

配电网作为城乡重要基础设施，是人民生活电力保障的“最后一公里”。国家电网有限公司（简称国家电网公司）高度重视配电网发展，全面贯彻落实国家重大决策部署，持续加大配电网建设改造力度，“十三五”期间完成投资 12093 亿元，较“十二五”期间增加 41%，配电网投资占电网基建投资的比例由 47%提高到 58%。配电网发展水平再上台阶，“十三五”末，城、农网供电可靠率分别为 99.97%和 99.84%，户均停电时间较 2015 年分别缩短 0.8、7.5h，综合电压合格率分别为 99.995%和 99.75%。

截至 2021 年底，国家电网公司经营区内 6～10（20）kV 线路长度为 440.5 万 km（城市 93.8 万 km，县域 346.7 万 km），其中架空线路 352.3 万 km（城市 40.4 万 km），电缆线路 88.2 万 km，电缆化率 20.0%（城市 56.9%，县域 10.1%），配电变压器共 541.4 万台，容量 17.1 亿 kVA（城市 6.6 亿 kVA，县域 10.5 亿 kVA），配电开关 654.8 万台（城市 376.6 万台，县域 278.2 万台）；0.38kV 公用线路总长度为 858.8 万 km，电缆线路长度 149.2 万 km，电缆化率 17.37%，其中架空绝缘导线长度 399.4 万 km，裸导线长度 313 万 km；10kV 及以下分布式电源装机容量突破 8000 万 kW，其中分布式新能源装机容量超过 5900 万 kW，渗透率接近 15%。

（1）一次网架方面。已形成链式结构为主的高压配电网结构，安全运行水平显著提升；全面推进“网格化”规划，坚持目标网架为引领，持续提升中压线路联络水平，合理设置中压线路分段点和联络点，解决无效联络问题，提高配电网转供能力、供电安全可靠水平和防灾抗灾能力。110（66）kV 主变压器及线路 $N-1$ 通过率分别为 88%和 92%，10kV 线路 $N-1$ 通过率为 70%，大电网延伸覆盖至全部县域，满足“十三五”期间新增分布式新能源装机容量 0.83 亿 kW 的接入需求，推广实施电能替代项目超过 22 万个，服务 100 万台电动汽车充电桩和 137 万 kW 电化学储能设施接入。

（2）配电自动化方面。国家电网公司经营区内配电自动化覆盖率超过90%，建成配电自动化主站系统200余个，主站覆盖率超过73%；基本实现了配电监测、馈线自动化、设备异动管理、配电调度管理等应用功能；配电终端以二遥、三遥终端、故障指示器为主，实现了故障信息采集和故障处理控制等功能；一二次融合设备得到广泛应用，配电自动化技术获得了实用化发展，有力支撑了配电网故障精准定位和供电恢复控制，保障了安全可靠供电和社会经济发展。

（3）信息化方面。数据采集、传输、存储、应用及安全防护全环节的信息化已初具规模。其中，数据采集方面，主要依托配电自动化、负荷控制、用电信息采集、辅助监测等终端对中低压配电网环节数据进行采集与上传。数据传输方面，依托配电通信网实现对配电网采集数据的数据传输，主要采用光纤、无线公网、电力线载波、无线专网等通信方式。数据存储方面，生产控制大区主要存储电厂发电、中压分布式光伏、电网运行等源、网数据及中压设备台账数据；管理信息大区的数据主要存储在数据中台、电网资源业务中台，包含低压分布式光伏、智能融合终端、设备台账、电网拓扑、智能电能表、充电桩等源网荷数据；互联网大区围绕能源大数据中心，汇聚小水电、综合能源等多种能源数据。数据应用方面，基于“网上电网”、能源互联网营销服务系统（营销 2.0）、设备资产精益管理系统（PMS 3.0）、新一代电力交易平台等信息系统完成信息业务。安全防护方面，采集层通过在配电终端内嵌配电专用安全芯片，传输层通过物理隔离和认证，存储与应用层通过配电网系统，建立完善的入侵检测机制来保证配电网的安全稳定。

1.2 配电网业务数据需求

1.2.1 调控业务数据需求

配电网调控业务依托配电自动化系统，通过现场各类配电终端采集并上传实时数据，与调度自动化系统、PMS、营销系统、用电信息采集系统等数据进行融合交互，汇集配电网实时数据流、图模台账数据流、分析结果数据流、业务流程数据流、运行状态数据流等多种类型数据。应用场景与数据需求如下：

（1）潮流控制。配电网潮流控制是通过计算支路或节点有功功率和无功功率形成执行方案，供调度员执行控制。支撑潮流计算的数据来源于远程终端（remote terminal unit，RTU）、数据传输单元（data transfer unit，DTU）、馈线终端（feeder terminal unit，FTU）及配电变压器终端（transformer terminal unit，TTU）等采集单元。可通过调度自动化系统、配电自动化系统和用电信息采集系统完成数据汇集，其中包含主配电网电力设备（站房、线路、配电变压器）及分布式源网荷储（光伏、电动汽车、储能）的开关位置、带方向的电压、电流、有功功率及无功功率等实时运行数据，运用算法完成供电路径及合解环分析，在人机界面分项展示执行方案，由调度员通过远程终端完成配电网潮流控制。

（2）故障处置。故障处置是基于集中式或就地式馈线自动化实现故障快速感知与告警事项推送、智能研判、生成隔离转供方案等，辅助故障快速抢修与复电的目的。故障感知与告警事项推送的数据来源主要包括：RTU 上传的开关变位、过电流保护、零序保护等保护动作或告警、接地选线等遥信信号，三相电流及电压、零序电流及电压、有功功率及无功功率等遥测突变量；FTU、DTU、TTU 及故障指示器上传的开关变位、过电流保护、零序保护等保护动作或告警、小电流接地等遥信信号，三相电流、线电压、零序电流及电压、有功功率及无功功率等遥测突变量；用电信息采集系统的用户、电能表停电事件等。智能研判、生成隔离转供方案是对故障时刻断面数据进行逻辑研判，分析故障点、故障区间、停电范围等，最后生成隔离转供方案，其数据来源主要包括：线路三遥可控情况及终端远方/就地、压板投退、通道状态、信号强度、环境监测等。

（3）负荷控制。通过建设涵盖营销负荷控制、调度负荷控制、系统（或装置）负荷控制的全量可控负荷资源池，实现有序用电、需求响应等功能，建设新型负荷管理系统，支撑精准负荷管理应用建设，实现对可控负荷的精准控制。需求数据主要包括：电网运行数据，主要包括变电站、线路遥测遥信信息；以大用户模式接入的可调节负荷实时运行数据，主要包括功率、电压、电流、上下调节能力等；限电、切荷序位，主要包括操作开关对象、当前状态、当前功率等；储能装置的变流器并网/离网状态，输入/输出电压、电流，有功功率、无功功率、功率因数、频率、荷电状态（state of charge，SOC）、蓄电池健康度（state of health，SOH）；电动汽车充电桩的状态，主要包括充电/闲置、电压、电流、实时功率、本次充电时长、累计电量等。

1.2.2 信息业务数据需求

1. 电网规划

电网规划以“网上电网”为平台，需要聚焦网上规划设计、网上统计分析等规划设计应用场景，通过企业级实时量测中心、企业中台获取27套源端系统相关数据，包含内部源网荷设备档案、实时量测数据、电网拓扑图形、项目档案、设备运行、专业指标及电网环境、宏观经济等数据。应用场景与数据需求如下：

（1）网上规划设计。基于可视化地图和海量运行数据，智能诊断电网薄弱环节，准确预判发展需求，在网上开展布点规划、网架设计以及规划仿真计算，开展多方案比选论证，实现网上规划、网上跟踪、网上评审、网上设计、实时追溯。

屋顶光伏预测。需要汇聚地理信息系统（geographic information system，GIS）地图的屋顶面积，叠加区域用电负荷数据、外部天气数据等，构建光伏出力预测模型，计算区域最大出力理论发电量、理论减排量。

负荷动态分析。需要基于历史负荷数据、负荷预测数据，汇聚分布式电源实时出力数据、负荷实时量测数据，解析负荷动态变化态势，精确预测近期负荷预测曲线。

主设备曲线穿透及叠加分析。基于变电站、输电线路、主变压器、配电线路、配电变压器等采集有功功率、无功功率、视在功率、电压、电流、电量的实时数据及历史数据，关联设备—测点—量测数据，开展变电站、输电线路、主变压器、配电线路、配电变压器等主设备相关运行曲线实时应用，支持不同设备曲线叠加分析，支撑电网问题诊断分析。

电网潮流仿真计算分析。需要基于数据中台实时汇聚电网设备、拓扑关系、计算参数及断面运行数据，构建配电网电气仿真计算服务，实现现状态、规划态10kV配电网潮流实时在线计算，支撑现状态电网诊断及电网规划。

（2）网上统计分析。融合源网荷全量设备数据、营销与交易等多源数据，在线开展统计监测与分析，推动供用电统计、同期线损统计、“三率合一”投资统计等，提升统计工作效率。

进行同期电量与线损监测分析。基于主配电网设备、用户表底电量数据，结合设备拓扑等关系，实现地区、行业同期电量监测分析及分区、分压、分线、分台同期线损监测分析，支撑国家电网公司经营活动分析及降损增效管理。

2. 营销服务

营销服务以能源互联网营销服务系统（营销 2.0）为平台，需要聚焦设备计量故障处理、客户 360° 视图、全业务全景运营监控等服务应用场景，基于客户服务业务中台、企业级实时量测中心、数据中台，与 57 套系统进行集成交互，主要包括分布式光伏电能表的电量、电压、电流、功率、功率因素等实时数据及历史数据，电能表、终端等低压设备的通信报文和运行数据等，其中总部一级部署系统 15 套，省侧系统 37 套（营销专业系统 21 套、公司非营销专业系统 16 套），外部系统 5 套。应用场景与数据需求如下：

（1）计量设备故障处理。需要汇聚数据中台电网运行数据、实时负载数据、电网拓扑路径，以及电能表、终端等低压设备的通信报文和运行数据，结合客户服务业务中台用户档案、账单数据、订单数据等，开展计量设备故障处理，全面记录计量设备故障信息和用户信息，推进现场勘查，查找故障原因并排除故障，及时恢复装表接电，确定退补电量。

（2）客户 360° 视图。通过地理信息、电网资源信息、实时负载数据、客户需求数据的关联融合，重点汇聚配电变压器、馈线、杆塔、电缆、开关等设备台账信息，开展客户 360° 视图，系统展示客户的全貌信息。

（3）全量业务全景运营。融合综合能源服务受理量信息、政府及行业机构数据服务量信息、生态合作伙伴数据服务量信息，全面监测网省级全业务核心指标、实时变化情况以及指标异动提醒。

3. 运检业务

运检业务依托 PMS、供电服务指挥平台，提升配电网分析决策和协同指挥能力，基于日趋完善的配电物联网和丰富多样的电力设备状态监测手段，使中低压配电网自动化设备具备自我标识、感知和智能处理功能，实现配电网各个环节万物互联、人机交互，确保配电网设备健康在线运行。应用场景与数据需求如下：

（1）配电网设备管理。依托 PMS 支撑运维检修全过程精益化管理和电网资产全生命周期管理，覆盖公司运维检修业务，贯穿生产管理全过程，以数据抽取及调用的方式对国家电网公司其他业务部门提供的设备管理相关业务数据进行更大范围的数据共享和业务融合。数据需求如下：

1）台账类。配电网设备台账，包括配电变压器、馈线、开关、二遥、三遥等设备明细数据。

2）状态类。中低压设备的运行状态。

3）辅助类。配电站房动环数据、视频监控数据。

（2）供电服务指挥。供电服务指挥主要包括抢修指挥、停电抢修分析、供电能力治理、设备运维管理管控、运检指标管控等业务场景。需要通过企业中台获取设备档案、电网拓扑图形、设备运行、专业指标及外部多规、电网环境等业务数据，包括设备（资产）运维精益管理、电网 GIS 平台、供电电压自动采集系统、营销业务应用、电能服务管理系统、用电信息采集系统、停电管理系统（outage management system，OMS）等系统数据。数据需求如下：

1）量测类。专用变压器、公用变压器、融合终端、用电信息采集终端等设备的准实时量测数据。

2）状态类。中低压开关的状态情况、表记设备的停送电情况。

3）辅助类。配电站房动环数据、视频监控数据。

4）外部。实时及预测气象数据、实时及预测道路交通情况。

4. 电力交易服务

构建中长期与现货市场有序衔接、批发与零售有机统一的电力交易业务平台，打造市场服务、市场出清、市场结算、合规管理、信息披露、系统管理六大核心运营模块，支撑海量市场参与者高效、安全、有序开展市场交易，需要汇聚电网运行、市场运营、交易行为等电力市场信息，沉淀形成完整丰富的电力市场数字资产库，加强与碳交易平台的交互衔接，推动电力交易、碳交易协同发展。数据需求如下：

1）量测类。交易出清电量、电力用户历史用电数据、机组出力、非市场化机组出力等日前量测数据，实时负荷曲线、实时机组状态等实时数据。

2）文档类。发电企业月度结算结果、现货日清分结算对比结果等。

3）外部。售电公司结算数据、售电公司购电合同等。

1.2.3 新兴业务数据需求

1. 分布式电源服务

分布式电源服务通过新能源云平台，构建新型电力系统开放服务体系，打造新能源数据服务能力，需要全面采集分布式电源并网点以下设备、环境、生产、传输、转换、消费等各环节的历史数据及实时数据，实现数据全覆盖，助力提升微电网新能源精准预测能力、风险智能识别能力、新能源规划指导、设备智能运维及设备智能制造。数据需求包括：

（1）逆变器数据接入。主要接入数据包括但不限于温度、功率、总发电量、有功功率、无功功率、三相电压、三相电流数据和限功率状态、故障代码等。

（2）汇流箱数据接入。主要接入数据包括但不限于设备输出总功率、总路电流值、汇流母线电压、各路电流值及过电流状态、断路器状态等。

（3）电度量和电能质量数据接入。主要接入数据包括但不限于计量/考核关口电能表、各级负荷电能表的电能量计量信息，功率因数、谐波、三相不平衡电能质量数据等。

（4）场站环境数据接入。主要接入数据包括但不限于辐照度、风速、大气压力、环境温度、相对湿度、视频监视数据等。

2. 综合能源服务

综合能源服务的数据需求主要有两方面：一方面，对内部营销、用电信息采集侧客户的基础档案、电力信息、电费信息、光伏上网电量以及调度系统方面的电力缺口等数据的质量和数据的时效性的需求；另一方面，对接客户侧数据，需要根据合同的签订情况，根据业务的开展诉求，采集客户侧的各类档案数据、设备数据、设备电力数据、环境数据、告警数据等运行数据。数据需求如下：

（1）与配电系统交互。包括变压器数据、线路数据、母线数据、断路器数据、隔离开关数据、接地开关数据、开关柜数据、电流互感器数据、电压互感器数据、避雷器数据、中性点接地方式数据、站用电数据、负荷数据等。

（2）光伏发电系统。光伏逆变器数据、汇流箱数据、箱式变压器数据等。

（3）储能系统。储能电池数据、储能变流器数据等。

3. 电动汽车服务

基于车联网、地图、新能源车等数据，构建“人－车－桩－网”协同互动的电动汽车服务数据体系，开展充电设施智能辅助选址、区域范围市场占比分析、负荷预测引导有序充电、数据辅助用户运营等场景建设，指导建桩、移桩，优化资源分配，实现高效精准选址，引导、控制电动汽车充电，对电网负荷曲线进行削峰填谷，保证电动汽车与电网的协调互动发展，实现竞争对手充电数据预估，了解市场份额数据，支撑客户群细分分析。数据需求如下：

（1）台账类：充电桩、储能、车网互动（vehicle to grid，V2G）等柔性负荷资源。

（2）量测类：充电桩、储能、V2G 等柔性负荷功率曲线。

（3）环境类：电网在册用户用车、充电、出行、用电消费信息。

4. 能源大数据中心服务

能源大数据服务基于内、外部能源大数据中心运营平台，提升内、外部数据融通创新能力。其中，内部运营平台部署在管理信息大区，聚焦炭排放监测服务、智慧运营、精准负荷预测等应用，需要电网设备台账、电源量测数据等；外部运营平台部署在互联网大区，聚焦炭服务、电力经济指数、企业信用画像等应用，需要加强用能数据、政务数据的汇聚。数据需求如下：

（1）量测类。电网量测数据、用户用电数据、电源量测数据等。

（2）台账类。电网设备台账、电网拓扑等。

（3）外部用能。用能企业能耗数据、园区用能数据等。

（4）政务。经济发展数据、企业能效数据等。

1.3 配电网业务数据采集现状

中低压配电网环节数据分为运行控制类、系统保护类、用户计量类、辅助监测类、外部能源类 5 类，主要依托配电自动化、负荷控制、用电信息采集、辅助监测等终端进行采集与上传。截至 2021 年底，国家电网公司共有配电自动化终端 65.34 万台，专用变压器采集终端 532.2 万台，集中抄表终端 4900 万台，智能电能表 5.48 亿只。

1. 运行控制类数据采集

（1）中压配电自动化终端。中压配电自动化终端包括 DTU/FTU（一二次成套设备、二遥、三遥）和故障指示器，其中 DTU/FTU 主要采集 10kV 开关设备的电压、电流、功率、开关状态等数据，故障指示器主要采集 10kV 线路的电流、故障信号等数据，实时上传至配电自动化主站，实现配电网实时监控、故障处理等功能。截至 2021 年底，国家电网公司共有 12.79 万台 DTU、21.94 万台 FTU、30.61 万台远传型故障指示器；共建设配电自动化线路 29 万余条，配电自动化线路覆盖率达 92.8%；2021 年配电终端平均在线率为 95.8%，参与故障处置率为 91.20%，及时定位故障 92613 次，参与线路倒闸 131219 次。

（2）负荷控制终端。负荷控制终端一般沿用专用变压器终端，通过加装分路监测单元或遥信遥控拓展模块，采集专用变压器用户电能表的电量示值、电压、电流、功率、功率因数等数据，以及开关的状态信息，实现对用户负荷的精准控制。用电信息采集系统作为“数据采集总入口、控制指令总出口”，拟将专用变压器用户的负荷数据同步至新型负荷管理系统（各省正在建设当中，其依托省级智慧能源服务平台建设，包括负荷调控、负荷应用等模块）。截至 2021 年底，国家电网公司共有负荷控制终端 72.78 万台，覆盖 15.4%的专用变压器台区。

（3）台区融合终端。台区融合终端采用硬件中台化、软件 App 化开发设计，采集配电变压器低压侧电压、电流、功率等数据，收集智能开关、智能电能表、光伏逆变器、无功补偿等端设备的电压、电流、开关状态等数据信息，上传至物联管理平台。经过 3 年（2019—2021 年）的建设，台区智能融合终端已安装约 100 万台，覆盖 18.60%的公用变压器台区。2021 年底，营销部、设备部、互联网部共同推出新型台区智能融合终端（SCU），新型终端集成了营销和运检功能，并同时向用电信息采集系统、配电自动化系统和物联管理平台上传信息。目前已在北京、天津、河北、山东、福建等 14 家省公司挂装 1000 余台 SCU 进行试运行。

2. 系统保护类数据采集

系统保护依托变电站 10kV 出线保护测控集成装置和配电网 FTU、DTU，主要采集故障时刻电流、电压、开关状态、故障告警、装置告警、保护动作等数据，实时上传至调度自动化主站、配电自动化主站，实现故障跳闸隔离、重合闸等功能。目前，变电站 10kV 出线均配置保护测控集成装置，具备三遥功能的 FTU、DTU 约占总数的 17%。

3. 用电计量类数据采集

（1）采集终端。用电信息采集终端包括专用变压器采集终端、集中抄表终端（集中器和采集器），收集智能电能表的电量示值、电压、电流、功率、功率因数等数据，上传至用电信息采集系统。截至 2021 年底，公司共有专用变压器采集终端 532.2 万台，集中抄表终端 4900 万台（集中器 1100 万台、采集器 3800 万台），实现专用变压器用户以及基于高速电力线载波（high-speed power line carrier，HPLC）智能电能表的低压用户负荷曲线的 15min 采集、重要事件的主动上报。

（2）电能表。智能电能表是由测量单元、数据处理单元、通信单元等组成，具有电能量计量、信息存储及处理、实时监测、自动控制、信息交互等功能的电能表。智能电能表按照是否用于结算计费可分为计费表和考核表。计费表用于用户的结算，所有的用户均安装；考核表用于电网内部线损考核、电量比对，分为专线考核表、台区考核表（台区总表），其中专线考核表安装在专线用户的线路对侧，用于比对专线用户的计量准确性；台区考核表安装在低压台区，用于低压台区线损统计计算。目前在运智能电能表 5.48 亿只，实现了高低压用户的电能采集和远程费控，日均采集成功率超过 99%。

4. 辅助监测类数据采集

辅助监测终端包括温湿度、烟感、水浸、SF_6气体等环境监测终端，门磁、红外双鉴等安全监测终端，桩头测温、蓄电池状态、电缆局放等设备监测终端，球机、枪机等图像监测终端，风机联动、抽湿机联动、灯光联动等环境调节终端，同时配置了具备边缘计算、视频存储、视频人工智能（artificial intelligence，AI）分析能力的前置网关主机，通过网关主机可将环境监测终端、安全监测终端、设备监测终端信息及其告警信息上传至物联管理平台，将实时图像监测信息上传到统一视频平台，并通过统一部署的应用系统平台进行站房实时告警监测、远程监测及巡视。截至 2021 年底，江苏、山东、浙江、福建等省在供电可靠性要求高的配电站房共安装辅助监测终端 2.6 万余套。

5. 外部能源类数据采集

（1）分布式电源及储能监测终端。接入电网的分布式电源、储能设施、充电桩通过安装智能电能表，采集日表码、电压、电流、有功功率、无功功率等数据，上传至用电采集系统。部分 10kV 分布式电源、储能设施配置配电自动化终端，采集并网点三遥信息，接入配电自动化主站。截至 2021 年底，随储能设施及分布式电源部署监测终端 50.26 万套，控制终端 4.43 万套。

（2）充电桩监测终端。依托国网电动汽车服务有限公司投资建设的充电桩已自带监测控制单元，用于采集电动汽车充电过程数据及设备状态，上传至车联网平台，实现充电设施智能在线监测、互联互通、统一管理与控制。车联网平台已接入充电桩 63 万余个。

1.4 配电自动化建设应用案例

截至 2022 年 5 月，国家电网公司 337 个地市公司均已建成配电自动化主站，主站覆盖率达 100%；其中 260 个地市公司完成新一代配电自动化主站建设改造。国网北京、冀北、山西等 17 家省公司实现新一代配电主站全覆盖；国网北京、天津、山西等 23 家省公司已开展省级大四区建设。国家电网公司累计建设配电自动化线路 30.1 万余条，配电自动化线路覆盖率达 94.4%。

以国网山西省电力公司（简称山西公司）为例，其建设应用情况如下。

1.4.1 山西公司配电自动化系统建设概况

山西公司辖 11 个地市，涉及 A 类供电区域 8 个，B 类供电区域 30 个，C

类供电区域 109 个，D 类供电区域 961 个。截至 2021 年底，山西公司共有 11 个配电自动化工程通过验收并投入运行，见表 1-1。系统均采用新一代主站架构和 $N+N$ 模式，覆盖区域面积达 91673km^2，涉及中压配电网线路 6923 条，线路覆盖率为 94.3%；开关站 278 座，环网室（环网箱）2163 座，配电室（箱式变电站）470 座，柱上开关 975 台。

已投运系统整体运行较好，主站平均运行率 100%，配电终端在线率 98%，全年遥控操作 313 次，处理故障 136 次，遥控使用率 81.9%，遥控成功率 94.7%，遥信动作正确率 91.2%。平均倒闸操作时间大幅降低，由投运前的 40.16min 缩短至 17min，降低 57.5%；非故障区域平均恢复供电时间由投运前的 77.6min 缩短至 32.23min，降低 58.4%。

已投运一二次融合柱上开关 295 套，一二次融合环网柜 72 套，DTU（非一二次融合设备）1245 套，FTU（非一二次融合设备）516 套，远传型故障指示器 11680 套，其他类型终端 362 套，共计 14170 套；已投运台区智能融合终端 44000 台，配电变压器覆盖率 32.70%。

表 1-1　　配电自动化主站系统建设情况

地市公司	建设模式	投运年份	系统版本
太原	$N+N$ 模式	2012	OPEN 3200
大同	$N+N$ 模式	2013	DMS 1000E V4.6
晋城	$N+N$ 模式	2018	DMS 1000E V5.0
忻州	$N+N$ 模式	2018	DMS 1000E V5.0
阳泉	$N+N$ 模式	2018	DMS 1000E V5.0
朔州	$N+N$ 模式	2020	DF8003D
晋中	$N+N$ 模式	2020	DF8003D
吕梁	$N+N$ 模式	2020	DF8003D
长治	$N+N$ 模式	2020	DMS 1000E V5.0
临汾	$N+N$ 模式	2020	DMS 1000E V5.0
运城	$N+N$ 模式	2020	DMS 1000E V5.0

1.4.2 山西公司配电自动化系统建设行动计划

1. 总体目标

山西公司将秉承国家电网公司发展理念，严格执行国家电网公司建设理念和顶层设计方案，确保到 2021 年实现配电自动化系统覆盖率达到 90%以上，馈线自动化投运率达到100%，单相接地故障研判正确率达到60%；完成省级配电自动化大四区信息汇集中心建设，实现11座配电自动化主站信息集成，掌握全部主站运行工况。

2. 工作思路

围绕国家电网公司“建设具有中国特色国际领先的能源互联网企业”发展战略和配电自动化系统实用化建设要求，按照“统筹规划、同步建设、差异实施”原则，把落实可靠供电作为行动计划的核心目标，成立配电自动化系统建设专项行动领导小组，有效协调组织开展配电自动化系统建设相关工作。通过持续提升配电自动化覆盖率，提高配电网运行监测、控制能力，实现配电网可观可控，变“被动报修”为“主动监控”，缩短故障恢复时间，提升服务水平。

3. 行动计划

2019年开展晋城新一代配电主站应用示范样板建设，深化新一代主站大四区功能应用，重点开展单相接地故障研判、就地型馈线自动化应用。完成忻州、阳泉新一代配电自动化系统实用化验收；实现在运配电自动化终端安全加密芯片全覆盖，其中新投运配电自动化终端必须配置安全加密芯片，已投运配电自动化终端完成升级改造，满足配电自动化终端的安全防护强度要求；在太原试点建设智能分布式馈线自动化，馈线自动化功能投运率达到30%。

2020年完成运城、临汾、长治、晋中、吕梁、朔州新一代配电自动化系统实用化验收，在太原、大同、晋城探索开展四区云化改造，以适应配电物联网发展需求；全面完成省级配电自动化大四区信息汇集中心建设，实现11座配电自动化主站信息集成，掌握全部主站运行工况；按照馈线自动化一线一案要求，就地型馈线自动化应用率达到50%，馈线自动化功能投运率达到60%；深化故障研判功能应用，确保单相接地故障研判正确率达到30%。

2021年所有主站满足配电物联网发展需求，馈线自动化功能投运率达到100%，就地型馈线自动化应用率达到100%，单相接地故障研判正确率达到60%；常态化开展配电自动化主站、终端状态评价工作，按月开展配电自动化实用化指标分析，有效实施设备异常综合告警等功能。

4. 保障措施

一是加强组织领导。由山西公司设备部副主任牵头成立专项工作组，组织国网山西省电力公司电力科学研究院、国网山西省电力公司经济技术研究院、各市供电公司严格落实工作要求，成立配电自动化建设工作交流群，方便工作进度管控和技术交流，确保协同有序、形成合力。

二是明确阶段任务。各单位按照配电自动化建设工作方案，制订详细工作计划，明确工作内容，分阶段实施，逐步完成工作任务；按照时间节点，分阶段进行总结。山西公司设备部对各单位完成情况定期进行检查验收。

三是深入技术支撑。国网山西省电力公司电力科学研究院、国网山西省电力公司经济技术研究、各市供电公司技术人员深入理解《国网山西省电力公司关于印发配电自动化建设应用技术细则的通知》《馈线自动化模式选型与配置技术原则》《馈线自动化典型设计案例》等技术文件，结合城市配电网网架结构标准化提升、第二届全国青年运动会可靠供电等专项工作，确保馈线自动化应用的科学性，高质效完成配电自动化系统建设工作。

1.4.3 山西公司配电自动化系统应用概况

2020 年，山西公司完成了所有地市公司配电自动化主站的功能测试和工程验收，并差异化配置馈线自动化策略，城市以集中式馈线自动化为主，县城以就地型馈线自动化为主，农村以故障指示器为主，使馈线自动化投运率达到 60%；结合物联网示范区建设，建成了太原小店、吕梁孝义、长治潞城 3 个集中型，运城永济、大同云州、晋中介休 3 个就地型馈线自动化示范区。

2021 年重点工作如下：一是加快智能终端建设进度，推进技改项目，制订 1.6 万台智能融合终端安装计划，优先满足 21 个示范区建设需求；推进电网租赁项目，结合网架提升项目实施，推进配电网工程；结合农网改造、煤改电等工程实施，同步配置 6000 余台智能融合终端，提升终端覆盖率。二是深化终端业务场景应用，制定智能融合终端典型应用场景，规范设备运行状态监控、电气拓扑动态识别、可靠性分析决策、设备全生命管控等 App 功能配置，做到按需选用；做好智能融合终端接入工作，安装一台、联调一台、上线一台，及时纳入配电自动化主站管理，实现运行数据实时上传、故障精准研判；加强智能融合终端运行管理，建立“终端覆盖率、接入率、在线率”等关键运行指标，落实运维责任主体，按月评价，闭环管控。三是推进馈线自动化建设，差异化配置馈线自动化策略，城市以集中式 FA 为主，县城以就地型 FA 为主，农村以故障指示器为主，使馈线自动化投运率达到 80%。

第2章 配电自动化通信系统

2.1 配电自动化通信系统概述

配电自动化通信系统是配电自动化的重要组成部分，是配电自动化主站（子站）与终端信息交互的媒介，是配电自动化系统可靠运行的重要保障。配电自动化通信系统与电力系统其他通信系统相比具有点多、面广、运行环境恶劣等特点，其技术体制的选择影响着配电自动化系统的整体建设投资，运行维护直接关系到配电自动化系统的安全稳定运行。

2.1.1 配电自动化通信系统架构

配电自动化通信系统是实现配电自动化系统主站和配电自动化终端之间数据传输、馈线自动化功能、信息交互的关键所在。建设高速、双向、集成的通信系统是实现配电自动化系统安全稳定运行的基础，是建设坚强智能配电网的主要内容之一。配电自动化典型通信系统架构如图 2－1 所示。

图 2－1 中，配电自动化通信系统由骨干通信网、通信接入网以及配电通信网综合网管系统等组成。

1. 骨干通信网

骨干通信网实现通信网络的汇聚传输，以及通信主站和通信子站间的数据传输，一般采用光纤传输网方式。配电子站汇集的信息通过 IP 方式接入同步数字体系（synchronous digital hierarchy，SDH）/多生成树协议（multiple spanning tree protocol，MSTP）骨干通信网或直接承载在光纤专网上，利用工业以太网交换机、光线路终端（optical line terminal，OLT）等光传输设备自组网通信。

2. 接入层通信网络

接入层通信网络实现配电自动化系统主站（子站）和配电自动化终端之间的通信。按通信介质来进行划分，配电自动化系统接入层通信可划分为无线通信和有线通信两种方式。由于配电自动化通信系统的建设受一次网架结构、施工、成本以及信息安全等元素制约，在智能配电网通信方式的选择上，应结合实际，兼顾技术性和经济性来搭配选择。配电通信网络接入层覆盖数量众多、分布广泛的配电自动化终端，通信网络规划组建极为复杂，是配电自动化通信系统建设的重点和难点。

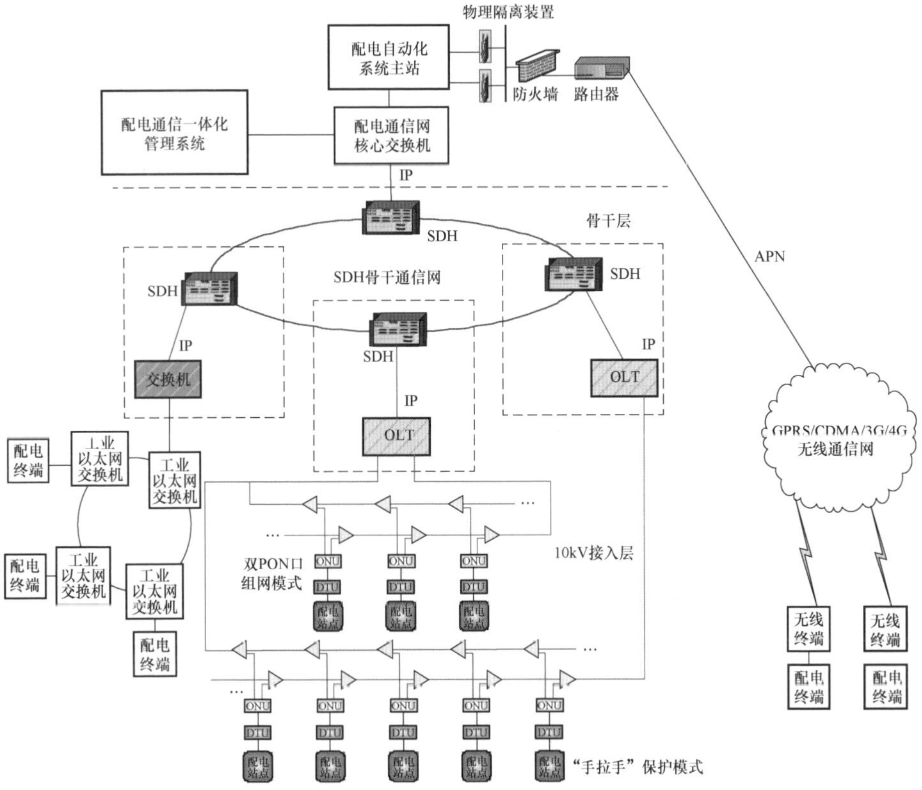

图 2-1　配电自动化典型通信系统架构

3. 配电网通信综合网管系统

配电网通信综合网管系统可以实现对配电网通信设备、通信通道、重要通信站点工作状态以及配电通信终端运行环境等的统一监控和管理，包括通信系统的拓扑管理、故障管理、性能管理、配置管理、安全管理等，并能满足配电通信终端设备的远程升级和远程维护。

2.1.2 配电自动化通信系统技术要求

通信系统是建设配电自动化系统的关键技术，通信系统在很大程度上决定了配电自动化系统的运行可靠性和实用性，配电自动化要借助可靠的通信手段，将控制中心的控制命令下发到具备遥控功能的配电自动化终端，同时将各远方监控单元（DTU、FTU、TTU 等）所采集的遥测、遥信等各种信息上传至控制中心。

配电网的通信系统与输电网的大不相同，其终端接点数量大、种类多、分布广，但通道距离相对较短，传输数据量相对较小。配电自动化系统对通信网络的要求取决于智能配电网系统的规模、复杂程度和预期达到的智能化水平，以及配电自动化系统建设单位的经济条件、配电网智能化水平。

总的来说，配电自动化通信系统的技术要求如下：

（1）应能满足通信的可靠性，能抵抗恶劣的气候条件能和强电磁干扰。

（2）应选择费用和功能及技术先进性的最佳组合，追求最佳效能费用比。

（3）通信网络的实时性，在通信系统设计时，除要考虑正常情况下实时数据的刷新速率要求外，还必须考虑电网故障时配电自动化终端快速及时地传送大量故障数据的需求。

（4）停电和故障时的通信能力，要求能通过通信系统对停电区的开关设备进行遥控操作。

（5）除能满足目前的需求外，还应考虑足够的容量以及系统的开放性要求。

配电自动化通信系统的主要通信技术对比见表 2-1。

表 2-1　　主要通信技术对比

指标类别	基本指标	光纤	电力线载波	无线专网	4G	5G	LoRa	微功率无线	蓝牙	NB-IoT	Wi-Fi
接入性	速率	1.25Gbit/s	500kbit/s	10Mbit/s	50Mbit/s	10Gbit/s	0.3～50kbit/s	30～1200kbit/s	48Mbit/s	200kbit/s	2Mbit/s～9.6Gbit/s
	时延	小于 10ms	端到端 10ms	20～300ms	30～100ms	10～20ms	185ms	＜10s	5～50ms	1.6～10.0s	2～3ms
覆盖性	覆盖半径	大于 20km	架空 15km；电缆 3km	1.6～8km	1～5km	0.5～2km	5～15km	＜5km	300m	1～10km	50～100m
	连接数	—	＞300	单扇区 600 个	百万级/km^2	百万级/km^2	10000 终端	200～300 终端	一个主机最多连接 7 个从机	50000 终端	255 终端
经济性	建设成本	OLT：10 万元/台；ONU：0.1 万元/台	1 万/站点；20～80/模组	30 万元/基站；800～1000 元/模组	4G 终端费用：0.1 万元/个；安全接入费用：40 万～60 万元	5G 终端费用：0.1 万元/个；安全接入费用：40 万～60 万元	3500～5000 元/网关	30～40 元/终端	30～50 元/蓝牙 5.0 模块	8 万元/基站	600～6000 元/路由器

续表

指标类别	基本指标	光纤	电力线载波	无线专网	4G	5G	LoRa	微功率无线	蓝牙	NB-IoT	Wi-Fi
经济性	运维成本	高	低	低	中	高	低	中	低	低	中
	产业链状况	成熟可控	成熟可控	成熟完整	产业链成熟	产业链较为成熟	丰富，但存在兼容问题	产业链待完整	产业链完备成熟	产业链待成熟	国际标准，产业链完善
可靠性	抗干扰能力	强	较弱	较弱	较弱	较弱	强	中	较强	强	中
	丢包率	<0.001%	<0.1%	<1%	<2%	<0.5%	2%～10%	<10%	<2%	<5%	1%～2.5%
安全性	隔离方式	物理隔离	物理隔离	逻辑隔离	逻辑隔离	拟物理隔离	逻辑隔离	逻辑隔离	逻辑隔离	逻辑隔离	逻辑隔离
	通道安全性	数据通道专网专用	数据通道专网专用	数据通道专网专用	流量易拥塞，可能导致丢包、误码、业务中断	端到端切片	接入控制＋身份验证	专用频段，自建网络	免授权频段，易受干扰	专网专用	WEP、WPA
	管理安全性	全业务、全时段、端到端管控	端到端管控	网络运行状态端到端管控	网络运行状态端到端管控	增强型管控	端到端加密	借鉴 IEEE 802.15.4g 物理层参数和 MAC 层通信协议	NIST 800－121－R1 安全标准	基于运营商的安全方案	AES 加密

2.1.3　配电自动化通信系统建设应用现状

中压配电通信网运行控制类业务对时延、可靠性、安全性要求较高，优先使用可靠性、安全性最强的光纤通信，但新能源调控等新业务分布广泛，可考虑优先使用物理隔离的 5G 通信手段，4G 通信和中压载波也可承载部分控制类业务；系统保护类业务安全性要求高，对时延、路由要求非常严格，优先选择现有无线专网、光纤、5G 通信方式进行传输；采集类业务对覆盖性有一定的要求，优先使用现有 4G 通信；监测类业务覆盖广、传输数据量大，对传输带宽的要求较高，对时延、路由要求较为宽松，优先考虑现有 4G 通信实现监测，并且可用无线专网、光纤、5G 通信方式承载部分业务。

低压配电通信网低压控制类业务对时延、带宽要求较为宽松，优先考虑无线专网、4G 通信的技术手段承载业务；低压采集类业务优先考虑使用 4G 通信以低成本的方式搭建广域覆盖的采集网络，也可考虑使用低压电力线载波通信（power-line communication，PLC）、无线专网、5G 进行传输；低压监测类业务主要为视频监控类业务，优先考虑使用 5G 和 Wi-Fi 技术以支撑大带宽传输，也可考虑使用无线专网。

骨干层配电通信网方面，通过专网传输的配电网业务，在变电站汇聚并通过公司骨干通信网或配电数据网传输至主站；通过公网传输的配电网业务，采用虚拟专用网络（virtual private network，VPN）专线通道通过公司统一出口与公司互连。

中压配电通信网方面，截至 2021 年底，已建配电网光纤长度为 21.7 万 km。在江苏、浙江等省市，已建 4300 余座无线专网基站，接入配电网终端 2 万余个（可遥控），用电信息采集终端 16 万余个。4G 无线公网接入业务终端达到约 2000 万个。北京、江苏、安徽、河南等 10 余家单位已完成基于 5G 切片专网的 20 余类场景的测试验证，正在小规模试点应用。

低压配电通信网方面，截至 2021 年底，终端采用 HPLC 通信模块 2.42 亿只，窄带载波通信模块 1.8 亿只，微功率无线通信模块 600 万只。

2.2 骨干通信网

骨干通信网应具备较高的生存性和路由迂回能力，为保证光纤线路的通信可靠性，网络可采用双自愈环结构，两条光纤环路互为热备用。典型的电力骨干通信网架构如图 2-2 所示。

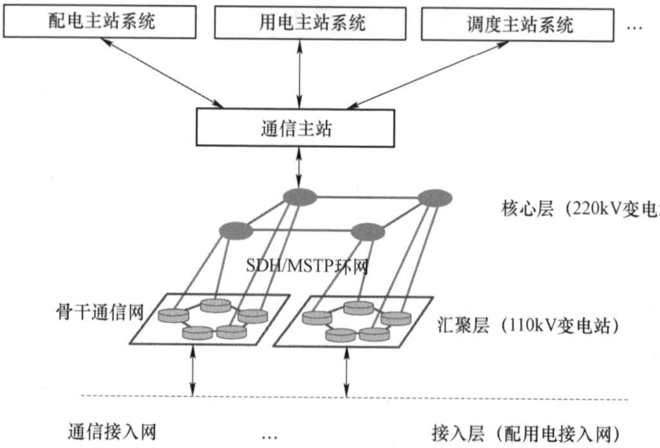

图 2-2 典型的电力骨干通信网架构

目前，电力骨干通信网以 SDH 网络为主。SDH 是一种传输体制（协议），这种传输体制规范了数字信息的帧结构、复用方式、传输速率等级、接口码型等特性。接口方面，SDH 体制对电接口和光接口都做了统一规范，使得多厂家 SDH 设备容易实现互联互通；复用方面，SDH 采用同步复用方式，可从高速 SDH 信号中直接解复用出低速 SDH 信号，大大简化信号的复接和分接；运行维护方面，SDH 体系信号的帧结构中安排了丰富的用于运行维护功能的开销字节，以增强网络监控能力；兼容性方面，SDH 只有一个标准，所有的 SDH 设备之间是兼容的，并且该体系不但可以传输准同步数字系列（plesiochronous digital hierarchy，PDH）信号，还可以传输异步转移模式（asynchronous transfer mode，ATM）信号、光纤分布式数据接口（fiber distributed data interface，FDDI）信号、以太网信号等其他体制信号。图 2-3 所示为电力系统常用 OptiX OSN3500 SDH 设备。

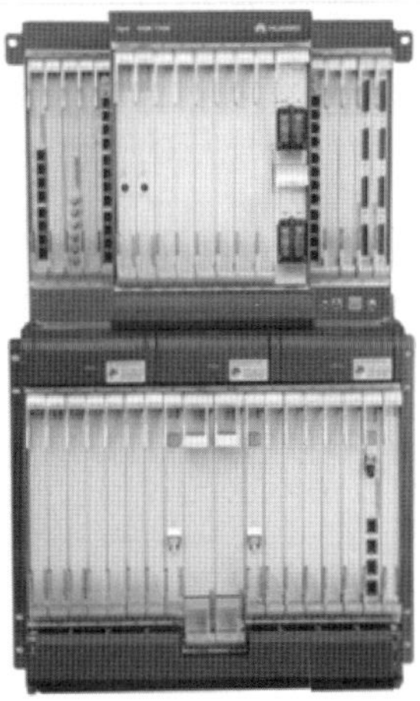

图 2-3　OptiX OSN3500 SDH 设备

骨干通信网是用来连接多个区域或地区的高速通信网，每个骨干通信网中至少有一个连接点与其他骨干通信网相连接。目前，电力通信网典型的省级骨干通信网已建成覆盖总部、区域、省、地、县，连接各级变电站、供电所、营业厅的通信网，实现了四级骨干通信网的分级分层，技术体制主要包含光传送网（optical transport network，OTN）、分组传送网（packet transport network，PTN）、SDH/MSTP 等。配电骨干通信网主要涉及省地县三、四级骨干通信网，其层级示意图如图 2-4 所示。

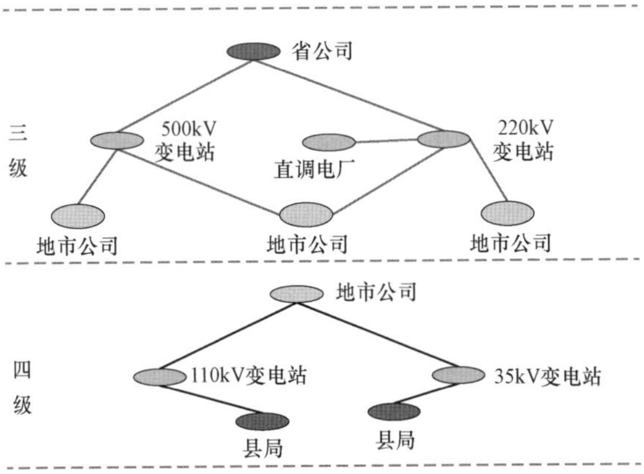

图 2-4　配电骨干通信网层级示意图

三级骨干通信网是以省公司为核心，连接各地市公司，覆盖省调直调变电站及电厂的通信网络。地市公司部署的配电自动化子站通过三级骨干通信网汇聚至省公司配电自动化主站，可以实现全省配电自动化系统的一体化运行控制、监控与管理。

四级骨干通信网是以地市公司为中心，连接所属各县局，覆盖地调直调变电站及电厂的通信网络。四级骨干通信网大多数由变电站构成（骨干通信网末梢或终端通信接入网的上联站点），实现了对35kV及以上变电站、供电所的光纤覆盖，四级骨干通信网接入层以下为终端通信接入网。随着配电自动化及其他配用电业务（如用电信息采集、配电巡检等）的不断发展，对四级骨干通信网站点的光传输设备接入端口和网络带宽均提出了新的要求，需不断提高地区接入层光传输设备传输带宽和端口配置来满足日益增长的业务需求。

2.3 通信接入网

配电自动化系统终端通信接入网主要包括光纤专网、配电线载波、无线专网和无线公网等，应因地制宜，综合采用多种通信方式，并支持SDH、工业以太网与无源光网络（passive optical network，PON）混合组网通信。

随着现代通信技术的快速发展，配电自动化系统可选择的通信技术种类繁多。其中，有线通信技术主要包括光纤通信、中压电力线载波通信等；无线通信技术可分为无线公网、无线专网和无线传感器网络等，无线公网通信方式是指租用无线运营商的通信资源，包括通信分组无线服务（general packet radio service，GPRS）、码分多址（code division multiple access，CDMA）以及3G、4G通信网络；无线专网通信方式是指供电企业自建无线通信网络，包括全球微波接入互操作性（world interoperability for microwave access，WiMax）、多载波无线信息本地环路（multi-carrier wireless information local loop，McWill）、数控电台、长期演进技术（long term evolution，LTE）等通信方式。

由于配电自动化通信系统的建设受一次网架结构、施工、成本以及信息安全等元素制约，在智能配电网通信方式的选择上，应该因地制宜，结合不同自动化功能需求，综合选用多种通信方式，并按经济技术指标来搭配最优组合。

2.3.1 以太网无源光网络通信

1. 概念

以太网无源光网络（Ethernet passive optical network，EPON）是基于以太

网的 PON。顾名思义，EPON 是利用 PON 的拓扑结构实现以太网的接入。PON 是指采用无源光分/合路器或光耦合器分配/汇聚各光网络单元（optical network unit，ONU）信号的光接入网，是光接入网的主流技术之一。它采用点到多点结构和无源光纤传输方式，在以太网之上提供多种业务。EPON 在物理层采用了 PON 技术，在链路层使用以太网协议，因此它综合了 PON 技术和以太网技术的优点：低成本、高带宽、扩展性强、灵活快速的服务重组、与现有以太网的兼容性、方便的管理等。

EPON 汇集了 PON 的各种技术优势，尤其是与以太网技术的无接口连接，非常适用于远程通信网络的发展和建设。EPON 技术可实现配电自动化数据在中低压配电侧的有效、可靠传输，是最终实现配电自动化业务向中低压配电侧延伸的重要通信手段。EPON 技术已发展多年，产品成熟稳定，可靠性高，并且可以平滑升级至 10Gbit/s EPON 系统，为业务数量和带宽增长预留了极大的扩容空间，可有效降低网络建设、业务接入、运行维护和网络演进成本。

2. 组成

EPON 是基于以太网的一种点到多点的光纤接入技术，它由局侧的 OLT、用户侧的 ONU 以及光分配网（optical distribution network，ODN）组成。所谓“无源”，是指 ODN 中不含有任何有源电子器件。EPON 的上下行数据传输过程不同：在下行方向，OLT 采用广播的方式将发送的信号通过 ODN 传到各个 ONU，ONU 通过识别分组头/信元头的匹配地址来接收处理相应的数据；在上行方向，采用时分多址（time-division multiple access，TDMA）接入方式，ONU 发送的信号只会到达 OLT，而不会到达其他 ONU。

EPON 追求高分光比，进而为用户提供高带宽互联网接入服务，EPON 设备组网灵活，可与配电网线路结构很好吻合。典型的 EPON 拓扑结构如图 2－5 所示。OLT 放在变电站机房，ONU 放在开关站、环网柜和分支箱，可组成星形、总线型和“手拉手”结构，“手拉手”保护也可以连接到同一个变电站 OLT 不同的 PON 口上。

（1）OLT。OLT 作为整个网络/节点的核心和主导部分，一般部署于变电子站，用于完成 ONU 的注册和管理、全网的同步和管理以及协议的转换、与上联网络之间的通信等功能。

OLT 既是一个交换机或路由器，又是一个多业务提供平台，它提供面向 PON 的光纤接口（PON 口），提供多个 1.25Gbit/s 和 10Gbit/s 的以太网接口，可以支持波分复用（wavelength division multiplexing，WDM）传输。OLT 还

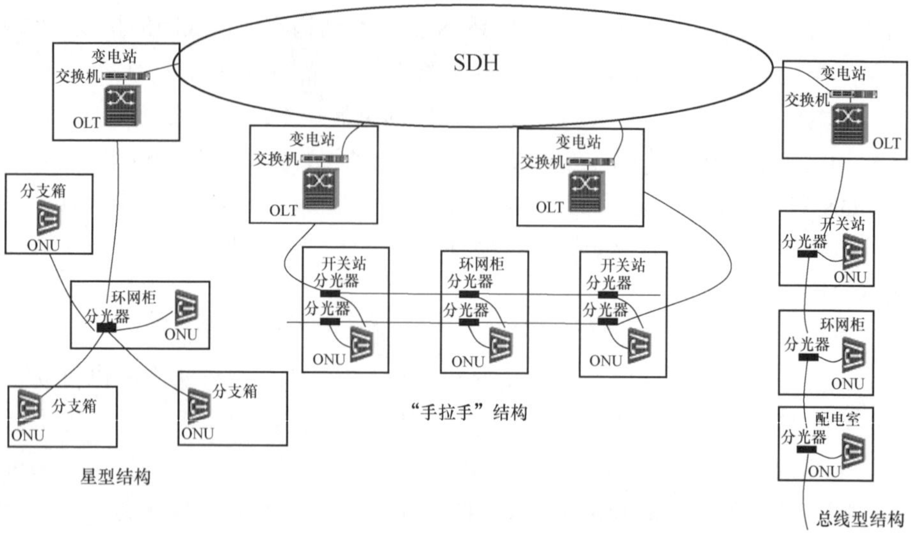

图 2－5　典型的 EPON 拓扑结构

支持 ATM、固定路由（fixed routing，FR）以及光载波（optical carrier，OC）的同步光网络（synchronous optical network，SONET）的连接。如果需要支持传统的时分复用（time-division multiplexing，TDM）话音，普通传统电话业务（plain old telephone service，POTS）和其他类型的 TDM 通信（T1/E1）可以被复用连接到出接口。除了提供网络集中和接入功能外，OLT 还可以针对用户的服务质量（quality of service，QoS）/服务水平协议（service level agreement，SLA）的不同要求进行带宽分配，以及网络安全和管理配置。

（2）ONU。ONU 作为用户端设备，在整个网络中属于从属部分，用于完成与 OLT 之间的正常通信并为终端用户提供不同的应用端口。

ONU 一般设置在业务终端附近。ONU 具有以下作用：一是对 OLT 发送的广播进行选择性接收，若需要接收该数据就要对 OLT 进行接收响应；二是对业务终端需要发送的以太网数据进行收集和缓存，按照被分配的发送窗口向 OLT 端发送该缓存数据。

（3）ODN。ODN 在网络中被定义为从 OLT 至 ONU 之间的线路部分，包括光缆、配线部分以及分光器（splitter），其全部为无源器件，是整个网络信号传输的载体。

分光器是简单的无源设备，可以置于相对宽松的环境中。分光器按应用场景分为均匀分光器和非均匀分光器。均匀分光器的分光比为 1∶2、1∶4、1∶8、1∶16、1∶32 等；非均匀分光器较常见的光分比为 1∶2。

3. 基本原理

（1）EPON 的传输原理。EPON 从 OLT 到多个 ONU 下行传输数据和从多个 ONU 到 OLT 上行传输数据的原理是不同的。所采取的不同的上行/下行技术分别如图 2–6 所示。

当 OLT 启动后，它会周期性地在该端口上广播允许接入的时隙等信息。ONU 上电后，根据 OLT 广播的允许接入信息，主动发起注册请求；OLT 通过对 ONU 的认证（该过程可选），允许 ONU 接入，并给请求注册的 ONU 分配一个该 OLT 端口唯一的一个逻辑链路标识（logical link identifier，LLID）。

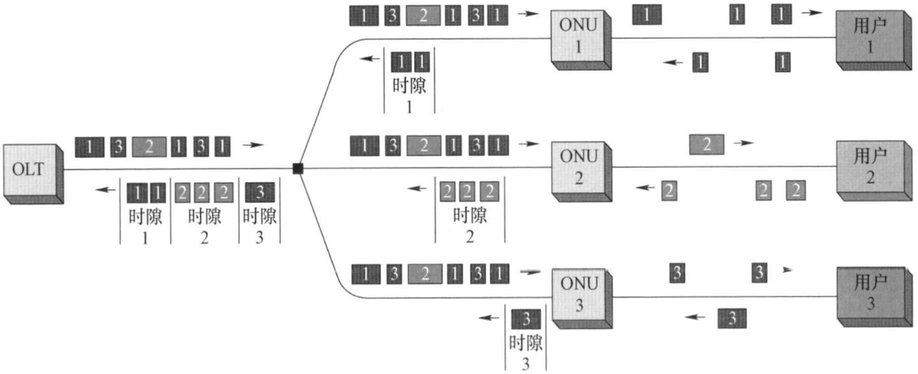

下行采用TDM方式	上行采用TDMA方式
① 下行波长为1490nm； ② OLT发送的混合数据通过分光器到达每个用户的ONU； ③ 每个ONU只接收发给自己的数据，丢弃其他数据	① 上行波长为1310nm； ② 每个ONU在OLT允许的时间段内向OLT发送数据； ③ 无须冲突检测； ④ 报文不需要分片

图 2–6　EPON 上行/下行数据传输原理

数据从 OLT 到多个 ONU 是以广播方式下行的（采用 TDM 技术）。根据 IEEE 802.3ah 协议，每一个数据帧的帧头包含前面注册时分配的、特定 ONU 的 LLID，该标识表明该数据帧是给 ONU（ONU1、ONU2、ONU3、…、ONU*n*）中的唯一一个。另外，部分数据帧可以是给所有的 ONU（广播方式）或者特殊的一组 ONU（组播）的，在图 2–6 的组网结构下，在分光器处，流量分成独立的三组信号，每一组载有到所有 ONU 的信号。当数据信号到达 ONU 时，ONU 根据 LLID 在物理层上做判断，接收发给自己的数据帧，摒弃那些发给其他 ONU 的数据帧。

数据从多个 ONU 到 OLT，采用 TDMA 接入技术分时隙给 ONU 传输上行流量。当 ONU 注册成功后，OLT 会根据系统的配置，给 ONU 分配特定的带宽（采用动态带宽调整时，OLT 会根据指定的带宽分配策略和各个 ONU 的状态报告，动态地给每一个 ONU 分配带宽）。带宽对于 PON 层面来说，就是有多少可以传输数据的基本时隙，每一个基本时隙单位时间长度为 16ns。在一个 OLT 端口（PON 口）下面，所有 ONU 与 OLT 的 PON 口之间时钟是严格同步的，每一个 ONU 只能在 OLT 给它分配的时刻开始，用分配给它的时隙长度传输数据。通过时隙分配和时延补偿，确保多个 ONU 的数据信号耦合到一根光纤时，各个 ONU 的上行包不会互相干扰。

（2）EPON 的基本指标。符合 ITU-T G.652 要求的单模光纤，上行应使用 1260～1360nm 波长，下行应使用 1480～1500nm 波长。

在单模光纤上，以 1000Mbit/s 速率传输，分路比为 1∶32，传输距离达到 10km；在单模光纤上，以 1000Mbit/s 速率传输，分路比为 1∶16，传输距离达到 20km。ERON 的基本指标见表 2－2。

表 2－2　　EPON 的基本指标

重要指标/接口类型	1000BASE-PX10	1000BASE-PX20
传输距离（km）	10	20
分光比	1∶32	1∶16
过载光功率（dBm）	4（1000BASE-PX10－D） 2（1000BASE-PX10－U）	4（1000BASE-PX20－D） 7（1000BASE-PX20－U）
接收灵敏度（dBm）	－24（1000BASE-PX10－D） －24（1000BASE-PX10－U）	－27（1000BASE-PX20－D） －24（1000BASE-PX20－U）

（3）EPON 的安全策略。对于上行方向，ONU 不能直接接收到其他 ONU 上行的信号，所以 ONU 之间的通信都必须通过 OLT。在 OLT 上可以设置允许和禁止 ONU 之间的通信，在缺省状态下是禁止的，所以安全方面不存在问题。对于下行方向，由于 EPON 下行是采用广播方式传输数据的，为了保障信息的安全，从几个方面进行保障：

1）信息认证。所有的 ONU 接入时，系统可以对 ONU 进行认证，认证信息可以是 ONU 的一个唯一标识（如 MAC 地址或者预先写入 ONU 的一个序列号），只有通过认证的 ONU，系统才允许其接入。

2）数据校验。对于给特定 ONU 的数据帧，其他 ONU 在物理层上也会收到数据。其他 ONU 收到数据帧后，首先会比较 LLID（处于数据帧的头部）是不是自己的，如果不是，则直接丢弃，数据不会上传到数据链路层，这是在芯片层实现的功能。对于 ONU 的上层用户，如果想窃听其他 ONU 的信息，除非自己去修改芯片的实现。

3）加密。对于每一对 ONU 与 OLT，可以启用 128bit 的 AES 加密。各个 ONU 的密钥是不同的。

4）虚拟局域网（virtual local area network，VLAN）隔离。通过 VLAN 方式，可将不同的用户群或者不同的业务限制在不同的 VLAN，以保障相互之间的信息隔离。

4. 关键技术

（1）物理层的关键技术。从物理层看，EPON 的电气、机械、规程、功能特性等功能基本上采纳了千兆以太网（gigabit Ethernet，GE）或 1000BASE 标准，包含物理层协议（physical layer protocol，PHY）和物理媒介协议（physical medium dependence protocol，PMD）两大子层功能。在物理层，EPON 使用 1000BASE 的以太网物理层协议，采用无源光纤传输方式。

（2）数据链路层的关键技术。ERON 数据链路层的关键技术包括以下几类：

1）DBA。EPON 系统的带宽分配分为静态分配和动态分配两种。静态带宽由打开的窗口尺寸决定，动态带宽则根据 ONU 的需要，由 OLT 分配。TDMA 方式的最大缺点在于其带宽利用率较低。采用动态带宽分配（dynamic bandwidth allocation，DBA）技术，可以提高上行带宽的利用率，在带宽相同的情况下可以承载更多的终端用户，从而降低用户成本。另外，DBA 所具有的灵活性为服务水平协议提供了很好的实现途径。

目前常用的方案是基于轮询的带宽分配方案，即 ONU 实时地向 OLT 汇报当前的业务需求（request），如各类业务在 ONU 的缓存量级，OLT 根据优先级和时延控制要求分配（grant）给 ONU 一个或多个时隙，各个 ONU 在分配的时隙中按业务优先级算法发送数据帧。由此可见，由于 OLT 分配带宽的对象是 ONU 的各类业务而非终端用户，因此对 QoS 这样一个基于端到端的服务，必须有高层协议介入才能保障。

2）系统同步。因为 EPON 中的各 ONU 接入系统采用的是时分方式，所以 OLT 和 ONU 在开始通信之前必须达到同步，如此才能保证信息的正确传输。要使整个系统达到同步，必须有一个共同的参考时钟，在 EPON 中以 OLT 时钟为参考时钟，各个 ONU 时钟和 OLT 时钟同步。OLT 周期性地广播发送同步信息给各个 ONU，使其调整自己的时钟。EPON 同步的要求是：在某一 ONU 的时刻 t（ONU 时钟）发送的信息比特，OLT 必须在时刻 t（OLT 时钟）接收它。在 EPON 中，由于各个 ONU 到 OLT 的距离不同，所以传输时延各不相同，要达到系统同步，ONU 的时钟必须比 OLT 的时钟多一个时间提前量。

这个时间提前量就是上行传输时延，即如果 OLT 在时刻 0 发送一个比特，ONU 必须在时刻 RTT（往返传输时延，round trip time）接收。RTT 等于下行传输时延加上上行传输时延，这个 RTT 必须获知并传递给 ONU。获得 RTT 的过程即为测距（ranging）。当 EPON 系统达到同步时，同一 OLT 下面的不同 ONU 发送的信息才不会发生碰撞。

3）测距和时延补偿。由于 EPON 的上行信道采用 TDMA 方式，多点接入导致各 ONU 的数据帧延时不同，因此必须引入测距和时延补偿技术以防止数据时域碰撞，并支持 ONU 的即插即用。准确测量各个 ONU 到 OLT 的距离，并精确调整 ONU 的发送时延，可以减小各 ONU 发送窗口的间隔，从而提高上行信道的利用率并减小时延。另外，测距过程应充分考虑整个 EPON 的配置情况。例如，若系统在工作时加入新的 ONU，此时的测距不应对其他 ONU 有太大的影响。EPON 的测距由 OLT 通过时间标记（timestamp）在监测 ONU 的即插即用的同时发起和完成。EPON 系统测距过程如图 2－7 所示。

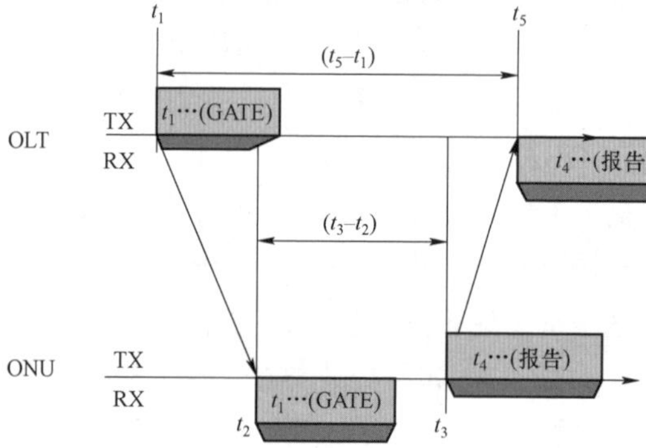

① OLT在绝对时间t_1发送GATE；
② ONU在t_2接收GATE，调整自身计数器显示时间为t_1；
③ ONU在t_3发送报告，显示时间标记为t_4；
④ OLT在绝对时间t_6接收报告。

$$RTT=t_2-t_1+t_5-t_3=t_5-t_4$$
$$t_3-t_2=t_4-t_1$$

图 2－7 EPON 系统测距过程

基本过程如下：OLT 在 t_1 时刻通过下行信道广播时隙同步信号和空闲时隙标记，已启动的 ONU 在 t_2 时刻监测到一个空闲时隙标记时，将本地计时器重置为 t_1，然后在时刻 t_3 回送一个包含 ONU 参数（地址、服务等级等）的在线响应数据帧，此时数据帧中的本地时间戳为 t_4；OLT 在 t_5 时刻接收到该响应帧，通过该响应帧 OLT 不但能获得 ONU 的参数，还能计算出 OLT 与 ONU 之间的信道延时 $RTT=t_2-t_1+t_5-t_3=t_5-t_4$。之后，OLT 便依据 DBA 协议为

ONU 分配带宽。当 ONU 离线后，由于 OLT 长时间（如 3min）收不到 ONU 的时间戳标记，则判定其离线。

4）RTT 补偿。在 OLT 侧进行延时补偿，发送给 ONU 的授权反映出由于 RTT 补偿的到达时间。例如，如果 OLT 在 t 时刻接收数据，那么 OLT 发送包括时隙开始的 GATE = t − RTT。在时间戳和开始时间之间所定义的最小延时，实际上就是允许处理时间；在时间戳和开始时间之间所定义的最大延时，是为了保持网络同步的最大允许时间。

（3）QoS。在 EPON 中，支持 QoS 的关键在 3 个方面：一是物理层和数据链路层的安全性；二是如何支持业务等级区分；三是如何支持传统业务。

1）安全性。在传统的以太网中，对物理层和数据链路层的安全性考虑甚少。因为在全双工的以太网中，是点对点的传输；而在共享媒体的带冲突检测的载波监听多路访问（carrier sense multiple access with collision detection，CSMA/CD）以太网中，用户属于同一区域。但在点到多点模式下，EPON 的下行信道以广播方式发送，任何一个 ONU 可以接收到 OLT 发送给所有 ONU 的数据包。MAC 层之上的加解密控制只对净负荷加密，而保留帧头和 MAC 地址信息，因此非法的 ONU 仍然可以获取任何其他 ONU 的 MAC 地址；MAC 层以下的加解密控制可以使 OLT 对整个 MAC 帧的各个部分加密，主要方案是给合法的 ONU 分配不同的密钥，利用密钥可以对 MAC 的地址字节、净负荷、校验字节甚至整个 MAC 帧进行加密。

根据 IEEE 802.3ah 的规定，EPON 系统物理层传输的是标准的以太网帧。对此，IEEE 802.3ah 标准中为每个连接设定 LLID，每个 ONU 只能接收带有属于自己 LLID 的数据报，其余的数据报丢弃，不再转发。不过 LLID 主要是为了区分不同的连接而设定，ONU 侧如果只是简单地根据 LLID 进行过滤显然是不够的。为此，物理层 ONU 只接收自己的数据帧，采用 AES 加密，ONU 认证。

2）业务区分。由于 EPON 可接入的业务种类多，需求差别大，利用上层协议并不能解决 EPON 中数据链路层的业务区分和时延控制。因此，支持业务等级区分是 EPON 必备的功能。目前的方案是：在 EPON 的下行信道上，OLT 建立 8 种业务队列，不同的业务队列采用不同的转发方式；在上行信道上，ONU 建立 8 种业务端口队列，既要区分业务又要区分不同用户的服务等级。此外，由于 ONU 要对 MAC 帧进行组合，以便应对时隙突发并提高上行信道的利用率，所以进一步引入帧组合的优先机制用于区分服务。

3）EPON 中 TDM 业务的传输。影响传统业务（图像）在 EPON 中传输的性能指标主要是时延和丢帧率。无论 EPON 的上行信道还是下行信道都不会发生丢帧，因此 EPON 所要考虑的重点是保证面向连接业务的低时延。低时延由 EPON 的 DBA 算法和时隙划分的“低颗粒度”保障，而对传统业务端到端的 QoS 支持则由现存的协议如 VLAN、IP-VPN、多协议标签交换（multi-protocol label switching，MPLS）来实现，其中 VLAN 和 MPLS 是被看好的应用于 EPON 的 QoS 保障协议。

2.3.2 工业以太网通信

工业以太网遵循 IEEE 802.3 标准，可以在光缆和双绞线上传输，并针对工业环境对工业控制网络可靠性能的超高要求，加强了冗余功能。它在技术上与以太网兼容，在产品设计、材质选用等方面充分考虑了实时性、互操作性、可靠性、抗干扰性等工程应用的需要。工业以太网由于采用的是开放性好、应用广泛的传输控制协议/互联网协议（transmission control protocol/internet protocol，TCP/IP），已经成为工业控制领域的主要通信标准，可以满足配电自动化通信系统快速、可靠、双向通信的需要。

工业以太网主要技术特点如下：

（1）工业以太网是在以太网和 TCP/IP 技术的基础上开发出来的一种工业用通信网络，主要应用于工业控制领域。

（2）通过采用减轻以太网负荷、提高网络速度的方法以及交换式以太网和全双工通信、流量控制及 VLAN 等技术来提高网络的实时响应速度，从而达到在技术上与商用以太网（基于 IEEE 802.3）兼容的目的。

（3）在产品设计时，在材质的选用、产品的强度、适用性以及实时性、互可操作性、可靠性、抗干扰性和本质安全等方面能满足工业现场的需要。

1. 概念

工业以太网是指应用于工业配置的以太网，通常需要更稳定可靠的连接器和电缆，以及更高的确定性。为了获得更高的确定性，工业以太网在使用以太网时，会使用专用协议。目前较受欢迎的工业以太网专用协议包括 PROFINET、EtherNet/IP、EtherCAT、SERCOS Ⅲ以及 POWERLINK。工业以太网数据传输速率为 10Mbit/s～1Gbit/s，但是工业以太网最常使用 100Mbit/s 的传输速率。

工业以太网技术具有价格低廉、稳定可靠、通信速率高、软硬件产品丰富、应用广泛以及技术成熟等优点，已成为最受欢迎的通信网络之一。近年来，随着网络技术的发展，以太网进入了控制领域，形成了新型的以太网控制网络技术。开放、透明的通信协议，是工业自动化系统向分布化、智能化控制方面发展的必然要求。将以太网技术引入工业控制领域的优势非常明显：

（1）以太网是全开放、全数字化的网络，遵照网络协议，不同厂商的设备可以很容易实现互连。

（2）以太网能实现工业控制网络与企业信息网络的无缝连接，形成企业级管控一体化的全开放网络。

（3）软硬件成本低廉。由于以太网技术已经非常成熟，支持以太网的软硬件受到厂商的高度重视和广泛支持，有多种软件开发环境和硬件设备供用户选择。

（4）通信速率高。随着企业信息系统规模的扩大和复杂程度的提高，企业对信息量的需求也越来越大，有时甚至需要音频、视频数据的传输，目前通信速率为 10、100Mbit/s 的快速以太网开始广泛应用，1000Mbit/s、10Gbit/s 的以太网技术也逐渐走向成熟，其速度比现场总线（fieldbus）的速度要快很多。

2. 组成

工业以太网主要由工业以太网集线器（hub）、工业以太网网管型交换机、工业以太网非网管型交换机组成。

（1）集线器。集线器的主要功能是对接收到的信号进行再生整形放大，以扩大网络的传输距离，同时把所有节点集中在以它为中心的节点上。它工作于开放系统互连（open system interconnection，OSI）参考模型的第一层，即物理层。集线器与网卡、网线等传输介质一样，属于局域网中的基础设备，采用 CSMA/CD 介质访问控制机制。集线器的每个接口简单地收发比特，收到 1 就转发 1，收到 0 就转发 0，不进行碰撞检测。

集线器属于纯硬件网络底层设备，基本上不具有类似于交换机的“智能记忆”能力和“学习”能力。集线器也不具备交换机所具有的 MAC 地址表，所以它发送数据时都是没有针对性的，而是采用广播方式发送。也就是说，当它要向某节点发送数据时，不是直接把数据发送到目的节点，而是把数据包发送到与集线器相连的所有节点。

集线器是一个多端口的转发器，当以集线器为中心设备时，网络中某条线路产生了故障，并不影响其他线路的工作，所以集线器在局域网中得到了广泛的应用。大多数的时候集线器用在星形与树形网络拓扑结构中，以 RJ－45 接口与各主机相连（也有 BNC 接口）。

（2）网管型交换机。网管型交换机的任务是使所有的网络资源处于良好的状态。网管型交换机产品提供了基于终端控制接口（console）、基于 Web 页面以及支持远程登录（telnet）网络等的多种网络管理方式。因此，网络管理人员可以对该交换机的工作状态、网络运行状况进行本地或远程的实时监控，站在全局高度管理所有交换端口的工作状态和工作模式。

网管型交换机支持简单网络管理协议（simple network management protocol，SNMP）。SNMP 协议由一整套简单的网络通信规范组成，可以完成所有基本的网络管理任务，对网络资源的需求量小，具备一些安全机制。SNMP 协议的工作机制非常简单，其主要通过各种不同类型的消息，即协议数据单元（protocol data unit，PDU）实现网络信息的交换。

网管型交换机采用嵌入式远程监视（remote monitoring，RMON）标准用于跟踪流量和会话，这对决定网络中的瓶颈和阻塞点是很有效的。软件代理支持 4 个 RMON 组（历史、统计数字、警报和事件），从而增强了流量管理、监视和分析。历史是一定时间间隔内的网络流量统计；统计数字是一般网络流量统计；警报可以在预设的网络参数极限值被超过时进行报警；事件代表管理事件。

网管型交换机提供基于策略的 QoS。策略是指控制交换机行为的规则。网络管理员利用策略为应用流分配带宽、优先级以及控制网络访问，其重点是满足服务水平协议所需的带宽管理策略及向交换机发布策略的方式。在交换机的每个端口处，用来表示端口状态、半双工/全双工和 10BASE-T/100BASE-T 的多功能发光二极管（light emitting diode，LED）以及用来表示系统、冗余电源和带宽利用率的交换机状态 LED 形成了全面、方便的可视管理系统。大多数部门级以下的交换机都是非网管型的，只有企业级及少数部门级的交换机支持网管功能。

（3）非网管型交换机。非网管交换机是相对网管型交换机而言的。网管型交换机的数据，会通过 SNMP 协议实现配置，SNMP 协议是目前基于 TCP/IP 的网络使用最广泛的网络管理协议，可以对数据的地址、端口、协议类型、服务等进行过滤，通常还拥有 VLAN 划分功能。但是，非网管交换机对数据不做直接处理。非网管型交换机属于数据链路层设备，可以识别数据包中的 MAC 地址信息，然后根据 MAC 地址进行转发，并将这些 MAC 地址与对应的端口记录在自己内部的一个地址表中。

3. 基本原理

工业以太网交换机具备生成树协议（spanning tree protocol，STP）/快速生成树协议（rapid spanning tree protocol，RSTP）、快速环网（rapid ring）冗

余、主干（trunking）冗余、QoS、VLAN、SNMP、路由协议及端口镜像等功能。

（1）STP/RSTP。STP（IEEE 802.1d）是一个链路层协议，提供路径冗余和阻止网络循环发生。它强令备用数据路径为阻塞（blocked）状态。如果一条路径有故障，该拓扑结构能借助激活备用路径进行重新配置及链路重构。网络中断恢复时间为 30～60s。STP 网络结构灵活，但也存在恢复速度慢的缺点。RSTP（IEEE 802.1w）作为 STP 的升级，将网络中断恢复时间缩短到 1～2s。

（2）环网冗余。为了能满足工业控制网络实时性强的特点，快速环网冗余应运而生。这是在工业以太网中使用环网提供高速冗余的一种技术。该技术可以使网络在中断后 300ms 内自行恢复，并可以通过工业以太网交换机的出错继电连接、状态显示灯和 SNMP 设置等方法来提醒用户所出现的断网现象。这些都可以帮助诊断环网何处出现了断开。

（3）主干冗余。将不同交换机的多个端口设置为主干端口，并建立连接，则这些工业以太网交换机之间可以形成一个高速的骨干连接。这样不但成倍地提高了骨干连接的网络带宽，增强了网络吞吐量，而且提供了另外一个功能，即冗余功能。如果网络中的骨干连接产生断线等问题，那么网络中的数据会通过剩下的连接进行传递，保证网络的通信正常。主干网络采用总线型和星形网络结构，理论通信距离可以无限延长。该技术由于采用了硬件侦测技术及数据平衡的方法，所以使网络中断恢复时间达到了新的高度，一般恢复时间在 10ms 以下。

（4）QoS。QoS 指一个网络能够利用各种基础技术，为指定的网络通信提供更好的服务的能力，是网络的一种安全机制，是用来解决网络延迟和阻塞等问题的一种技术。QoS 的保证对于容量有限的网络来说十分重要，特别是对于流媒体的应用。

当网络发生拥塞时，所有的数据流都有可能被丢弃。为满足用户对不同应用、不同服务质量的要求，就需要网络根据用户的要求分配和调度资源，对不同的数据流提供不同的服务质量：对实时性强且重要的数据报文优先处理；对于实时性不强的普通数据报文，提供较低的处理优先级，甚至在网络拥塞时丢弃，QoS 应运而生。支持 QoS 功能的设备，能够提供传输品质服务。针对某种类别的数据流，可以为它赋予某个级别的传输优先级来标识它的相对重要性，并使用设备所提供的各种优先级转发策略、拥塞避免等机制为这些数据流提供特殊的传输服务。配置了 QoS 的网络环境，增加了网络性能的可预知性，并能够有效地分配网络带宽，更加合理地利用网络资源。

（5）VLAN。VLAN 是一组逻辑上的设备和用户，这些设备和用户并不受物理位置的限制，可以根据功能、部门及应用等因素将它们组织起来，它们相互之间的通信就好像在同一个网段中一样，由此得名 VLAN。VLAN 是一种比较新的技术，工作在 OSI 参考模型的第二层和第三层，一个 VLAN 就是一个广播域，VLAN 之间的通信是通过第三层的路由器来完成的。与传统的局域网技术相比较，VLAN 技术更加灵活。

通过将网络划分为 VLAN 网段，可以强化网络管理和网络安全，控制不必要的数据广播。在共享网络中，一个物理网段就是一个广播域。而在交换网络中，广播域可以是由一组任意选定的第二层网络地址（MAC 地址）组成的虚拟网段。这样，网络中工作组的划分就可以突破共享网络中的地理位置限制，而完全根据管理功能来划分。这种基于工作流的分组模式，大大提高了网络规划和重组的管理功能。同一个 VLAN 中的工作站，不论它们实际与哪台交换机连接，它们之间的通信就好像在独立的交换机上一样。同一个 VLAN 中的广播只有 VLAN 中的成员才能听到，而不会传输到其他的 VLAN 中去，这样就可以很好地控制不必要的广播风暴的产生。同时，若没有路由的话，不同 VLAN 之间不能相互通信，这样就增加了企业网络中不同部门之间的安全性。网络管理员可以通过配置 VLAN 之间的路由来全面管理企业内部不同管理单元之间的信息互访。

（6）SNMP。SNMP 由一组网络管理标准组成，其中包含一个应用层协议（application layer protocol）、数据库模式（database schema）和一组资源对象。该协议能够支持网络管理系统，用以监测连接到网络上的设备是否有任何引起管理方面关注的情况。该协议是国际互联网工程任务组（Internet Engineering Task Force，IETF）定义的互联网协议簇的一部分。SNMP 的目标是管理互联网上众多厂家生产的软硬件平台，因此 SNMP 受互联网标准网络管理框架的影响也很大。

（7）路由协议。主要包括开放最短路径优先（open shortest path first，OSPF）路由协议和中间系统到中间系统（intermediate system-to-intermediate system，IS-IS）路由协议。

OSPF 路由协议是目前广泛使用的一种动态路由协议，具有路由变化收敛速度快、无路由环路、支持变长子网掩码（variable-length subnet mask，VLSM）和汇总、层次区域划分等优点。在网络中使用 OSPF 协议后，大部分路由将由 OSPF 协议自行计算和生成，无须网络管理员人工配置。当网络拓扑发生变化时，OSPF 协议可以自动计算、更正路由，极大地方便了网络管理。OSPF 协议属于链路状态路由协议。每个路由器负责发现、维护与邻居的关系，并将已知的邻居列表和链路费用链路状态更新（link state update，LSU）报文描述，通过可靠的泛洪机制与自治系统（autonomous system，AS）内的其他路由器进行周期性交互，从而学习到整个自治系统的网络拓扑结构，并通过自治系统边界的路由器注入其他 AS 的路由信息，从而得到整个互联网的路由信息。每隔一个特定时间或当链路状态发生变化时，重新生成链路状态公告（link state announcement，LSA），路由器通过泛洪机制将新的 LSA 通告出去，以便实现路由的实时更新。

IS-IS 路由协议最初是国际标准化组织（International Organization for Standardization，ISO）为无连接网络协议（connectionless network protocol，CLNP）设计的一种动态路由协议。为了提供对 IP 路由的支持，通过对 IS-IS 的扩充和修改，使 IS-IS 能够同时应用在 TCP/IP 和 OSI 环境中，从而形成了集成化的 IS-IS（integrated IS-IS 或 dual IS-IS）。现在提到的 IS-IS 协议都是指集成化的 IS-IS 协议，主要用于城域网和承载网。IS-IS 属于内部网关路由协议，用于自治系统内部。IS-IS 属于链路状态路由协议，与 TCP/IP 网络中的 OSPF 协议非常相似，使用最短路径优先算法进行路由计算。OSI 网络和 IP 网络的网络层地址的编址方式不同。IP 网络的三层地址是常见的 IPv4 地址或 IPv6 地址，IS-IS 协议将 OSI 网络层地址称为网络服务接入点（network service access point，NSAP），用来描述 OSI 模型的网络地址结构。运行 IS-IS 协议的网络包含了末端系统（end system，ES）、中间系统（intermediate system，IS）、区域（area）和路由域（routing domain）。一个路由器是 IS，一个主机就是 ES。主机和路由器之间的运行协议称为 ES-IS，路由器与路由器之间的运行协议称为 IS-IS。区域是路由域的细分单元，IS-IS 允许将整个路由域分为多个区域，IS-IS 用来提供路由域内或一个区域内的路由。

4. 关键技术

（1）高速以太网（high speed Ethernet，HSE）。随着网络协议的发展，现场总线基金会（Fieldbus Foundation，FF）在众多协议中将 HSE 定位于实现控制网络与互联网的集成。HSE 的工作流程为：HSE 链接设备负责网络信息的传输，路径为 H1（现场总线）网段信息—以太网主干—企业资源计划（enterprise resource planning，ERP）和管理系统，操作人员可以直接应用网络浏览器观看工业现场的运行和运作情况，特别是现场的网络设备也可从网络中获得各种想要知道的信息。HSE 具有两大功能：一个是网桥功能，另一个是网关功能。拥有这两大功能的好处是：在通信过程中，数据传输不需要主机干预，而是直接在不同网段的 H1 设备之间进行对等通信；HSE 主机可与所有设备及所有的 H1 设备进行通信，并使操作数据能传输到远程现场设备，同时还可接收现场设备数据信息，实现监控和报表功能。

（2）PROFINET。过程现场总线国际组织针对工业控制要求和过程现场总线技术特点，提出基于以太网的 PROFINET。它主要包含三方面的技术：

1）基于通用组件对象模型（component object model，COM）的分布式自动化系统。

2）规定了过程现场总线和标准以太网之间的开放、透明通信。

3）提供一个包括设备层和系统层且独立于制造商的系统模型。

PROFINET 采用标准 TCP/IP＋以太网作为连接介质，采用标准 TCP/IP 协议加上应用层的远程过程调用（remote procedure call，RPC）/分布式组件对象模型（distributed component object model，DCOM）来完成节点之间的通信和网络寻址。它可以同时挂接传统过程现场总线系统和新型的智能现场设备。现有的过程现场总线网段可以通过一个代理设备连接到 PROFINET 网络中，使整套过程现场总线设备和协议能够原封不动地在 PROFINET 中使用。

PROFIBUS 是一种国际化、开放式且不依赖于设备生产商的现场总线标准，广泛适用于制造业自动化、流程工业自动化以及楼宇、交通电力等领域的自动控制，为实现工厂综合自动化和现场设备智能化提供了可行的解决方案。

（3）EtherNet/IP。EtherNet/IP 网络是由世界上两大工业组织开放式设备网络供货商协会（Open DeviceNet Vendor Association，ODVA）和控制网国际组织（ControlNet International，CI）共同推出的，主要由应用层通用工业协议（common industrial protocol，CIP）、传输层 TCP/IP 协议和以太网协议组成。EtherNet/IP 网络的特点如下：

1）EtherNet/IP 将企业管理层与工业控制层集成到一起，使企业管理层可以直接参与工业生产过程，使工作人员可以在企业管理层的直接参与下进行设备的维护、组态、监控等。

2）EtherNet/IP 与 ControlNet、DeviceNet 共同采用 CIP 协议，保证了三种网络之间的无缝连接，即工作人员可以从网络节点上的任意一点访问整个网络上的所有信息。

3）EtherNet/IP 可以传输多种类型的数据，如配置诊断故障信息、I/O 数据等。

EtherNet/IP 的网络协议主要由 IEEE 802.3 标准、TCP/IP 协议和应用层协议组成。

物理层：EtherNet/IP 的物理层采用 IEEE 802.3 标准协议，主要规范了传输介质、信号编码、通信波特率等。MAC 控制子层解决了所有节点共享一个信道时带来的信道争用的问题，逻辑链路控制子层解决了数据传输的组帧、流量控制等问题，保证了物理层上可靠的数据传输。

网络层：EtherNet/IP 的网络层采用 IP 协议，主要实现了报文格式定义、阻塞控制、路由选择等问题。网络层主要实现数据包的传输功能，并不判断数据包是否按顺序发送，数据包是否被破坏，因此 IP 数据包是不可靠的。除去 IP 协议外，网络层还包括其他协议，如地址解析协议（address resolution protocol，ARP）、互联网组管理协议（internet group management protocol，IGMP）等。

传输层：EtherNet/IP 的传输层主要提供应用程序间的通信服务，主要包括两个协议，即传输控制协议（transmission control protocol，TCP）和用户数据报协议（uscr datagram protocol，UDP）。这两个协议分别提供了不同的服务。

5. 发展趋势

由于以太网具备广泛的应用范围、较高的通信速率、丰富的软硬件产品、成熟的应用支持技术、低廉的价格成本、强大的共享能力等优点，从目前国际、国内工业以太网技术的发展来看，工业以太网取代现场总线已成必然。在美国，已经有许多工业以太网用于 I/O 控制的例子，即变频器、远程 I/O 站全部运用以太网结构，取代了现有的现场总线。

2.3.3　无线公网通信

1. 概念

无线公网是运营商提供的无线通信网。我国移动通信无线公网主要由中国移动通信集团有限公司（以下简称中国移动）、中国电信集团有限公司（以下简称中国电信）和中国联合网络通信集团有限公司（以下简称中国联通）运营，采用的网络制式主要为 2G 技术，包括 GPRS/CDMA；3G 技术，包括宽带码分多址（wideband CDMA，WCDMA）/CDMA2000/时分同步码分多址（time-division synchronous CDMA，TD-SCDMA）；4G 技术，包括时分长期演进（time division long term evolution，TD-LTE）/频分双工长期演进（frequency-division duplex long term evolution，FDD-LTE）。无线公网的传输延时为 600ms～2s。

移动通信无线公网的技术演进路线如图 2－8 所示。TD-SCDMA、TD-LTE 是我国具有自主知识产权的无线通信系统。目前 2G 已停止扩容，运行商主推 4G 网络。

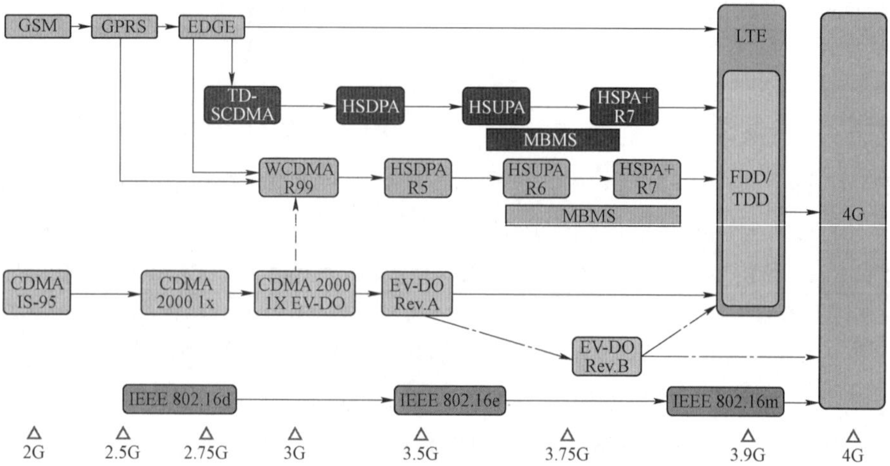

图 2－8　移动通信无线公网的技术演进路线

无线公网为运营商无线网络，技术标准完备，技术成熟，产业链成熟、完整。目前，电网中对带宽与时延要求较小的业务，各网省公司仍选择以 GPRS 承载为主，如配电自动化业务中的非 A/A＋类区域的非控制类业务、用电信息采集业务中的集中抄表与分布式能源计量等；考虑到运营商网络性能与经济成本，部分地市选择以 3G/4G 网络进行承载。

2. 组成

无线公网由无线电接入网（radio access network，RAN）和核心网（core network，CN）组成。无线电接入网是移动通信系统的一部分，它存在于设备（如一部移动电话、一台计算机，或任何可被远程控制的机器）与核心网之间，提供两者之间的通信连接。

核心网提供用户连接、对用户的管理以及对业务完成承载，并作为承载网络提供到外部网络的接口。核心网从逻辑结构上可以划分为 3 个域：归属网络域、服务网络域和传送网络域。归属网络域是指客户开户的网络，是自己的开户地；服务网络域是指正在为客户提供服务或者能够为客户提供服务的网络；传送网络域是指一旦用户发生了漫游，会用到将数据包转发到归属网络的其他运营商网络。

3. 演进

（1）GPRS（2G）。GPRS 是一种基于全球移动通信系统（global system for mobile communications，GSM）的无线分组交换技术，提供端到端的、广域的无线 IP 连接。通俗来讲，GPRS 是以“分组”的形式传送资料到用户手上，即分组交换。相对于电路交换而言，分组交换能够极大地提高资源利用率。GPRS 作为 GSM 网络向第三代移动通信演变的过渡技术，在许多方面相对于 GSM 网络都具有显著的优势。为了支持分组业务，在原有的 GSM 网络结构上需要增加几个功能实体以完成“分组”功能，即在原有网络基础上叠加一个小型网络，共同构成 GPRS 网络。GPRS 网络结构如图 2－9 所示。

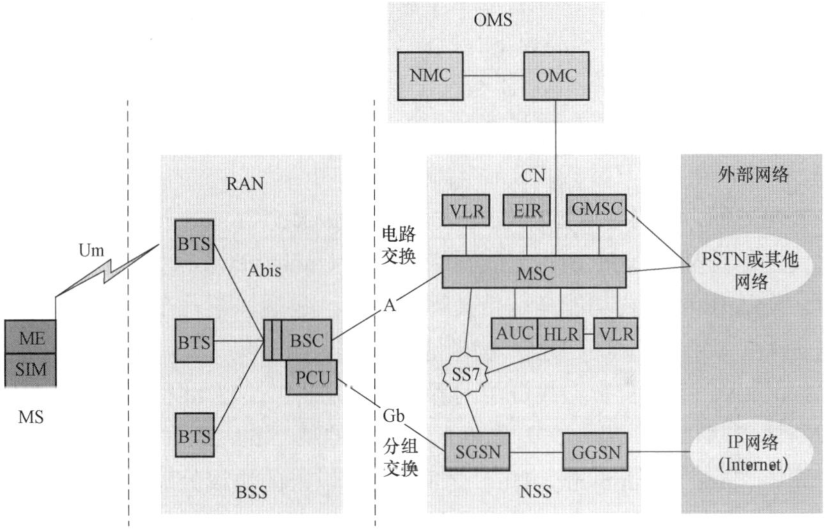

图 2－9　GPRS 网络结构

GPRS 相对于 GSM 系统，在无线电接入网的基站控制器（base station controller，BSC）上增加了分组控制单元（packet control unit，PCU），用以提供分组交换通道，负责许多 GPRS 的相关功能，如接入控制、分组安排、分组组合及解组合；而在核心网中增加了服务型 GPRS 支持节点（service GPRS supported node，SGSN）和网关型 GPRS 支持节点（gateway GPRS supported node，GGSN）。其中，SGSN 的功能类似于电路交换系统的移动交换中心（mobile switching center，MSC）/漫游位置寄存器（visitor location register，VLR）。SGSN 除与复用段（multiplex section，MS）和 GGSN 之间有信令交换外，还需与原 GSM 系统中的一些实体如归属位置寄存器（home location register，HLR）、设备识别寄存器（equipment identity register，EIR）、短消息网关（short message service gateway MSC，SMS-GMSC）进行信令配合来实现相关功能，它们之间使用支持 GPRS 的移动应用部分（mobile application part，MAP）协议，利用七号信令系统（signaling system No.7，SS7）进行传送，实现鉴权、登记、移动性管理以及短消息传送等功能。GGSN 的功能方面与 MSC 和关口移动交换中心（ateway MSC，GMSC）一致，处理的是分组业务。GGSN 是和外部分组数据网络（如因特网）的接口点。

（2）UMTS（3G）。通用移动通信业务（universal mobile telecommunications system，UMTS）作为一个完整的 3G 移动通信技术标准，并不仅限于定义空中接口，除了 WCDMA 作为首选空中接口技术获得不断完善外，UMTS 还相继引入了 TD-SCDMA 和高速下行链路分组接入（highspeed downlink packet access，HSDPA）技术，UMTS 不包含 CDMA2000 技术。

伴随着技术的发展，空中接口也随之改变。在接口方面，网络结构中的 Um 空中接口换成了 Uu 接口，而无线电接入网与核心网接口也换成了 Iu 口；在接入网方面，不再包含基站收发站（base transceiver station，BTS）和 BSC，取而代之的是基站 NodeB 与无线网络控制器（radio network controller，RNC）。其中，NodeB 的主要功能是基带处理和扩频，包括以下几个方面：空中接口发送/接收、调制/解调、CDMA 物理通道编码、微分集、差错处理及闭环功率控制；而 RNC 主要负责无线资源的管理，一方面它通过 Iu 接口同电路域和分组域的核心网相连；另一方面它负责管理和控制 NodeB，并负责空中接口与用户设备（user equipment，UE）之间的 L1 以上的协议处理。在无线电接入网中，RNC 处于承上启下的关键地位；在逻辑上，它和 GSM 系统中的 BSC 相对应。RNC 主要担任控制无线网络控制器（control radio network controller，CRNC）、服务无线网络控制器（serving radio network controller，SRNC）、漂移无线网络控制器（drift radio network controller，DRNC）三种角色，实现以下功能：

1）主要支持对 WCDMA Node B 的控制和管理。

2）支持包括 Iu 承载、Iub 承载、Iur 承载、无线承载等在内的无线接入资源的管理和分配。

3）支持包括软切换、硬切换、与 GSM/GPRS 的系统间切换、小区更新、URA 更新、寻呼等各种移动性管理工作，其中包括支持通过 Iur 接口的宏分集功能。

4）支持各种电路域和分组数据业务数据传输。

5）支持对控制信令的完整性检查以及对用户数据的加密和解密等安全性功能。

6）支持对 UE 的接入控制、负载过载的拥塞控制等系统接入功能。

7）支持广播域的广播信息业务。

UMTS 网络结构如图 2－10 所示。

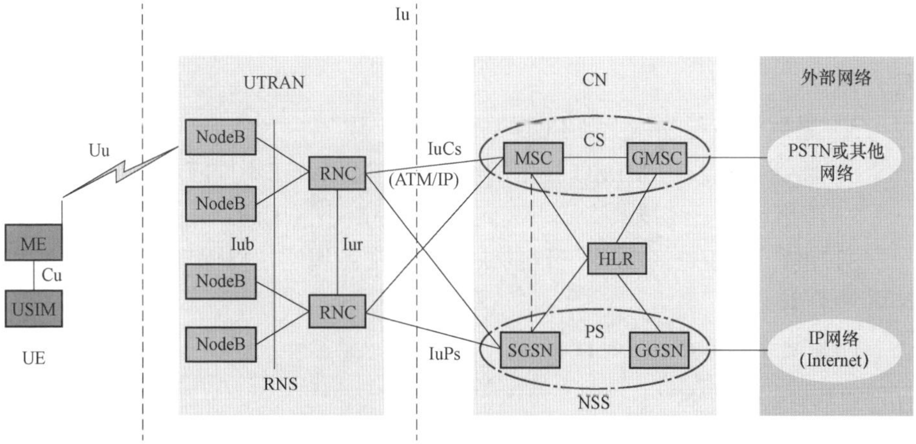

图 2－10　UMTS 网络结构

（3）LTE（4G）。LTE 是由第三代合作伙伴计划（the 3rd generation partnership project，3GPP）组织制定的 UMTS 技术标准的长期演进。LTE 系统引入了正交频分复用（orthogonal frequency-division multiplexing，OFDM）和多输入多输出（multiple-input & multiple-output，MIMO）等关键技术，显著增加了频谱效率和数据传输速率，如 20Mbit/s 带宽 2×2 MIMO 在相正交振幅调制（quadrature amplitude modulation，64QAM）情况下，理论下行最大传输速率为 201Mbit/s，除去信令开销后大概为 150Mbit/s，但根据实际组网以及终端能力限制，一般认为下行峰值速率为 100Mbit/s，上行为 50Mbit/s。LTE 系统支持多种带宽分配，包括 1.4、3、5、10、15MHz 和 20MHz 等，且支持全球主流 2G/3G 频段和一些新增频段，因而频谱分配更加灵活，系统容量和覆盖也得以显著提升。

LTE 技术主要存在时分双工（time division duplex，TDD）和频分双工（frequency-division duplex，FDD）两种主流模式，两种模式各具特色。其中，FDD-LTE 在国际中应用广泛，而 TD-LTE 在我国较为常见。

TDD-LTE 系统具有如下特点：

1）灵活支持 1.4、3、5、10、15、20MHz 带宽。

2）下行使用正交频分多址（orthogonal frequency division multiple access，OFDMA），最高速率达到100Mbit/s，满足高速数据传输的要求。

3）上行使用OFDM的衍生技术单载波频分多址（single-carrier frequency-division multiple access，SC-FDMA），在保证系统性能的同时能有效降低峰值平均功率比（peak to average power ratio，PAPR），减小终端发射功率，延长使用时间，上行最大速率可达到50Mbit/s。

4）充分利用信道对称性等TDD的特性，在简化系统设计的同时提高系统性能。

5）系统的高层总体上与FDD系统保持一致。

6）将智能天线与MIMO技术相结合，提高系统在不同应用场景的性能。

7）应用智能天线技术降低小区间干扰，提高小区间边缘用户的服务质量。

8）进行时间/空间/频率三维的快速无线资源调度，以保证系统吞吐量和服务质量。

LTE网络结构如图2－11所示。

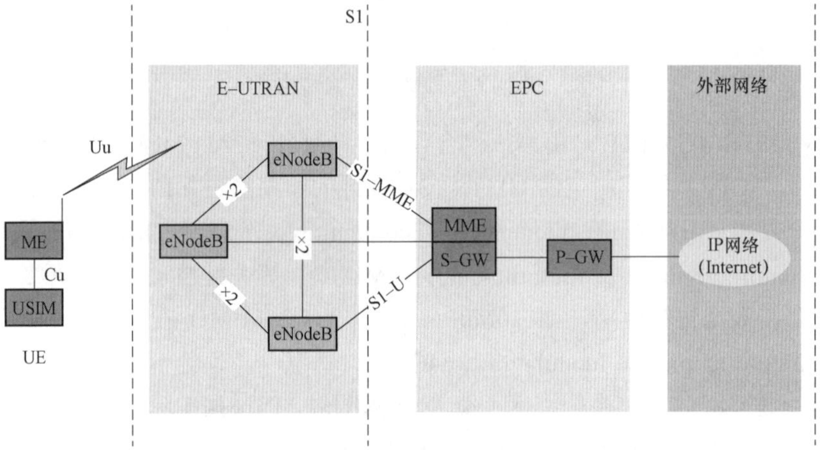

图2－11　LTE网络结构

整个LTE网络从无线电接入网和核心网方面分为UMTS陆地无线电接入网（UMTS terrestrial radio access network，E-UTRAN）和演进的分组核心（evolved packet core，EPC）。首先，在无线电接入网方面，整个网络只有一种基站eNodeB（eNB），它包含了UTMS系统中NodeB以及部分RNC的功能，即在LTE系统中，RNC已经消失，这样可以减少业务延迟，即形成了所谓的扁平化结构；其次，在EPC方面，它对之前的网络结构能够保持向上兼容；最后，在自身结构方面，不再有各种实体部分，取而代之的主要是移动管理实体（mobile management entity，MME）与服务网关（serving gateway，S-GW）、分组数据网关（PDN GateWay，P-GW），外部网络只接入 IP 网，即在 LTE 网络中取消了电路交换，只剩下分组交换，从而实现了核心网的全 IP 化。

从 2G 到 LTE 的架构演进可以看出大致两个趋势的变化：一是网络结构实体减少，也就是所谓的扁平化，其带来的好处是时延降低，成本减少；二是所有的通信最终连接至全 IP 网络。

（4）新广播（5G）。5G 是最新一代蜂窝移动通信技术，是 4G（LTE、WiMax）、3G（UMTS）和 2G（GSM）系统的延伸。5G 的性能目标是提高数据速率、减少延迟、节省能源、降低成本、提高系统容量和实现大规模设备连接。3GPP R15（5G 规范的第一阶段标准）是为了适应早期的商业部署，R16（5G 规范的第二阶段标准）于 2020 年 7 月完成，作为 IMT－2020 技术的候选提交给国际电信联盟（International Telecommunications Union，ITU），ITU IMT－2020 规范要求速度高达 20 Gbit/s，可以实现宽信道带宽和大容量 MIMO。

在介绍 5G 网络架构之前，首先介绍基站的三种类型：传统一体化基站、分布式基站以及云无线电接入网（cloud-radio access network，C-RAN）。其中，传统一体化基站中每个基站自成体系，基站及配套设施全部位于机房内，基站通过馈线与铁塔上的天线相连。分布式基站分为两部分，即射频拉远单元（remote radio unit，RRU）和基带处理单元（building base band unit，BBU）。RRU 位于室外，BBU 位于室内，RRU 与 BBU 之间通过光纤连接，每个 BBU 可以带多个（3～4 个）RRU。C-RAN 是对分布式基站的进一步演进，它将 BBU 处理资源集中化、开放化和云计算化为资源池，通过高带宽低时延的光纤或光传输网连接远端无线射频单元，每个 BBU 能连接 10～100 个 RRU。2G 系统中基本采用传统一体化基站，3G 系统中开始采用分布式基站，4G LTE 系统中基本采用分布式基站。同时，C-RAN 的概念也一直在发展中。

基站类型如图 2－12 所示。

在 4G LTE 系统中，基站和核心网分别叫作 eNB 和 EPC；而在 5G 系统中，基站叫作 gNB，无线电接入网称为新广播（new radio，NR），核心网叫作下一代核心（next generation core，NGC）。

在 5G 网络架构中，5G 接入网的基础处理单元 BBU 将被重构为集中式单元（centralized unit，CU）和分布式单元（distributed unit，DU）两个功能实体。CU 设备处理无线高层协议栈功能，如无线资源控制（radio resource control，RRC）层、分组数据汇聚协议（packet data convergence protocol，PDCP）层等；DU 设备主要处理物理层功能和实时性需求较高的数据链路层功能。考虑到 RRU

与 DU 的传输资源，部分 DU 的物理层功能可以上移到 RRU，伴随着 RRU 的小型化，甚至更激进的 DU 可以与 RRU 进行合并。根据不同的应用场景以及通信需求，CU 和 DU 可以有多种切割方式。eNB 及 gNB 示意图如图 2－13 所示。

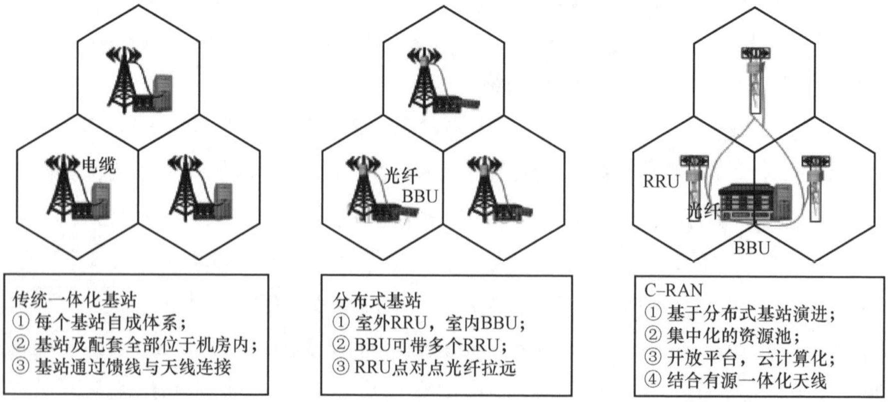

图 2－12　基站类型

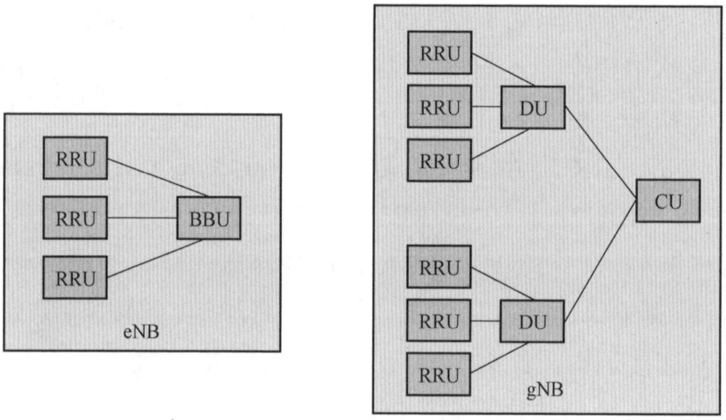

图 2－13　eNB 及 gNB 示意图

由于 5G 相对于 4G 在网络结构上的改变，5G 网络的部署不可能是一蹴而就的，必定是逐步部署的，这样才能避免短期内的高投入，也能有效降低部署风险。

4. 性能指标

无线公网的带宽是多用户共享的，单用户的通信速率会受到系统容量的限制，用户越多，速率越低，实时性越难以保障。2G 系统的平均速率为 10～90kbit/s；3G 系统的平均速率为 80～700kbit/s；4G 系统峰值下行速率为 100Mbit/s，上行速率为 50Mbit/s，平均速率可达 5～10Mbit/s。无线公网的传输延时为 600ms～2s。无线公网的可靠性主要体现在线路、设备和组网三个方面，较之专网无线，不可控因素较多。

5. 信息安全

无线通信本身固有的开放性使得它更容易受到监听、滥用等安全威胁。GPRS 安全性主要包括核心网对用户的单向鉴权、空中接口加密和对用户身份信息的保护三部分；TD-SCDMA/CDMA 系统相比 GPRS 增加了双向认证、数据完整性保护等方面的安全性；LTE 采用了接入层和非接入层两层安全机制，采用更为复杂的密钥体系保护信令和数据的机密性和完整性，安全性有所增强。

无线公网承载用电信息采集、配电自动化、分布式电源、电动汽车充电站（桩）等无线接入业务。终端采用专用用户识别卡（subscriber identity module，SIM）、安全 TF 卡/安全加密芯片，运营商内部通过接入点（access point name，APN）、虚拟专用网络（virtual private network，VPN）/虚拟专有拨号网络（virtual private dial network，VPDN）技术实现业务横向逻辑隔离，运营商核心网至电网公司采用有线专线接入。无线公网安全防护措施应符合相关规定，能够满足承载业务防护需求。

GPRS、3G、4G 空中接口分别采用基于挑战应答机制的三元组、五元组、四元组对用户鉴权，加密算法分别采用 A3 和 A8 算法、f8 和 f9 算法、EEA0/122－EEA1/122－EEA2/122－EEA3 算法。

2.3.4　无线专网通信

无线专网是指为单位内部或某些特殊行业为满足其调度指挥、组织管理及安全生产等要求或保密需求所组建的专用通信网络系统，一般用于石油、地质、煤炭、电力、国防、公安、民航、铁路等行业。下面以电力无线专网为例介绍无线专网通信。

1. 概念

电力无线专网是指由电力公司主导建设、专用于电力业务并采用广域无线接入技术的通信网络系统。电力无线专网是终端通信接入网的重要组成部分，与光纤专网等通信方式互补，为电网末端设备提供安全、可靠、泛在、灵活的业务接入，为一体化通信网平台提供端到端延伸，解决“最后一公里”通信问题。电力无线专网主要包括 230MHz 电力无线专网和 1800MHz 电力无线专网两种。

230MHz 电力无线专网是基于 223.025～235.000MHz 频段内电力授权的离散 25kHz 频点，采用离散载波聚合及动态频谱共享等技术，通过时分双工传输方式为电力业务终端和业务系统提供宽带通信服务的通信系统。同时，该系统引入了 OFDM、高阶调制、高效编码等新技术，一方面提高了频谱效率，另一方面使系统具有优越的解调性能，提升了系统的抗干扰能力，从而保证了与数传电台系统在 230MHz 频段的共存。230MHz 电力无线专网基于 3GPP LTE 协议，针对电力业务通信特点，对子载波间隔、帧长度、部分业务信令等进行修改优化，满足上下行带宽配比、时延、带宽、安全需求，具备广覆盖、大容量、高可靠、高速率、实时性强、安全性强、频谱适应性强、灵活易扩展等特性。

1800MHz 电力无线专网是工作频率为 1785～1805MHz 的 TD-LTE 系统。TD-LTE 系统是 LTE 系统的时分模式。我国在公网频率以外划定 1447～1467MHz 和 1785～1805MHz 两个 20MHz 宽带频段用于政府和重要行业的 TD-LTE 专网建设，即 1.4GHz TD-LTE 系统和 1.8GHz TD-LTE 系统，两个系统从芯片、系统设备、测试到终端的产业链与运营商的 LTE 系统产业链是完全相同的。

2. 组成

电力无线专网系统为业务终端与业务主站之间的通信提供服务，系统应包括核心网、基站、通信终端、设备网管等系统，可包括专网语音系统。电力无线专网系统架构如图 2－14 所示。

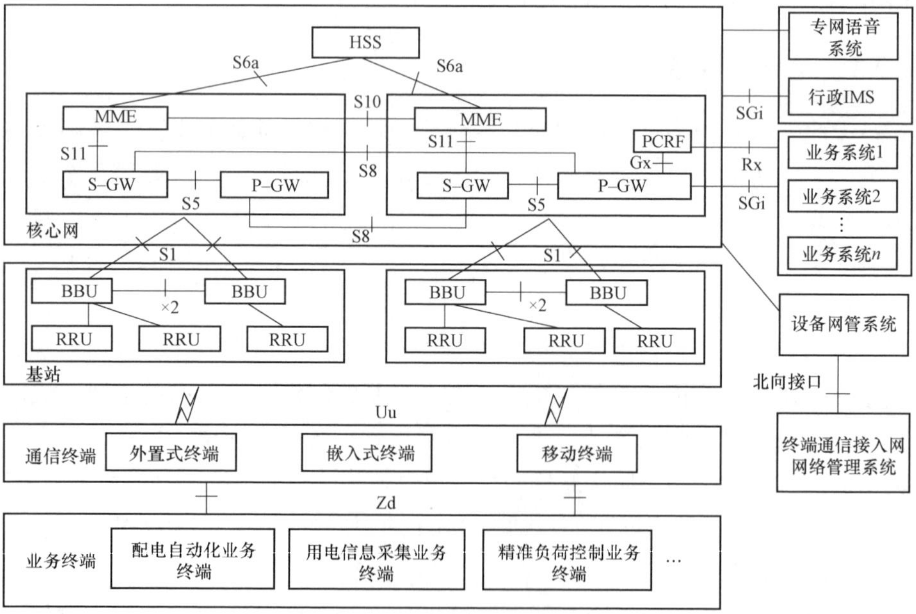

图 2－14　电力无线专网系统架构

（1）核心网。核心网包含高速交换机（high speed switch，HSS）、MME、S-GW、P-GW、策略与计费规则功能单元（policy and charging rules function，PCRF）逻辑实体，其中 PCRF 可选，各逻辑实体相互独立，可按需组成实际网元。核心网可分为Ⅰ、Ⅱ、Ⅲ、Ⅳ、Ⅴ五类，其中Ⅴ型部署在变电站，可采用商用服务器架构实现。核心网系统容量指标见表 2－3 和表 2－4。

表 2－3　230MHz 电力无线专网核心网系统容量指标

分类	单设备可管理基站数量 A（个）	单设备可管理用户数量 B（个）
Ⅰ	≥400	≥200000
Ⅱ	≥200	≥100000
Ⅲ	≥100	≥50000
Ⅳ	≥30	≥10000
Ⅴ	1	≥1000

表 2－4　1800MHz 电力无线专网核心网系统容量指标

分类	单设备可管理基站数量 A（个）	单设备可管理用户数量 B（个）
Ⅰ	$A \geqslant 2000$	$B \geqslant 200000$
Ⅱ	$1000 \leqslant A < 2000$	$100000 \leqslant B < 00000$
Ⅲ	$500 \leqslant A < 1000$	$50000 \leqslant B < 100000$
Ⅳ	$150 \leqslant A < 500$	$10000 \leqslant B < 50000$
Ⅴ	1	$B \geqslant 1000$

（2）基站。基站包含 BBU、RRU 逻辑实体，其通过空中接口与通信终端设备通信，通过 S1 接口与核心网通信，具备无线信号的发送、接收和无线资源管理功能。可通过直放站或塔顶放大器等辅助中继方式实现基站延伸覆盖。基站设备分为宏覆盖基站、中等覆盖基站和本地覆盖基站。基站采用全球导航卫星系统（global navigation satellite system，GNSS）空口同步方式，支持全球定位系统（global positioning system，GPS）或北斗卫星通信系统同步方式。

230MHz 无线基站工作带宽为 25kHz × N（N=1～278），典型工作带宽为 500kHz 和 1、3.5、5、7MHz。宏覆盖基站标称输出功率 $P \geqslant 37.8$dBm；中等覆盖基站标准输出功率 $P \geqslant 30$dBm；本地覆盖基站标称输出功率 $P < 30$dBm。

1800MHz 基站支持的系统带宽为 3、5、10MHz，支持下行 OFDMA 和上行 SC-FDMA 传输。宏覆盖基站标称输出功率 38dBm＜P≤43dBm；中等覆盖基站标准输出功率 24dBm＜P≤38dBm；本地覆盖基站标称输出功率 P≤24dBm。

（3）终端。通信终端包含能进行无线信号收发、基带处理和高层应用运行的功能模块，通过全球用户识别卡（universal subscriber identity module，USIM）或 eSIM 卡或机卡合一的方式保存数据、程序并进行安全身份识别。通信终端分为独立式终端和嵌入式终端，其中独立式终端分为外置式终端和移动终端，嵌入式终端分为Ⅰ型集中器远程通信单元类、Ⅱ型集中器远程通信单元类。通信终端通过空中接口与基站相连，进而与核心网通信，完成端到端的业务接续。

（4）设备网管。设备网管系统支持对通信终端、基站、核心网中一个及以上网元的配置管理、性能管理、故障管理、维护管理、安全管理、跟踪管理、日志管理、拓扑管理、报表管理、终端管理功能，可支持自组织网络（self-organized network，SON）功能，与终端通信接入网管理系统通过北向接口互通。

（5）专网语音系统。专网语音系统用于承载电力语音业务，可采用无线一键通（PTT over cellular）PoC、宽带集群通信（broadband trunking communication，B-TrunC）或 3GPP 集群实现，或不必新建语音系统，与现有的行政 IP 多媒体子系统（IP multimedia subsystem，IMS）通过 SGi 接口连接，实现基于 IP 的语音传输（voice over internet protocol，VoIP）。

（6）接口。系统网元之间的主要接口包括业务终端与通信终端之间的接口 Zd，通信终端与基站之间的接口 Uu，基站 BBU 之间的接口 ×2，基站与核心网之间的接口 S1，核心网 S-GW 与 P-GW 之间的接口 S5/S8，核心网 MME 与 MME 之间的接口 S10，核心网 MME 与 S-GW 之间的接口 S11，核心网 MME 与 HSS 之间的接口 S6a，核心网与业务主站之间的接口 SGi，可选 PCRF 与 P-GW 之间的接口 Gx，Gx 与业务主站间的接口 Rx，网元管理系统与终端通信接入网管理系统之间的北向接口，其中 Rx、Gx 为可选接口。

3. 基本原理及关键技术

（1）230MHz 电力无线专网。

1）灵活载波聚合技术。电力行业获得的频谱为离散窄带频谱，随着泛在电力物联网和坚强智能电网的建设，电力业务终端接入量、传输数据量急剧增加，基于窄带单频点的通信体制已经无法满足大量数据业务传输的需求，因此需要提升频谱资源效率，实现离散窄带频谱的宽带化。采用离散多频点动态聚合技术，将授权频段内的多个离散频谱组合起来，形成虚拟的连续频谱，最终实现离散窄带资源的宽带化，可以满足高速率业务需求。

采用离散多频点动态聚合技术，可将非连续的频点整合成虚拟连续点频谱使用，其原理如图 2－15 所示。

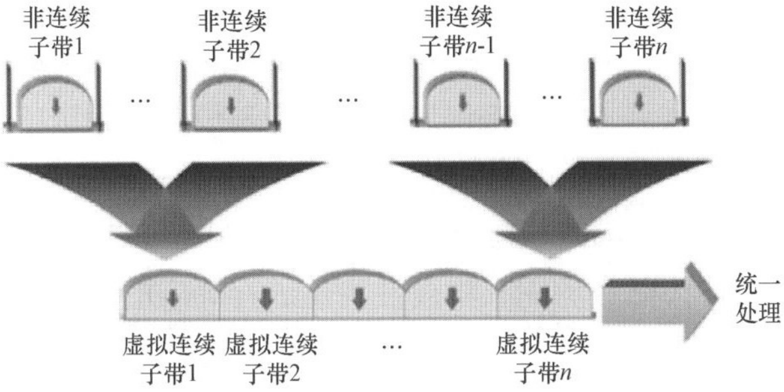

图 2－15　离散频点聚合原理

在聚合之前，每个分量频点的基带处理和混频独立完成，如图 2－16 所示。其中，各支路并行处理分量频点数据。每一支路通过串并转换、符号映射、资源映射、快速傅里叶逆变换（inverse fast Fourier transform，IFFT）、插入循环前缀（cyclic prefix，CP）生成一个分量频点基带信号。经过插值和数字混频，最后将多路数据合并为一路。在此处埋过程中，插值的目的是将每个频

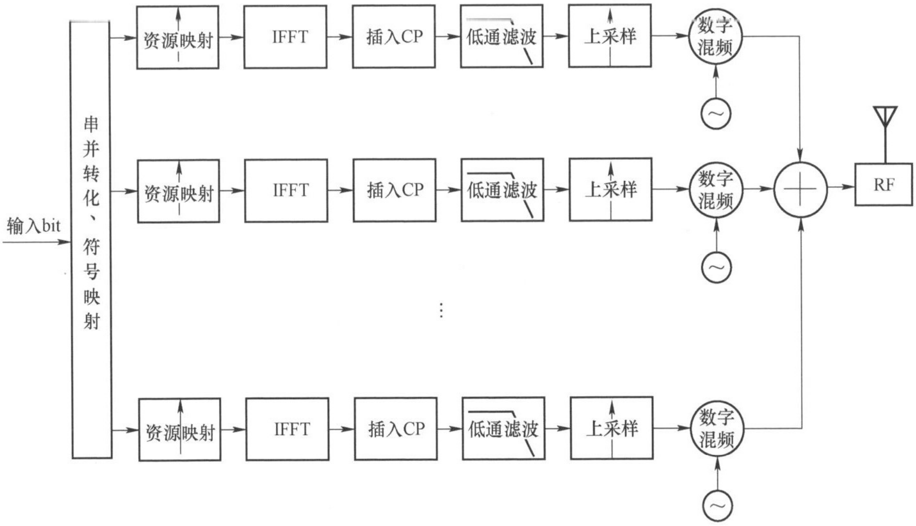

图 2－16　离散频点的聚合处理过程

点镜像干扰拉远；数字混频的目的是将每个频点的信号搬移到其对应的频点；合路的目的是完成最后信号的生成。

载波聚合技术适合解决离散频谱情况下的高速数据传输，可以将每个离散的信道看作一个分量频点，将不连续分配的分量频点进行聚合，并统一分配给一个用户使用，这样可以产生大于原来窄带系统数倍的传输带宽，从而达到宽带传输的效果。也就是说，将物理频谱上多个离散的窄带资源，在逻辑上进行连续编号，使其可以在逻辑层面把物理层面的离散频点聚合组成一个宽带资源。通过频点号的授权信息来通知终端进行大带宽的资源传输，以此解决在离散窄带系统中进行宽带传输的问题。

此外，为了保证多频点资源分配的效率，减少碎片资源，可以采用多频点动态分配技术，按照业务需求将离散频点进行灵活的资源分配与调度，即在可用的频段范围内，多频点和单频点业务资源分别从资源池的两端开始分配；在可用的频段范围内，对单频点业务和多频点业务分别划分优先区域，各业务在自己的优先区域内优先分配。

如图 2－17 所示，利用载波聚合技术，可使系统适应多样性的业务需求。对于小数据量业务传输，只用一个或较少频点即可满足数据传输要求，则可采用聚合能力和成本较低的终端进行部署；而针对视频传输等宽带业务，则可采用聚合能力较高的高性能终端进行部署。

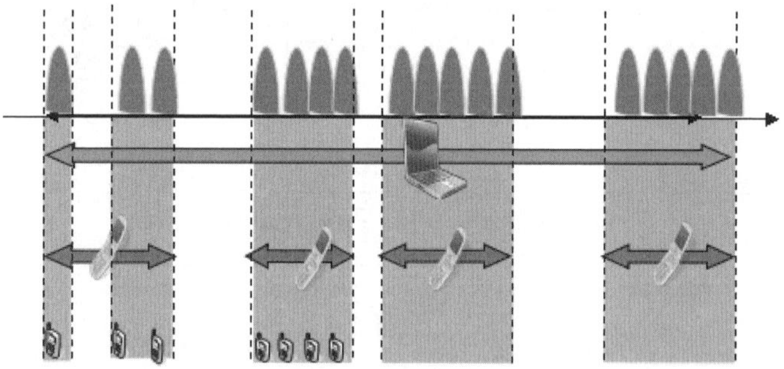

图 2－17　多频点动态分配

结合载波聚合技术与多频点动态调度方案，230MHz 电力无线专网可以在不改变已有频谱规划方案的条件下，实现频谱资源的整合及高效利用、上下行链路数据速率及容量的提高、网络负载的优化平衡、网络性能及用户体验的提升，满足泛在电力物联网终端及业务的接入及通信需求。

2）频谱感知技术。230MHz 电力授权频段内电磁环境复杂，存在其他行业大功率数传电台邻道干扰，部分电力授权频点可能因为其他无线信号的干扰导致信号质量下降，造成通信受到干扰或中断。因此，230MHz 电力无线专网系统具备频谱感知能力，基于认知无线电的频谱感知技术，可以有效识别可用频谱与受干扰频谱，为最大限度利用频谱资源、规避干扰频段提供依据。

进行频谱感知技术分析，首先应考虑以最可靠的方法判断频点/频段是否空闲，同时还应保证检测的时间足够短，以便系统能够实时接入并实时退出。用于检测某频段内是否有信号存在、有哪些信号存在的方法有多种。按照检测类型划分，可分为信号存在性检测和信号覆盖范围检测两类；按照检测节点个数划分，可分为单节点检测和多节点检测；按照检测方法划分，主要分为匹配滤波检测、能量检测、循环平稳特征检测三类。频谱感知算法及其分类如图 2－18 所示。

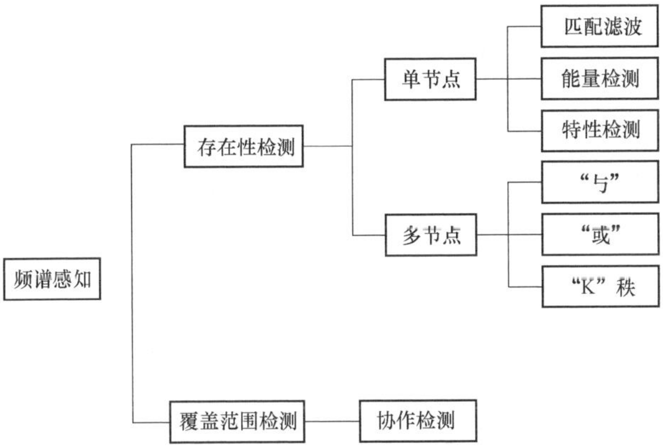

图 2－18　频谱感知算法及其分类

信号存在性检测，是指通过对某特定频段某一现象的观测，做出该频段上是否有信号存在的判断，主要包括单节点检测和多节点检测。

a. 单节点检测。单节点检测主要包括匹配滤波检测、能量检测、循环平稳特征检测等。

匹配滤波检测。在输入功率信噪比一定的高斯白噪声信道条件下，输出信噪比在某一时刻最大的最佳滤波器为匹配滤波器。其主要优点是只需要较短的时间就可以获得较高的处理增益。这种滤波器在雷达信号和数字通信信号的检测中具有相当重要的地位。当然，频谱感知系统知道干扰信号的先验信息（如脉冲波形、调制类型、帧格式等）时，匹配滤波算法是一种相当好的检测方法。

能量检测。能量检测是传统信号检测的基石，属于信号的非连贯性非相干检测，实现简单，计算复杂度低，是一种经常使用的信号检测方法。其基本原理类似于普通频谱分析仪，即首先对时域信号的采样值求模，然后平方得到；或通过接收信号的 N 点快速傅里叶变换切换到频域，再对其求模平方根。感知判决方法是将能量统计值与其阈值做比较，判断出信道内干扰信号存在与否。

但是，能量检测有以下几个方面的缺陷：检测阈值很大程度上受未知或者变化的噪声的影响；能量检测无法准确区分调制、噪声和干扰信号，只能对信号的能量进行计算，因而不能准确判断噪声和其他信号；能量检测不适用于检测伪噪声信号，如扩频信号、直接序列信号以及跳频信号等。因此，能量检测算法只适用于对检测性能要求较低、无线通信环境比较简单、活动范围不大的已授权的认知系统。

循环平稳特征检测。循环平稳特征检测主要用于检测是否存在异系统用户（或其他授权用户）对本用户的干扰。一般说来，无线通信信号都具有一定的周期性，其主要是通过对正弦波或脉冲序列进行调制而产生的。调制后的通信信号的统计特性，如统计值、均值、自相关值等都会体现出周期性变化的特性，是一个平稳的随机过程，这种特性被称为循环平稳性或周期平稳性。由于无线通信环境中的噪声和干扰均可以看作平稳随机过程，不存在循环平稳的特性，所以可以利用信号这种特性来进行循环平稳特征检测，通过频谱相关方程对信号进行分析。循环平稳特征检测可以在不知先验信息的情况下实现信号检测，以及实现对其他用户干扰的检测。

b. 多节点检测。由于存在信道多径衰落、阴影效应、隐藏站点等问题，单节点用户检测某频段是否存在干扰的结果存在不确定性。为了克服这一系列问题，就需要联合位于不同位置的多节点进行检测。采用多个频谱感知用户共同检测目标频段，并进行信息的交互，那么位于其他地理位置上用户就可以将信息提供给处于阴影中的用户，或者将信息都提交给中心节点，由中心节点进行决策，这样可以避免处于阴影中的用户做出错误的决策。由此，采用多节点用户协作检测可以显著提高检测性能。

综上，230MHz 电力无线专网由于合法授权频谱资源稀缺，频谱感知技术是实现数据高效传输的有效手段之一。具体应用时，应结合单节点检测、多节点检测以及不同检测方法的优缺点，对适用于电力无线专网的频谱感知机制进行优化，在可靠性与检测时间上取得折中，以提高系统传输效率。

（2）1800MHz 电力无线专网。

1）OFDM 技术。OFDM 是一种多载波调制技术，其通过减小和消除码间串扰的影响来克服信道的频率选择性衰落。OFDM 的基本原理是将高速信息数据编码后分配到并行的 N 个相互正交的载波上，每个载波上的调制速率很低（$1/N$），调制符号的持续间隔远大于信道的时间扩散，从而能够在具有较大失真和突发性脉冲干扰的环境下对传输的数字信号提供有效的保护。OFDM 对多径时延扩散不敏感，若信号占用带宽大于信道相干带宽，则多径效应会使信号的某些频率分量增强，某些频率分量减弱（频率选择性衰落）。OFDM 的频域编码和分散并行数据之间建立了联系。如此，由于部分衰落或干扰而遭到破坏的数据，可以通过频率分量增强部分接收的数据得以恢复，即实现频率分集。

OFDM 增强了抗频率选择性衰落和抗窄带干扰的能力。在单载波系统中，单个衰落或者干扰可能导致整个链路不可用，但在多载波的 OFDM 系统中，只会有一小部分载波受影响。此外，纠错码的使用还可以帮助其恢复一些载波上的信息。通过合理地挑选子载波位置，可以使 OFDM 的频谱波形保持平坦，同时可以保证各载波之间的正交。

OFDM 的每个载波所使用的调制方法可以不同。各个载波能够根据信道状况的不同选择不同的调制方式，如二进制相移键控（binary phase shift keying，BPSK）、正交相移键控（quadrature phase shift keying，QPSK）、8 移相键控（8 phase shift keying，8PSK）、正交幅度调制（quadrature amplitude modulation，16QAM）、64QAM 等，以频谱利用率和误码率之间的最佳平衡为原则。通过选择满足一定误码率的最佳调制方式就可以获得最大频谱效率。无线多径信道的频率选择性衰落会使接收信号的功率大幅下降，经常会达到 30dB 之多，信噪比也会随之大幅下降。为了提高频谱利用率，应该使用与信噪比相匹配的调制方式。可靠性是通信系统正常运行的基本考核指标，所以很多通信系统都倾向于选择 BPSK 或 QPSK 调制方式，以确保在信道最坏条件下的信噪比要求，但是这两种调制方式的频谱效率很低。OFDM 技术使用了自适应调制，可根据信道条件的好坏选择不同的调制方式。例如，在终端靠近基站时，信道条件一般会比较好，调制方式就可以由 BPSK［频谱效率为 1（bit/s）/Hz］转化成 16QAM～64QAM［频谱效率 4～6（bit/s）/Hz］，整个系统的频谱利用率就会得到大幅度的提高。自适应调制能够扩大系统容量，但它要求信号必须包含一定的开销比特，以告知接收端发射信号所应采用的调制方式；终端还要定期更新调制信息，这也会增加更多的开销比特。

OFDM 系统调制模型和解调模型分别如图 2-19 和图 2-20 所示。在发送端，串行的数据流在经过编码、调制以及串/并转换之后，送入运算单元，即进行 IFFT 变换，然后加入保护间隔，再经 D/A 转换为模拟信号送入信道传输；在接收端，由信道接收到的模拟的 OFDM 信号，经 A/D 转换为串行的数字信号，接着去除保护间隔，再将其送入运算单元，进行快速傅里叶变换（fast Fourier transform，FFT）运算，最后经过并/串转换和解码译码，还原出原始的信源信号。

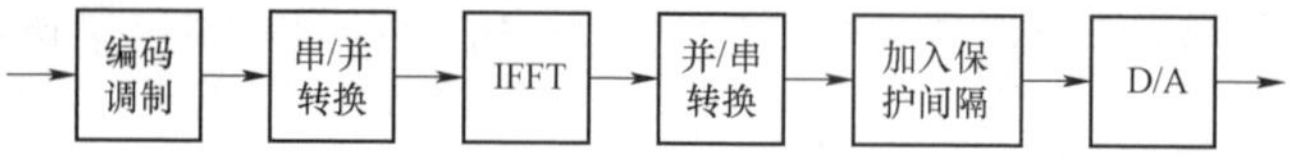

图 2-19　OFDM 系统调制模型

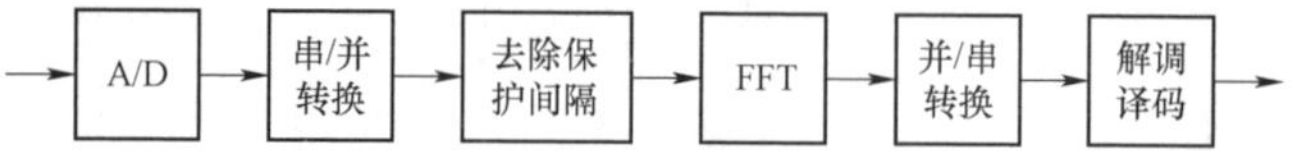

图 2-20　OFDM 系统解调模型

在 OFDM 的调制过程中有 3 个重要步骤：编码调制、FFT 变换、插入保护间隔。解调部分则就是其逆过程。

2）MIMO 技术。MIMO 作为提高系统传输率的主要手段，由于 OFDM 的子载波衰落情况相对平坦，十分适合与 MIMO 技术相结合，以提高系统性能。MIMO 系统在发射端和接收端均采用多天线（或阵列天线）和多通道。多天线接收机利用空时编码处理能够分开并解码数据子流，从而实现最佳的处理。若各发射、接收天线间的通道响应独立，则多入多出系统可以创造多个并行空间信道。通过这些并行空间信道独立地传输信息，数据传输速率必然可以提高。MIMO 将多径无线信道与发射、接收天线视为一个整体进行优化，从而获得高的通信容量和频谱利用率。这是一种近于最优的空域、时域联合的分集和干扰对消处理。当功率和带宽固定时，多入多出系统的最大容量或容量上限随着最小天线数的增加而线性增加。而在同样条件下，在接收端或发射端采用多天线或天线阵列的普通智能天线系统，其容量仅随天线数的对数的增加而增加。MIMO 原理示意图如图 2-21 所示。

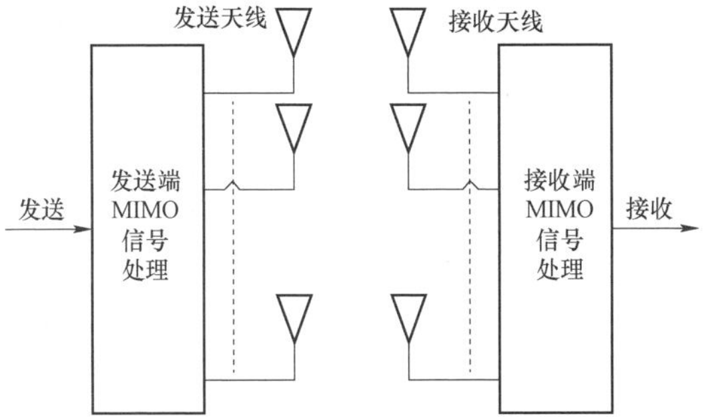

图 2－21　MIMO 原理示意图

发射端通过空时映射将要发送的数据信号映射到多根天线上发送出去，接收端将各根天线接收到的信号进行空时译码从而恢复出发射端发送的数据信号。根据空时映射方法的不同，MIMO 技术大致可以分为两类：空间分集和空间复用。

a. 空间分集。空间分集是指利用多根发送天线将具有相同信息的信号通过不同的路径发送出去，同时在接收端获得同一个数据符号的多个独立衰落的信号，从而获得分集提高的接收可靠性。空间分集的主要思想就是在发射端对数据进行联合编码以减小信道衰落和噪声导致的符号错误率，通过在发射端联合编码增加信号的冗余度，从而使信号在接收端获得最大的分集增益和编码增益。编码方法有两种：空时格码（space-time trellis code，STTC）和空时分组码（space-time block code，STBC）。空时格码可以实现满分集增益，空时分组码也可以获得分集满增益，且处理方式简单，只需要在接收端进行简单的线性处理，从而简化了接收机的结构。

b. 空间复用。空间复用就是通过不同的天线尽可能多地在空间信道上传输相互独立的数据。它能最大化 MIMO 系统的平均发射功率，但只能获得有限的分集增益。空间复用技术和空间分集技术结合起来，就可以克服各自的缺点。空间复用技术也包括一系列的解码方式，如迫零（zero forcing，ZF）、最小均方差（minimum mean-square error，MMSE）、最大似然（maximum likelihood，ML）等。

c. 安全隔离架构。为满足“安全分区、网络专用、横向隔离、纵向认证”的电力业务安全总体原则，电力无线专网安全隔离架构如图 2－22 所示，采用时频资源隔离、传输端口及通信隔离、核心网隔离、设置 APN/VPN 等方式，

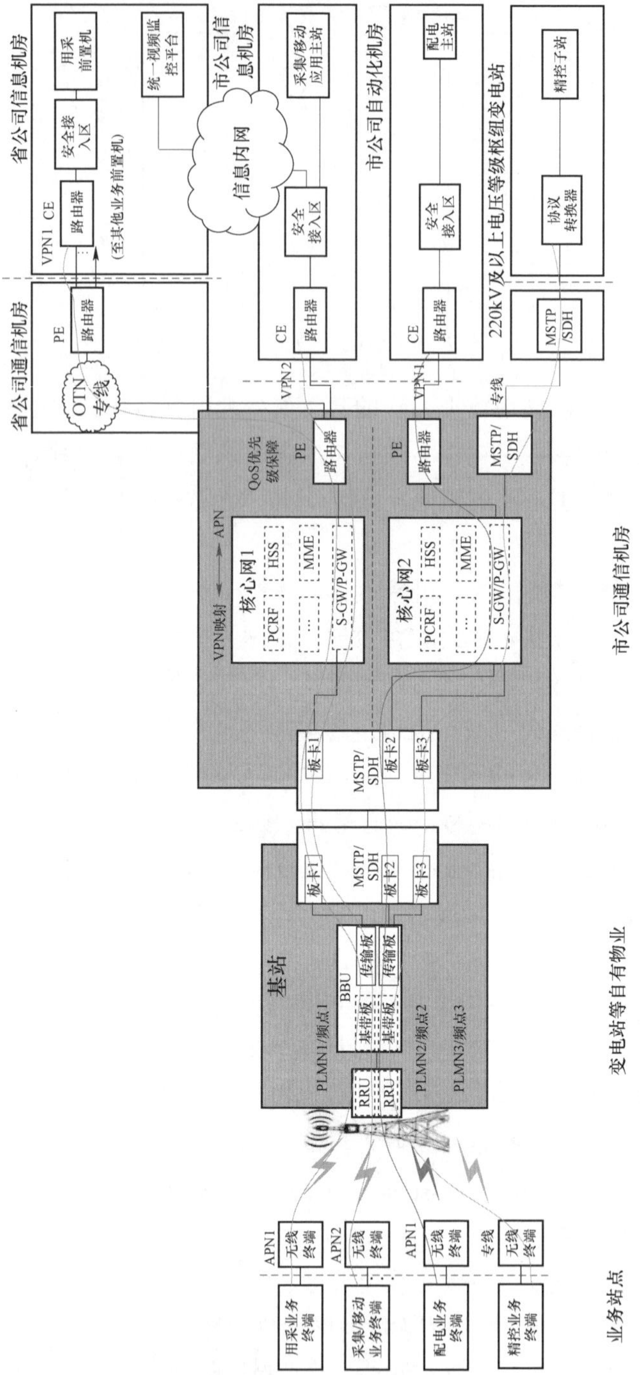

图 2-22 电力无线专网安全隔离架构

实现控制类、采集类、移动应用类业务的共网、隔离传输，满足各类业务接入、时延及安全传输需求。

精控业务。在无线侧，单独为精控业务配置空口时频资源，无论是否有精控业务传输，该时频资源都无法被配电自动化三遥、用电信息采集负控、管理信息大区业务等其他业务占用；在基站侧，采用单独的传输单板，或者与其他控制类业务共享传输单板，但端口与其他控制类业务相独立；在核心网侧，可采用独立的核心网设备，或者与其他控制类业务共享核心网设备，但具备独立端口；SDH 传输通道独立。

配电自动化三遥、用电信息采集负控等其他控制业务。通过独立的空口时频资源、基站传输单板或端口、SDH 传输通道、核心网设备或端口为配电自动化三遥、用电信息采集负控等控制类业务提供与管理信息大区业务物理隔离的通道。控制业务之间通过配置 APN 和 VPN 进行业务隔离，不同的业务配置不同的 Qos 类标识符（QoS class identifier QCI）优先级，电力无线专网针对业务所配置的 QCI 优先级提供通信资源保障。

管理信息大区业务。通过独立的空口时频资源、基站传输单板、SDH 传输通道、核心网设备为管理信息大区业务提供与生产控制大区业务物理隔离的通道。管理信息大区业务间通过 APN 和 VPN 进行隔离，并为不同业务配置 QCI 优先级，电力无线专网针对 QCI 优先级提供资源保障。

4. *发展趋势*

根据我国工业和信息化部及国家电网公司政策，目前电力无线专网主要以 230MHz 电力无线专网为重点建设和使用方向。为了更好地服务电力业务，230MHz 电力无线专网通信技术将向传输速率更高、接入容量更大、实时性及安全性更高、经济性更好的方向发展，主要包括以下几个方向。

（1）工业和信息化部无线电管理局已批复 6MHz 频率资源增补的申请，为 230MHz 电力无线专网大规模、大带宽使用提供了条件。目前，终端的离散载波聚合能力尚无法同时覆盖 230MHz 电力授权频段的所有频点，随着硬件成本的降低和处理器处理性能的提升，终端将向更多频点聚合的方向发展，以提供更大的传输带宽。

（2）借鉴 5G 通信技术，230MHz 电力无线专网通信技术将在未来持续进行技术演进，提升电力无线专网系统能力及性能；针对新兴电力业务场景及需求，提供精细化、针对性的服务。例如，为控制类业务提供更低时延、更高可靠性的传输通道，为多路并发视频业务提供更大带宽的网络，为海量智能终端提供接入能力等。同时，电力无线专网、4G/5G 公网等都将成为必要的通信手段，为泛在电力物联网的建设提供支撑。

（3）采用“国网芯”安全芯片、通信芯片、处理器芯片等，提高自主化、国产化水平，提升系统安全防护能力。同时，面向未来泛在电力物联网建设，终端设备将向小型化、低功耗、低成本的方向发展。

2.4　常用配电网通信协议

2.4.1　远动传输规约 IEC 60870－5－104 的解析方法

（1）程序启动后，首先发送链路连接请求帧：68 04 07 00 00 00。

起始字符：68H。

应用协议数据单元（application protocol data unit，APDU）长度：04H（4 个字节，即 07 00 00 00）。

控制域第一个八位组：07H→0000 0111，由前两位 11 可知是 U 格式帧，由第三、第四位 01 可知是链路连接请求帧。

（2）接到模拟从站发送来的连接请求确认帧：68 04 0B 00 00 00。

起始字符：68H。

APDU 长度：04H（4 个字节，即 0B 00 00 00）。

控制域第一个八位组：0BH→0000 1011，由前两位 11 可知是 U 格式帧，由第三、第四位 10 可知是链路连接确认帧。

（3）主站发送测试链路询问帧：68 04 43 00 00 00。

控制域第一个八位组：43H→0100 0011，由前两位 11 可知是 U 格式帧，由第七、第八位 01 可知是链路测试请求帧。

（4）从站发送链路测试确认帧：68 04 83 00 00 00。

控制域第一个八位组：83H→1000 0011，由前两位 11 可知是 U 格式帧，由第七、第八位 10 可知是链路测试确认帧。

（5）主站发送总召唤激活请求命令。总召唤激活请求命令的数据格式见表 2－5。

表 2–5　　　　总召唤激活请求命令的数据格式

启动	68	原因	06
字节数	OE	原因	00
发序列	—	公共地址	11
发序列	—	公共地址	00
收序列	—	信息地址	00
收序列	—	信息地址	00
类型标识	64	信息地址	00
信息数	01	召唤限定词	14

例如：

1）总召唤激活请求命令：68 0E 00 00 00 00 64 01 06 00 01 00 00 00 00 14。

起始字符：68H。

APDU 长度：0EH（14 个字节，即 00 00 00 00 64 01 06 00 01 00 00 00 00 14）。

控制域第一个八位组：00H→0000 0000，由第一位 0 可知是 I 格式帧。

控制域第二个八位组：00H→第一个八位组的第 2～8 位组成，0000 0000（高位）0000 000（低位），所以发送序号 N（S）=0（I 格式帧计数）。

控制域第三、第四个八位组：00H 00H→0000 0000（第四个八位组，高位）0000 000（第三个八位组的第 2～8 位，低位）。

类型标识：64H（CON<100>:=总召唤命令）。

可变结构限定词：01H（SQ=0，number=1）。

传送原因：06H 00H（cause=6，激活）。

APDU 地址：01H 00H（ADDR=1，即 0001H，低位在前，高位在后）。

信息体地址：00H 00H 00H（低位在前，高位在后）。

信息体元素：14H（召唤限定词 QOI=20，站召唤全局）。

2）从站发送总召唤激活结束命令：68 0E 06 00 02 00 64 01 0A 00 01 00 00 00 00 14。

传送原因：0A（结束字符）。

（6）遥信报文。

1）从站发送单点遥信数据帧：68 1E 02 00 02 00 01 05 14 00 01 00 0A 00 00 00 0C 00 00 00 0E 00 00 00 10 00 00 00 64 00 00 01。

控制域：02 00 02 00。

类型标识：01H（CON<1>:＝单点信息）。

可变结构限定词：05H（SQ＝0，number＝5，由此可知有 5 个不连续的单点信息）。

传送原因：14H 00H（cause＝20，响应站召唤）。

终端地址：01H 00H。

第一个信息体地址：0AH 00H 00H（点号，10）。

第一个信息体数据：00H（遥信状态，分）。

第二个信息体地址：0CH 00H 00H（点号，12）。

第二个信息体数据：00H（遥信状态，分）

……

第五个信息体地址：64H 00H 00H。

第五个信息体数据：01H。

2）从站发带时标单点遥信报文（SOE）：68 15 1C 04 02 00 1E 01 03 00 01 00 02 00 00 00 DE 6C 0F 0E 1B 07 0C。

数据长度：15。

控制域：1C 04 02 00。

类型标识：1E（带 CP56Time2a 时标的单点信息，长时标为 7B，包括年、月、日等），如果是 02（带时标的单点遥信，短时标为 3B，包括分、毫秒）。

可变结构限定词：01。

传输原因：03 00（突发遥信）。

终端地址：01 00（地址，转换为十进制 1）。

信息体地址：02 00 00（点号，转换为十进制 2）。

遥信状态：00（分）。

毫秒：DE 6C（转换为十进制为 27870ms）。

分：0F（15 分）。

时：0E（14 时）。

日：1B（27 日）。

月：07（7 月）。

年：0C（12 年）。

（7）遥控报文。

1）遥控预置选择合：68 0e 00 00 00 00 2d 01 06 00 01 00 01 60 00 81。

起始字符：68。

数据长度：0e。

控制域：00 00 00 00。

类型标识：2d（单点遥控），2e（双点遥控）。

可变结构限定词：01。

传送原因：06 00（激活）。

终端地址：01 00（地址，1）。

信息体地址：01 60 00［点号，6001（十六进制），十进制 24577］。

信息体元素：81（十进制，1000 0001，最高位 1 为预置，0 为执行，最低两位 01 表示控合，10 表示控分）。

2）遥控合应答：68 0e 16 04 02 00 2d 01 07 00 01 00 01 60 00 81。

控制域：16 04 02 00。

传送原因：07 00（激活确认）。

执行合：68 0e 00 00 00 00 2d 01 06 00 01 00 01 60 00 01。

起始字符：68。

数据长度：0e。

控制域：00 00 00 00。

类型标识：2d（单点遥控）。

可变结构限定词：01。

传送原因：06 00（激活）。

终端地址：01 00（地址：1）。

信息体地址：01 60 00［点号，6001（十六进制），十进制 24577］。

信息体元素：01（遥控执行合闸），00（遥控执行分闸）。

3）执行成功：68 0e 18 04 02 00 2d 01 07 00 01 00 01 60 00 01。

控制域：18 04 02 00。

传送原因：07 00（激活确认）。

同理，对于遥控分闸报文，遥控分闸预置：68 0e 00 00 00 00 2d 01 06 00 01 00 01 60 00 80。

遥控预置应答：68 0e 22 04 02 00 2d 01 07 00 01 00 01 60 00 80。

遥控执行分闸：68 0e 00 00 00 00 2d 01 06 00 01 00 01 60 00 00。

遥控执行成功：68 0e 24 04 02 00 2d 01 07 00 01 00 01 60 00 00。

（8）遥测报文。

1）规一化遥测值（扰动）：68 10 06 00 02 00 09 01 03 00 02 00 08 40 00 d3 00 00。

数据长度：10。

控制域：06 00 02 00。

类型标识：（归一化测量值）。

可变结构限定词：01。

传送原因：03 00（突发）。

终端地址：02 00（地址，2）。

信息体地址：08 40 00（点号，4008，十进制 16392）。

遥测值：d3 00（十进制 211）。

码值描述：00。

2）总召唤遥测浮点值：68 F3 0A 00 02 00 0D AE 1400 01 00 01 4C 00 9A 99 41 41 00 34 33 97 41 00 67 66 08 C2 00 33 33 03 42 00 2E 33 23 41 00 67 66 92 C1 00 66 66 AA C1 00 9A 99 19 B6 00 9A 99 11 C1 00 00 00 4A 42 00 CE CC 47 C3 00 98 99 41 C2 00 CF 8C 89 C3 00 36 33 29 42 00 66 66 D3 42 00 9B 19 31 43 00 02 00 AB 43 00 9A 19 47 43 00 CE 4C 78 C3 00 00 00 C9 42 00 35 33 7D C3 00 00 00 5D C3 00 FF FF E6 C2 00 68 E6 D8 43 00 CB CC C8 41 00 CF CC D0 C1 00 9C 59 E6 C3 00 CF CC E0 C3 00 9A 99 AE 42 00 CA 2C 4B 44 00 CD CC 8C 36 00 66 66 80 C2 00 01 80 25 C3 00 96 F9 A1 C4 00 66 66 0C C3 00 01 80 B4 43 00 62 66 94 C2 00 66 66 18 C4 00 67 66 1C C3 00 9A 99 70 C3 00 01 80 CD C3 00 01 80 D2 43 00 CA 0C 6D 44 00 66 66 26 38 00 97 39 56 44 00 6C 66 38 C2 00。

数据长度：F3。

控制域：0A 00 02 00。

类型标识：0D（浮点测量值）。

可变结构限定词：AE。

传送原因：1400（响应总召唤）。

终端地址：01 00（地址，1）。

信息体地址：01 4c 00（点号，19457）。

遥测值：9A 99 41 41（遥测值软件内部判断上传主站）。

码值描述：00。

遥测值：34 33 97 41（遥测值软件内部判断上传主站）。

码值描述：00。

同理依次解析。

（9）104 规约的类型标识（十六进制）：

<01>:＝单点遥信。

<02>:＝带时标的单点遥信（短遥信，3B，包括分、毫秒）。

<1E>:＝带时标的单点遥信（长遥信，7B，包括年、月、日、时、分、毫秒）。

<03>:＝双点遥信。

<04>:＝带时标的双点遥信。

<09>:＝测量值，规一化值。

<0B>:＝测量值，标度化值。

<0D>:＝测量值，短浮点数。

<15>:＝测量值，不带品质描述词的规一化值。

<2D>:＝遥控单点命令。

<2E>:＝遥控双点命令。

<2A>:＝遥控结束标识。

<64>:＝总召唤命令。

<67>:＝时钟同步命令。

2.4.2　远动传输规约 IEC 60870－5－101 的解析方法

（1）主站链路请求报文：10 49 01 4A 16。

启动字符：10H。

控制域：49H→0100 1001。

DIR（传输方向位）＝0，PRM（启动报文位）＝1，主站→从站，功能码＝9（1001），召唤链路状态。

链路地址域：01H。

帧校验和：4AH。

结束字符：16H。

（2）从站链路请求响应报文：10 8B 01 8C 16。

启动字符：10H。

控制域：8BH→1000 1011。

DIR（传输方向位）＝1，PRM（启动报文位）＝0，从站→主站，功能码＝11（1011），以链路状态或访问请求回答请求帧。

链路地址域：01H。

帧校验和：8CH。

结束字符：16H。

（3）主站链路复位请求报文：10 40 01 41 16。

启动字符：10H。

控制域：40H→0100 0000。

DIR（传输方向位）=0，PRM（启动报文位）=1，主站→从站，功能码=0，复位远方链路。

链路地址域：01H。

帧校验和：41H。

结束字符：16H。

（4）从站链路复位响应报文：10 80 01 81 16。

启动字符：10H。

控制域：80H→1000 0000。

DIR（传输方向位）=1，PRM（启动报文位）=0，从站→主站，功能码=0，确认。

链路地址域：01H。

帧校验和：81H。

结束字符：16H。

（5）主站总召唤报文：68 09 09 68 73 01 64 01 06 01 00 00 14 F4 16。

启动字符：68H。

应用服务数据单元（application service data unit，ASDU）长度：09H（9个字节，即 73 01 64 01 06 01 00 00 14）。

重复长度：09H。

启动字符：68H。

控制域：73H→0111 0011。

DIR（传输方向位）=0，PRM（启动报文位）=1，主站→从站，功能码=3，传送数据。

链路地址域：01H。

数据类型标识：64H（CON<100>:=总召唤命令）。

可变结构限定词：01H。

传送原因：06H（cause=6，激活）。

ASDU 地址：01H。

信息体地址：00H 00H。

信息体数据（元素）：14H。

帧校验和：F4H。

结束字符：16H。

（6）从站总召唤响应报文：68 09 09 68 A8 01 64 01 07 01 00 00 14 2A 16。

启动字符：68H（可变帧）。

ASDU 长度：09H（9 个字节，即 A8 01 64 01 07 01 00 00 14）。

重复长度：09H。

启动字符：68H。

控制域：A8H→1010 1000。

DIR（传输方向位）=1，PRM（启动报文位）=0，从站→主站，功能码=8，以数据响应请求帧。

链路地址域：01H。

类型标识：64H（CON<100>:=总召唤命令）。

可变结构限定词：01H。

传送原因：07H（cause=7，激活确认）。

ASDU 地址：01H。

信息体地址：00H 00H。

信息体数据（元素）：14H。

帧校验和：2AH。

结束字符：16H。

（7）主站对时（时钟同步）报文：68 0F 0F 68 53 01 67 01 06 01 00 00 E4 28 23 0F 01 02 09 0D 16。

启动字符：68H。

ASDU 长度：0FH。

控制域：53H→0101 0011。

DIR（传输方向位）=0，PRM（启动报文位）=1，主站→从站，功能码=3，传送数据。

链路地址域：01H。

类型标识：67H（CON<103>:=时钟同步命令）。

可变结构限定词：01H。

传送原因：06H（cause=6，激活）。

ASDU 地址：01H。

信息体地址：00H 00H（低位在前，高位在后）。

信息体数据：E4H 28H 23H 0FH 01H 02H 09H（第七个八位组二进制时间，2019 年 2 月 1 日 15 时 35 分 10.468 秒）。

帧校验和：0DH。

结束字符：16H。

（8）从站对时响应报文：68 0F 0F 68 88 01 67 01 07 01 00 00 7C 3C 23 0F 01 02 09 DD 16。

启动字符：68H。

ASDU 长度：0FH。

控制域：88H→1000 1000。

DIR（传输方向位）=1，PRM（启动报文位）=0，从站→主站，功能码=8，以数据响应请求帧。

链路地址域：01H。

类型标识：67H（CON<103>:=时钟同步命令）。

可变结构限定词：01H。

传送原因：07H（cause=7，激活确认）。

ASDU 地址：01H。

信息体地址：00H 00H（低位在前，高位在后）。

信息体数据：7CH 3CH 11H 0FH 01H 02H 09H（2019 年 2 月 1 日 15 时 35 分 10.468 秒）。

帧校验和：DDH。

结束字符：16H。

（9）遥信报文。

1）遥信单点变化：68 09 09 68 08 4F 01 01 03 4F 11 00 01 BD 16。

启动字符：68H。

ASDU 长度：09H。

控制域：08H。

链路地址域：4FH。

类型标识：01H（单点遥信）。

可变结构限定词：01H。

传送原因：03H（突发）。

终端地址：4FH。

信息体地址：11H 00H（点号，17）。

遥信状态：01（合位）。

帧校验码：BD。

结束字符：16H。

2）带时标遥信（SOE）：68 0C 0C 68 08 02 02 01 03 02 38 04 00 13 85 23 09 16。

启动字符：68H。

ASDU 长度：0CH。

控制域：08H。

链路地址域：02H。

类型标识：02H（带时标单点遥信，3B，只有分、毫秒）。

可变结构限定词：01H。

传送原因：03H（突发）。

终端地址：02H。

信息体地址：38H 04H（点号，1080）。

遥信状态：00（分位）。

时间：13H 85H（34.067 秒）。

时间：23H（分）。

帧校验码：09H。

结束字符：16H。

（10）遥测报文。变化遥测：68 1F 1F 68 28 4F 09 05 03 4F 7D 40 50 01 00 7E 40 AA 00 00 7F 40 78 01 00 80 40 75 01 00 81 40 71 01 00 EE 16。

启动字符：68H。

ASDU 长度：1FH。

控制域：28H。

链路地址域：4FH。

类型标识：09H（归一化遥测值）。

可变结构限定词：05H。

传送原因：03H（突发）。

终端地址：4FH。

信息体地址：7DH 40H（点号，16509）。

遥测值：50H 01H。

码值：00H。

信息体地址：7EH 40H（点号，16510）。

遥测值：AAH 00H。

码值：00H。

同理依次解析。

帧校验码：EEH。

结束字符：16H。

（11）遥控报文。

1）控合预置：68 0C 0C 68 73 01 00 2E 01 06 00 01 00 01 60 82 8D 16。

启动字符：68H。

ASDU 长度：0CH。

控制域：73H。

链路地址域：01H 00H。

类型标识：2EH（双点遥控）。

可变结构限定词：01H。

传送原因：06H 00H（激活）。

终端地址：01H 00H。

信息体地址：01H 60H（点号，十六进制 6001，十进制 24577）。

预置标识：82H（十进制，1000 0010，最高位 1 为预置，0 为执行，最低两位 10 表示控合，01 表示控分）。

帧校验码：8DH。

结束字符：16H。

2）预置返回：68 0C 0C 68 73 01 00 2E 01 07 00 01 00 01 60 82 8E 16。

启动字符：68H。

ASDU 长度：0CH。

控制域：73H。

链路地址域：01H 00H。

类型标识：2EH（双点遥控）。

可变结构限定词：01H。

传送原因：07H 00H（确认激活）。

终端地址：01H 00H。

信息体地址：01H 60H（点号，十六进制 6001，十进制 24577）。

预置标识：82H（十进制，1000 0010，最高位 1 为预置，0 为执行，最低两位 10 表示控合，01 表示控分）。

帧校验码：8EH。

结束字符：16H。

3）控合执行：68 0C 0C 68 73 01 00 2E 01 06 00 01 00 01 60 02 0D 16。

启动字符：68H。

ASDU 长度：0CH。

控制域：73H。

链路地址域：01H 00H。

类型标识：2EH（双点遥控）。

可变结构限定词：01H。

传送原因：06H 00H（激活）。

终端地址：01H 00H。

信息体地址：01H 60H（点号，十六进制 6001，十进制 24577）。

预置标识：02H（遥控合闸）。

帧校验码：0DH。

结束字符：16H。

4）控合返回：68 0C 0C 68 53 01 00 2E 01 07 00 01 00 01 60 02 EE 16。

启动字符：68H。

ASDU 长度：0CH。

控制域：53H。

链路地址域：01H 00H。

类型标识：2EH（双点遥控）。

可变结构限定词：01H。

传送原因：07H 00H（确认激活）。

终端地址：01H 00H。

信息体地址：01H 60H（点号，十六进制 6001，十进制 24577）。

预置标识：02H（遥控合闸）。

帧校验码：EEH。

结束字符：16H。

5）结束遥控：68 0C 0C 68 73 01 00 2E 01 0A 00 01 00 01 60 02 11 16。

启动字符：68H。

ASDU 长度：0CH。

控制域：53H。

链路地址域：01H 00H。

类型标识：2EH（双点遥控）。

可变结构限定词：01H。

传送原因：0AH（遥控结束）。

终端地址：01H 00H。

信息体地址：01H 60H（点号，十六进制 6001，十进制 24577）。

预置标识：02H（遥控合闸）。

帧校验码：11H。

结束字符：16H。

2.5 配电通信网综合网管系统

2.5.1 网管巡视内容

（1）查看网管服务器外观及主机、显示器指示灯是否正常。

（2）配电网光纤系统网管状态监视包括端口循环冗余校验（cycle redundancy check，CRC）、收/发包状态、端口 ping 包数据统计、设备中央处理器（central processing unit，CPU）利用率、设备端口流量统计等。

（3）监测日常终端设备在线情况。

（4）查看网管设备电源及接地保护装置。

（5）获取并查看各单盘即时或历史告警信息和性能数据。

（6）在网管消息栏中，查看每日在网管上有何操作或错误信息发生。

（7）能正常登录网管系统，设备权限未改变。

（8）检查远程维护功能是否正常。

（9）查看网管系统重启动的恢复情况。

（10）对网管数据进行备份，并保存在专门的文件夹中，标注备份日期，备份文件须与数据文件夹不在同一盘符。

2.5.2 网管运维案例

（1）某网管系统上开通 ONU 的操作方法——在 OLT 上的配置。

第一步：双击 OLT 网元图标，出现 OLT 网元机架操作界面，如图 2－23 所示。

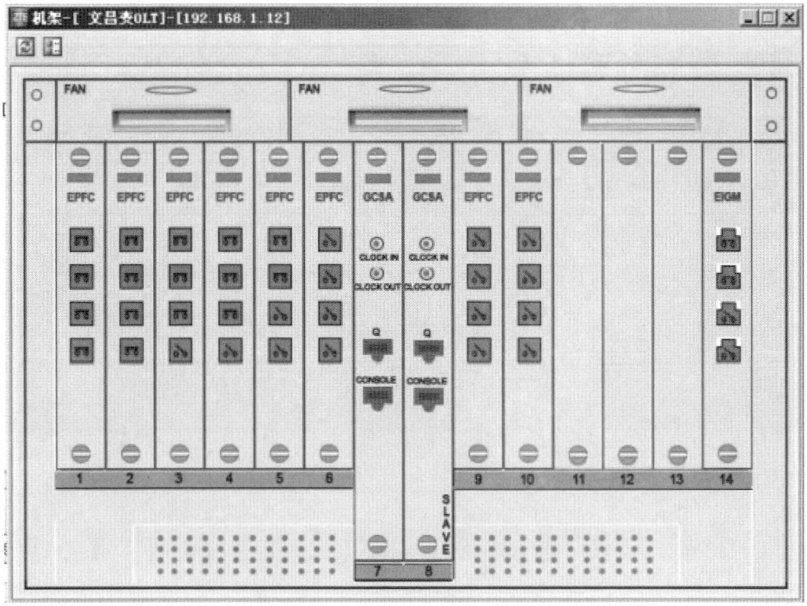

图 2－23　OLT 网元机架操作界面

第二步：右键单击将要配置的 ONU 所属的 PON 口，如 3 槽 3 口，如图 2－24 所示。

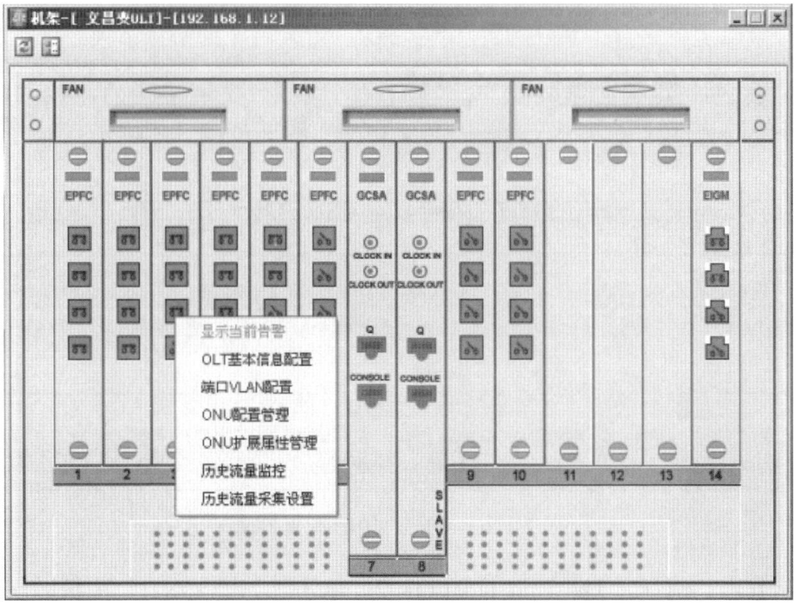

图 2－24　选择需配置的 PON 口

第三步：点击“ONU配置管理”，可以看到已经注册认证的ONU的信息列表，如图2－25所示。

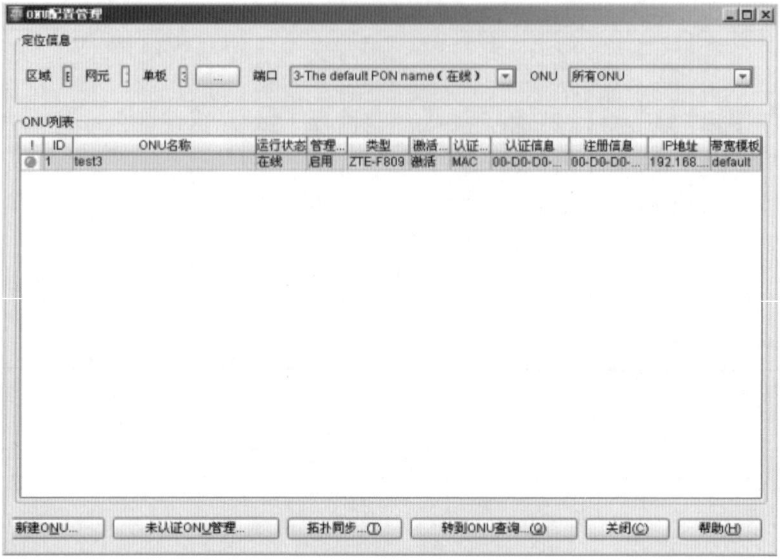

图2－25　ONU配置管理界面

第四步：单击“未认证ONU管理”按钮，出现未认证的ONU信息列表，如图2－26所示。

图2－26　未认证ONU配置界面

第五步：选择需要注册认证的ONU，单击“新建ONU”按钮，出现如图2－27所示界面，其中带“*”号的是必填项。

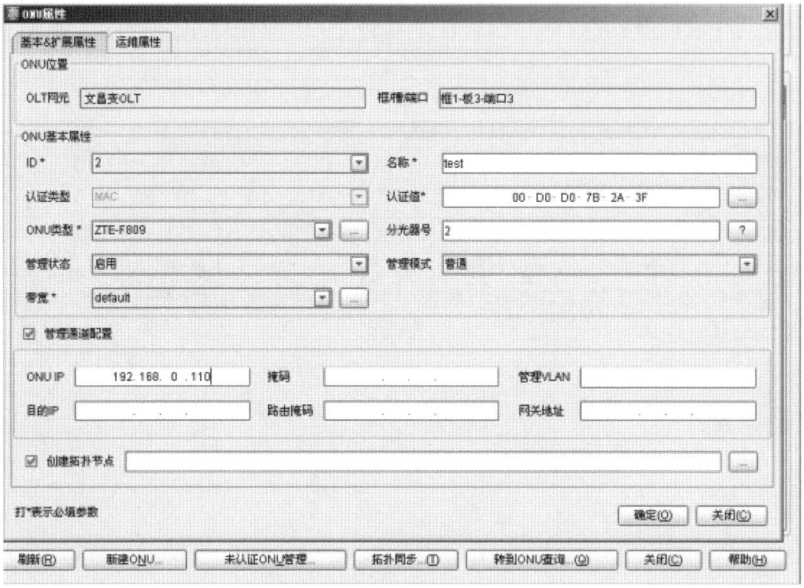

图 2－27　ONU 属性界面

第六步：ONU 基本属性填写完毕后，将“管理通道配置”前的“√”选中，先仅配置 ONU 的 IP 地址。同时，将“创建拓扑节点”前的“√”也选中，然后单击“确定”按钮，如图 2－28 所示。

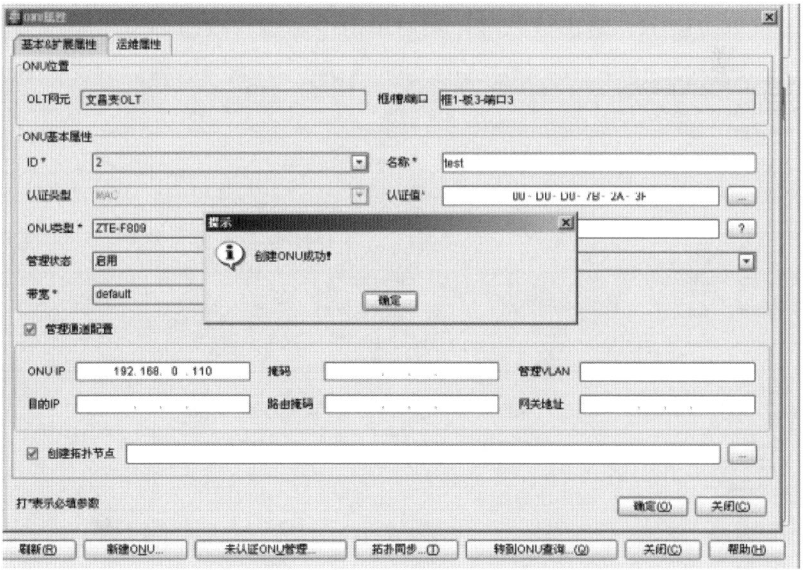

图 2－28　ONU 基本属性填写界面

第七步：可以看到新ONU已被注册认证，并出现在ONU列表中，如图2－29所示。

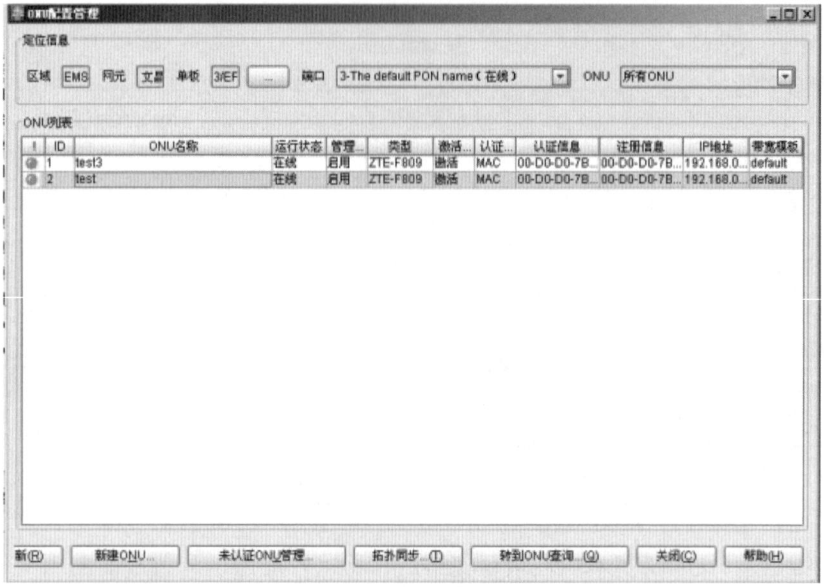

图2－29　新ONU可视界面

第八步：双击新注册认证的ONU，出现如图2－30所示界面，配置子网掩码、管理VLAN、路由信息等，然后单击“确定”按钮。

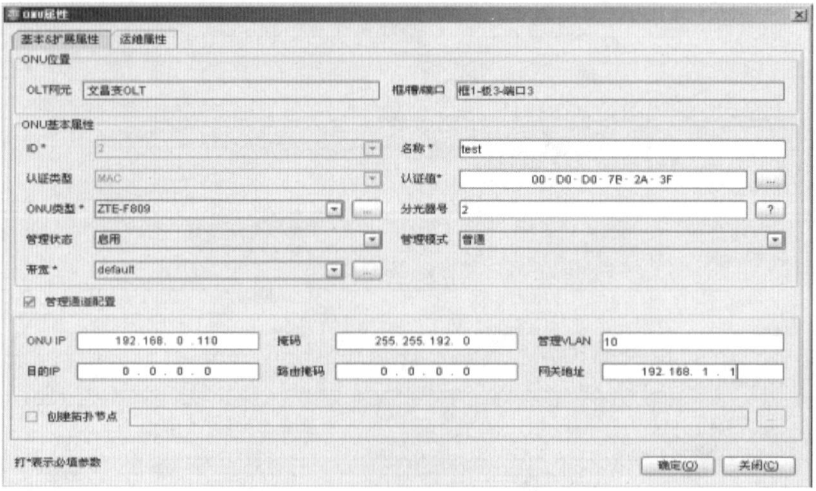

图2－30　新ONU属性配置界面

第九步：在 OLT 上配置管理 VLAN 和业务 VLAN。双击 OLT 网元图标，出现机架界面，如图 2－31 所示。右键单击 ONU 所属 PON 口，并单击“端口 VLAN 配置”。

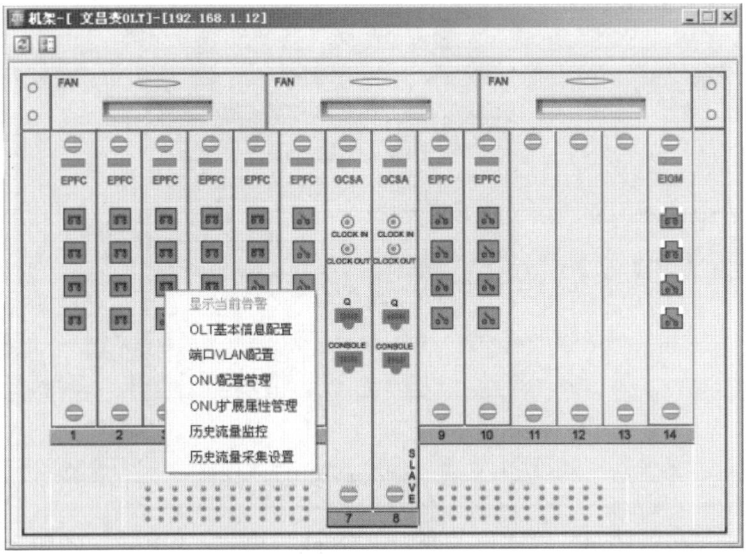

图 2－31　配置管理 VLAN 界面

第十步：在“ONU”下拉菜单中选择刚注册认证的 ONU ID 号，如图 2－32 所示。

图 2－32　端口 VLAN 配置界面

第十一步：单击“修改”按钮，更改VLAN模式。选择“Trunk”模式，并确定，如图2－33所示。

图2－33　修改VLAN模式界面

第十二步：VLAN模式已改变为“Trunk”模式，如图2－34所示。

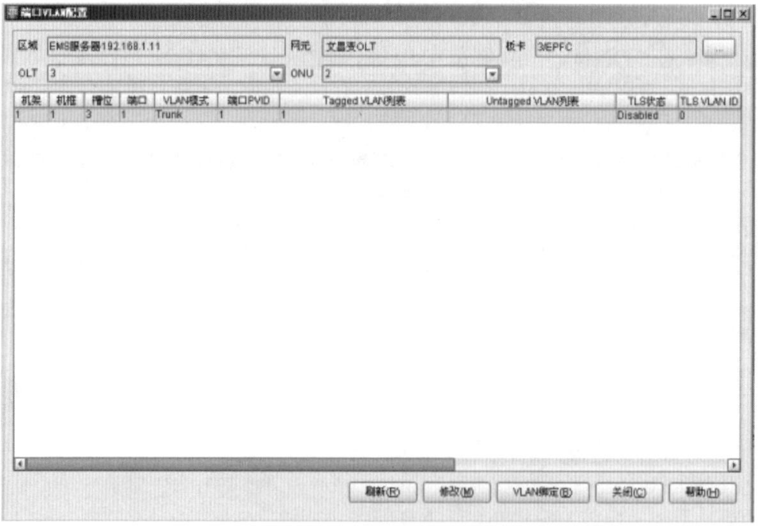

图2－34　VLAN模式修改完毕界面

第十三步：单击“VLAN 绑定”按钮，选择绑定类型“Tagged VLAN”，“VLAN ID”处输入10，（英文逗号）16，即管理VLAN为10，业务VLAN

为 16，如图 2－35 所示。

图 2－35　绑定 VLAN 界面

第十四步：单击“绑定”按钮，管理 VLAN 和业务 VLAN 已被绑定，如图 2－36 所示。

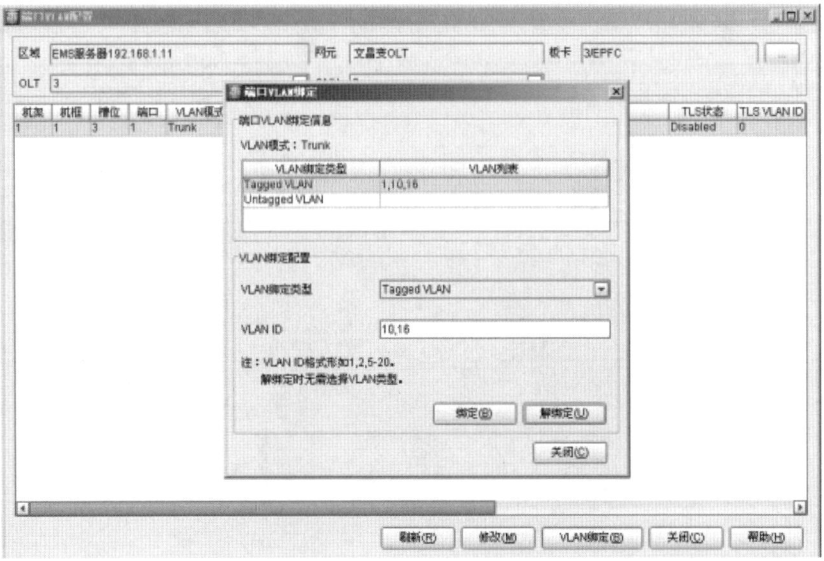

图 2－36　VLAN 已绑定界面

（2）ZX 网管系统上开通 F***型 ONU 的操作方法——在 ONU 上的配置。

第一步：双击 ONU 网元图标，出现 ONU 网元机架界面，如图 2－37 所示。

图 2－37　ONU 网元机架操作界面

第二步：右键单击 1 号以太网口，选择“端口管理”，如图 2－38 所示。

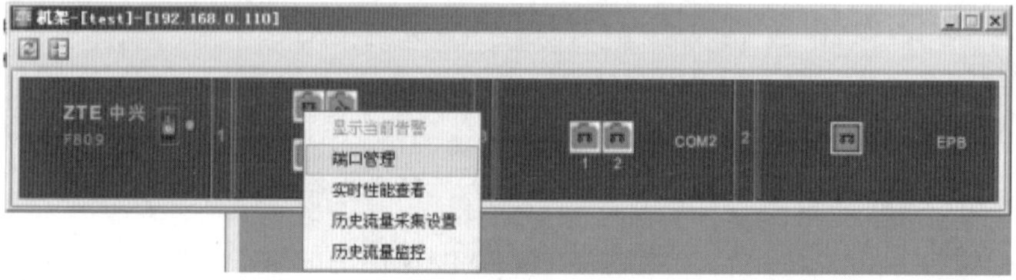

图 2－38　选择端口管理界面

第三步：出现 1 号以太网端口信息界面，如图 2－39 所示。

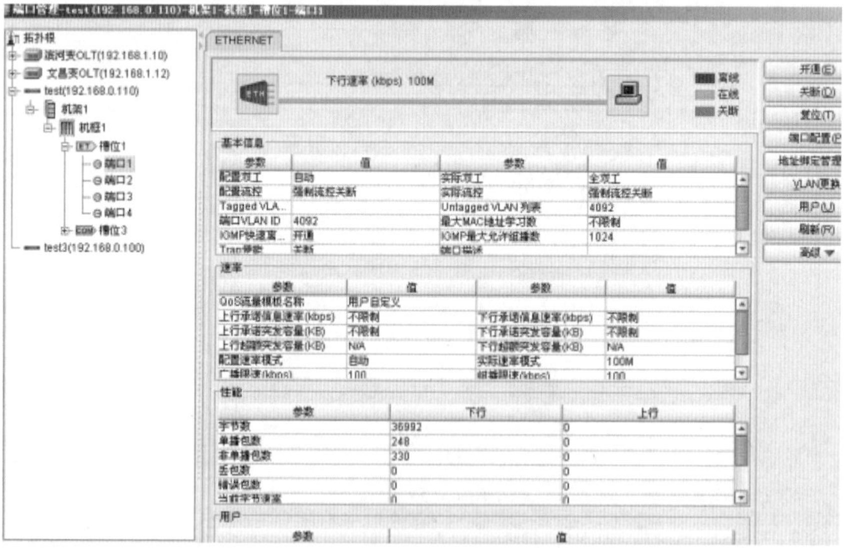

图 2－39　以太网端口信息界面

第四步：单击“VLAN 更换”按钮，选择绑定类型，并将“目的 VLAN”号设置为业务 VLAN 1001，单击“确定”按钮，如图 2-40 和图 2-41 所示。

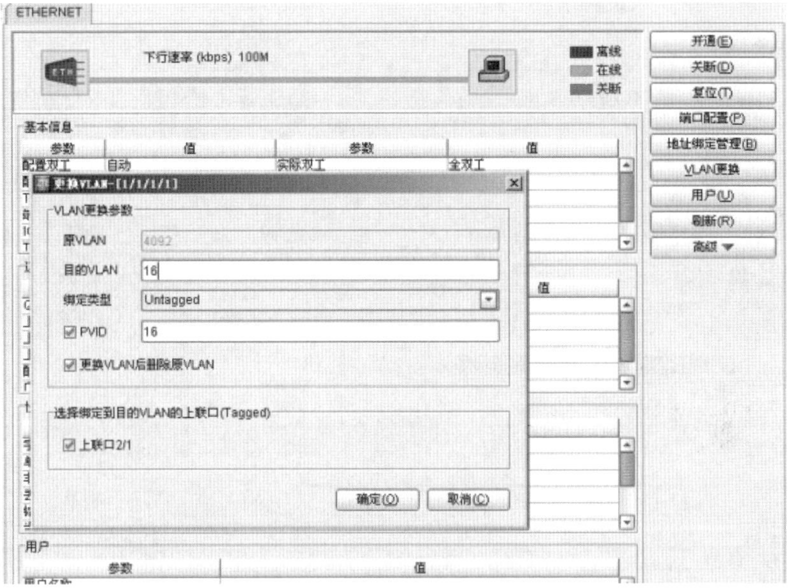

图 2-40　VLAN 更换界面

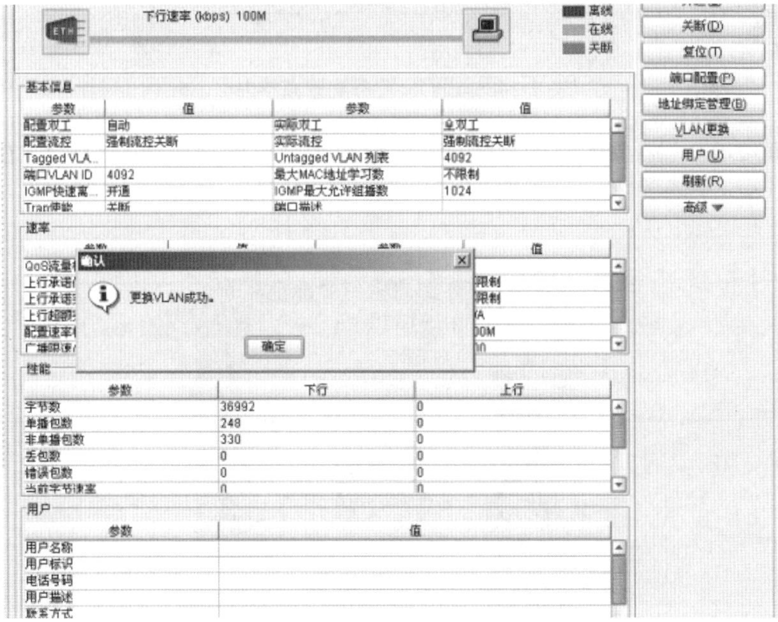

图 2-41　VLAN 更换成功界面

第五步：可以看到业务 VLAN 1001 出现在 Untagged VLAN 列表中，单击“开通”按钮并确定，EPON 业务配置完毕，如图 2-42 所示。

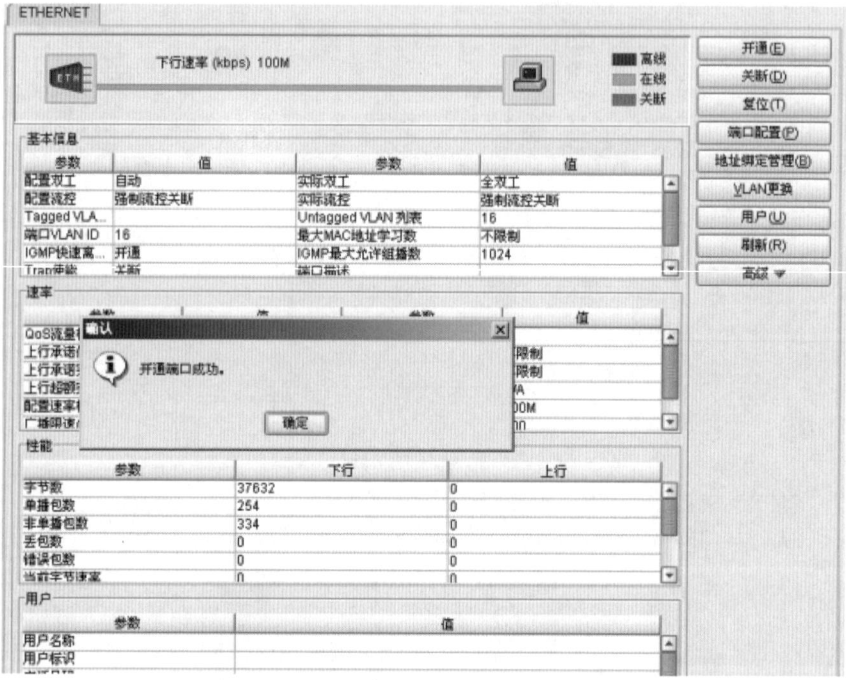

图 2-42　EPON 业务配置完毕界面

第六步：保存 ONU 配置数据。右键单击需要保存数据的 ONU，在弹出的菜单中，选择“保存配置数据”即可，如图 2-43 所示。

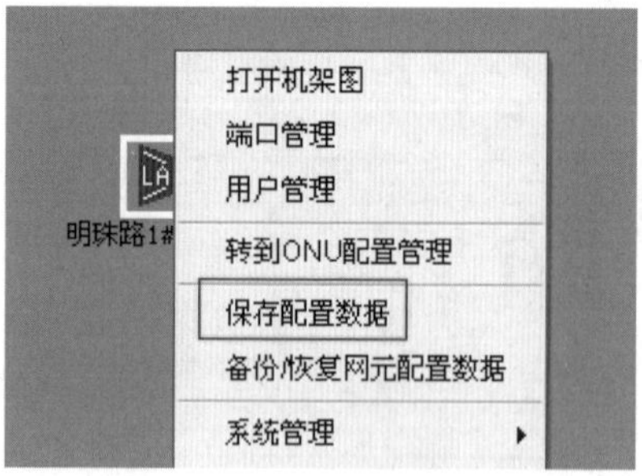

图 2-43　保存 ONU 配置数据界面

第七步：保存 OLT 配置数据。右键单击需要保存数据的 OLT，在“系统管理”子菜单中选择“保存配置数据”即可，如图 2－44 所示。

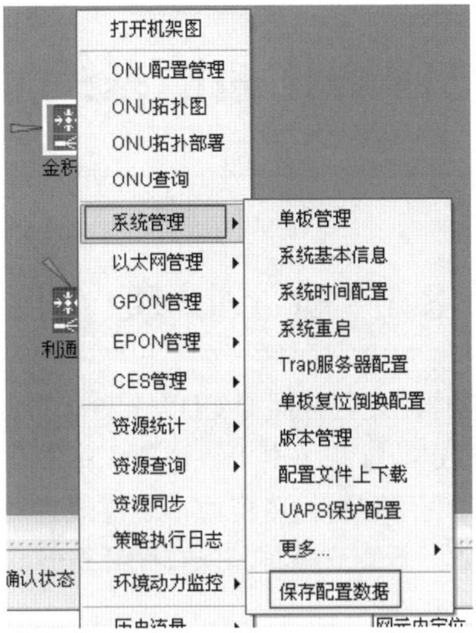

图 2－44　保存 OLT 配置数据界面

第3章 配电自动化通信系统建设

3.1 规 划 原 则

编制配电通信网总体规划，按照 Q/GDW 625—2013《配电自动化建设与改造标准化设计技术规定》等相关要求，遵循“标准化设计，差异化实施”原则，因地制宜，充分利用现有设备资源，统筹规划网络建设；根据供电区域类型、覆盖终端数量、类型及分布、现有光纤资源等情况，开展技术经济评估，合理选择建设方式。

3.1.1 光纤专网规划原则

1. 总体规划原则

（1）光纤专网建设与配电业务系统建设应同步规划，在满足现有配电自动化需求的前提下，充分考虑综合业务应用和通信技术发展前景，统一规划、分步实施、适度超前。

（2）光纤专网在建设和改造环节必须充分利用电力系统的杆塔、排管、电缆等现有通信资源，稳步扩大配电通信网光纤覆盖率，优化光缆段落，丰富光缆路由；光缆网络布局规划要求符合配电通信网规划发展要求，并且与配电网建设同步进行。

（3）在 A+类、A 类、B 类供电地区，对配电自动化等三遥业务，应采用光纤专网进行组网，可选择可靠性高、扩展性好的 EPON 或者工业以太网交换机技术。

（4）EPON 网络拓扑具有多样性、高速率、适用于 IP 业务和无源光器件、保护多样性、终端设备成熟等优点，且对未来配电网业务应用具有更强的适应性。对于网络规模较大、终端节点众多、业务类型多样、通道容量较大的场景，可优先选用 EPON 技术；对于采用环网配电网结构、需要长距离传输的情况或具有较高可靠性需求的业务场景（如智能分布式馈线自动化），可优先选择工业以太网交换机技术。

2. 网络架构原则

（1）EPON 网络架构原则。EPON 网络架构如图 3－1 所示。ONU 通过无源分光器（passive optical splitter，POS）连接在主干光纤上，相互之间不受影响、独立工作；任何一个 ONU 设备失效后都不影响其他 ONU 设备的正常运行；在任何接入点分支光缆出现问题的情况下，不影响整个 EPON 系统的正常运作，无故障点的配电终端仍和主站系统保持正常通信；网络具有抗多点故障失效性。

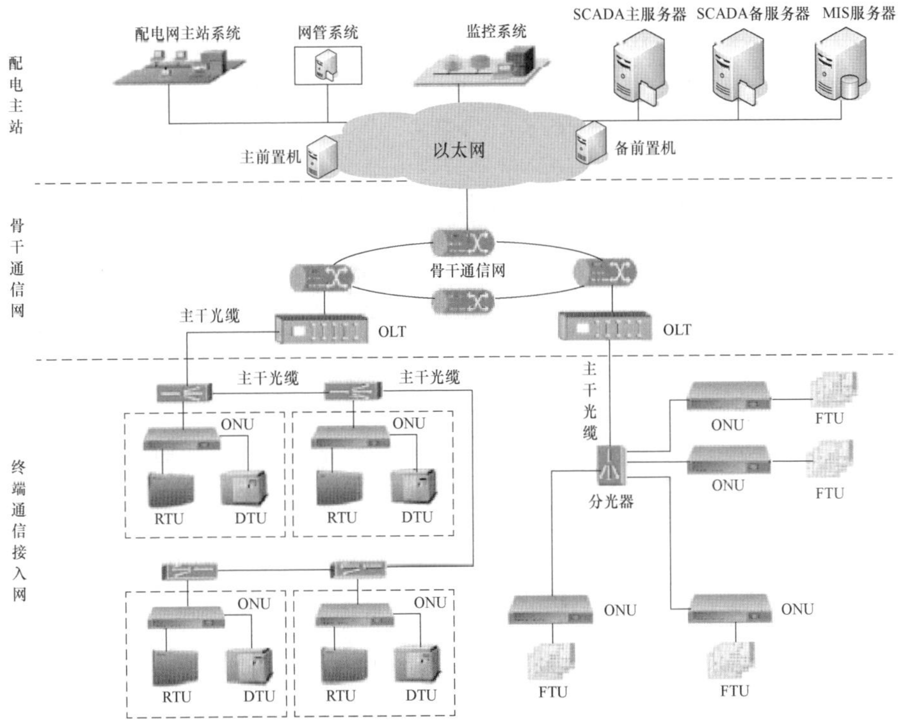

图 3－1　EPON 网络架构

（2）工业以太网架构原则。工业以太网架构如图 3－2 所示。在变电站放置三层工业以太网交换机，远端接入点放置工业以太网交换机，中间光路由光缆组成；环上任意一段光缆中断后，可在 50ms 内完成以太网业务切换，从另外一个方向传送业务；子网间采用环间耦合等技术实现了链路冗余，保证了环网的可靠性；变电站的三层交换机支持 OSPF、RIP 路由协议，对接入的工业以太网交换机而言，主要起到 VLAN 间路由和广播的隔离作用。

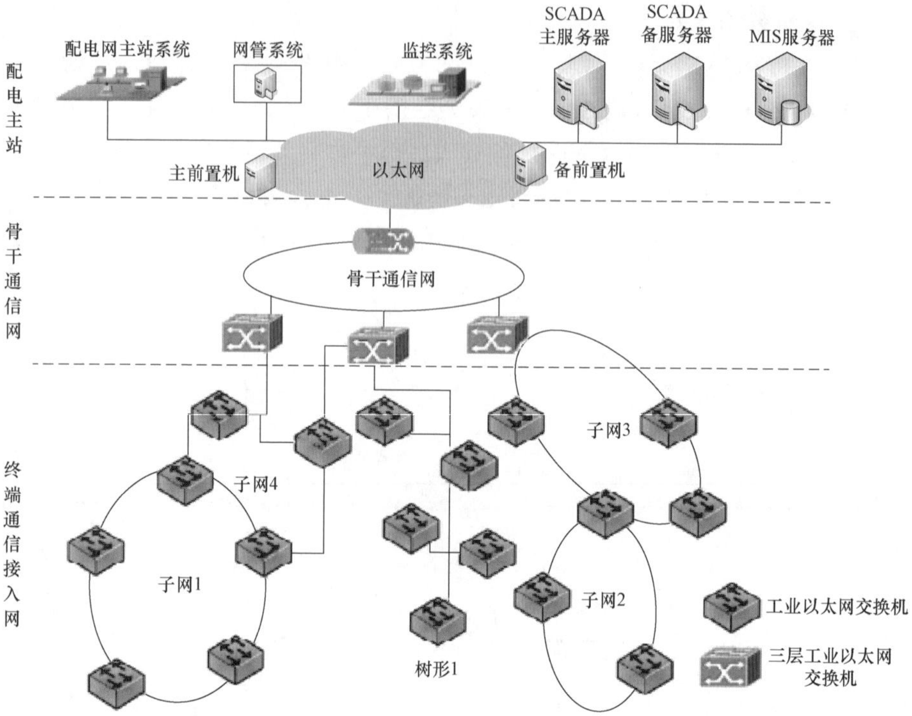

图 3-2　工业以太网架构

3.1.2　无线专网规划原则

1. 总体规划原则

（1）电力无线专网建设应以保障电网安全稳定运行为核心，实现电网各类业务信息在电力无线专网中的安全可靠传输为目的，依据承载业务类型、规模、目标覆盖区、覆盖面积、容量及性能，充分考虑不同区域的电网发展水平、业务需求、系统规模差异，合理确定建设标准和规模；应充分挖掘现有通信技术和资源潜力，提高网络的使用效率，统筹考虑建设和运维成本，实现设备资产全生命周期管理。

（2）电力无线专网在技术上应具备承载各类业务的能力，原则上应采用国家电网公司企业标准、统一的宽带 230MHz 技术建设，满足合法合规、长期检验、自主可控、安全可靠、互联互通、成熟先进、经济适用、可引入 5G 技术持续演进等要求；已取得 1800MHz 频率使用许可的区域，如能保证建成的网络可合法有效地承载业务，可选用 1800MHz 技术建设。

（3）电力无线专网覆盖区域内的存量业务随业务终端的更新改造逐步迁

移至电力无线专网承载，其中原有230MHz数传电台承载的业务应尽快迁移至新建电力无线专网系统承载；原有230MHz数传电台寿命到期后，原则上应建设电力无线专网承载其相关业务；电力无线专网暂不考虑跨市及跨省漫游业务接入；电力无线专网的频率使用应按照国家相关规定执行，采用无线电管理机构许可使用的频率组网。

（4）电力无线专网在满足控制业务承载的基础上，应兼顾承载覆盖区域内的非控制业务；如电力无线专网容量无法承载覆盖区域内的所有业务，部分非控制业务可由无线公网承载；电力无线专网覆盖区域外的非控制业务可由无线公网承载。

（5）在同频组网、邻区实际用户占用50%网络资源的条件下，在A+类、A类地区的规划目标覆盖区域内无线网络总体覆盖率应满足RSRP≥−115dBm且RSSINR≥−3dB的位置不低于95%的要求，在B类、C类地区其应满足不低于90%的要求，业务终端99%的时间可接入网络。其中，RSRP为参考信号接收功率（reference signal receiving power）；RSSINR为接收的信号强度指示噪声比（received signal strength indicator noise ratio）。

2. 网络架构原则

电力无线专网为业务终端与业务主站之间的通信提供服务，业务终端通过通信终端、基站、回传网、核心网、业务承载网与业务主站连接，网络架构如图3−3所示，其中虚线框内为电力无线专网的总体架构。

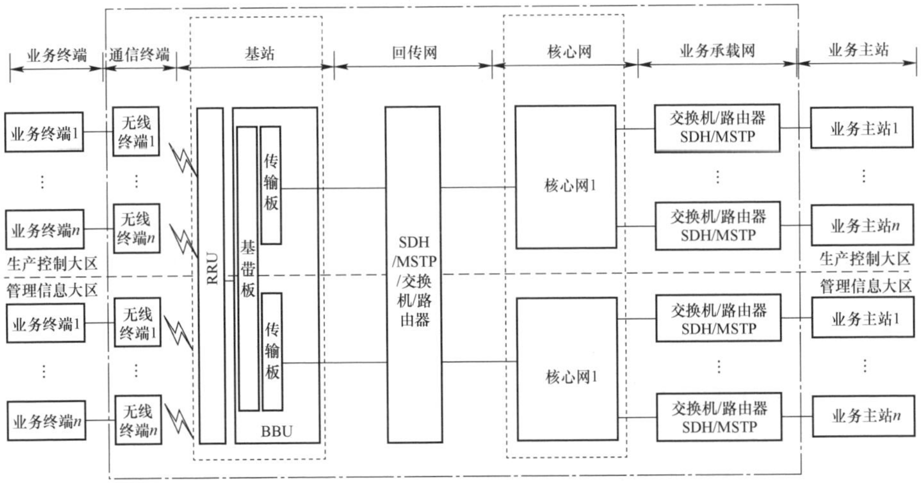

图3−3 电力无线专网架构

（1）通信终端包括嵌入式终端或独立式终端，用来实现信号的收发。通信终端通过空中接口与基站设备相连，进而与核心网实现通信，完成端到端的业务接续。

（2）基站包含 BBU、RRU，通过空中接口与通信终端设备通信，通过 S1 接口与核心网设备通信。

（3）回传网提供基站至核心网的传输通道，在满足安全防护要求的前提下可采用 SDH/MSTP、数据网等方式实现。

（4）核心网包含 HSS、MME、S-GW、P-GW、PCRF，其中 PCRF 可选。

（5）业务承载网提供核心网至业务系统的网络传输通道，在满足安全防护要求的前提下可采用数据通信网、专用通道等方式实现。

（6）电力无线专网承载生产控制大区和管理信息大区业务时，不同大区的业务需通过独立专用的空口时频资源、基站传输单板、SDH/MSTP 独立传输通道、核心网设备进行横向物理隔离。

3. 无线通信终端规划原则

（1）无线通信终端的规划需要准确测算分区域的业务终端数量和终端类型，包括现状测算及未来需求预测。根据业务终端的类型、数量、单站点带宽，准确测算分区域的业务需求带宽，按年份分别统计且预留一定的冗余。

（2）无线通信终端视业务终端的设备形态及运维管理要求，可选用嵌入式或独立式形态。无线通信终端需满足行业、企业等对配用电等业务终端设备及模块的相关规范要求。

（3）无线通信终端可采用馈线延伸等工程方法保障无线信号的质量。

4. 基站规划原则

（1）规划阶段应根据控制类业务站点的现状及规划，结合业务终端接入计划，根据技术经济分析结果选择覆盖区域。原则上以 A+类、A 类、B 类、C 类重点供电区域为主，可结合相关专业规划等选择业务密集区域作为覆盖区域。

（2）电力无线专网建设初期以承载控制业务为主，统筹考虑其他业务需求，规划设计指标可适度超前。

（3）基站覆盖范围应以满足室外覆盖为主，主要选取宏覆盖基站方式。站址优先选择自有变电站、供电所、营业厅等电力场所，充分利用现有机房、电源、杆塔等基础设施，条件不具备时可考虑新建或租用，租用时应考虑运维和安全要求。基站塔桅可根据站址位置、天线高度、天线类型等，选择采用独立杆塔或利用现有构/建筑物建设抱杆、增高架等。无线通信终端分布在超高建筑的阴影、室内、地下室等环境时，可采用增加基站或光纤射频拉远、无线中继转发、泄漏电缆等方式进行深度覆盖。

（4）基站规模需同时满足业务容量和覆盖指标两方面的要求。在满足业务容量要求方面，按照业务需求预测总带宽（按照供电区域分别统计并预留一定的冗余）与单基站容量的比率，综合考虑基站的最大接入能力，估算基站数量。在满足覆盖指标要求方面，根据覆盖面积与满足规划指标条件下单基站覆盖面积的比率，并预留一定的冗余，估算基站数量。

（5）230MHz 同一种技术路线组网宜区域集中。两种技术路线的交界面可利用山脉等自然地貌条件进行干扰隔离；同时应合理规划，控制边界区域基站覆盖范围以降低干扰；若仍不能很好地解决边界区域干扰问题，则应对相关边界区域基站进行异频组网规划及优化调整。

5. 回传网规划原则

（1）基站回传通道应优先选用国家电网公司自己的传输资源，条件不具备时可租用通道，租用的通道应满足安全性、可靠性和网络管理的要求。

（2）控制业务回传通道线路侧应采用端到端 1+1 或 1∶1 保护方式，所在网络需提供电信级的业务保障，在故障情况下业务端到端切换时间小于 50ms。

（3）以满足业务需求容量为前提，提前做好上联通道带宽规划。

6. 核心网规划原则

（1）通过对省或地市建设的核心网进行技术经济比较，同时根据电力无线专网承载业务和建设规模，合理选择部署方式；宜部署在地市公司，也可根据业务接入规模、流向等，部署在省（市）公司。对承载生产控制大区业务和管理信息大区业务的核心网设备应进行物理隔离，原则上核心网设备在生产控制大区和管理信息大区各一套。

（2）核心网容量应根据规划的基站数量、业务需求预测合理确定。

（3）核心网关键单元应冗余配置，网络规模较大的区域可考虑本地或异地容灾措施。核心网部署在地市公司的单位，核心网灾备宜按 1 备 N 模式部署，灾备核心网设置在省公司，其处理能力宜为各地市公司最大的核心网的处理能力，能存储所有地市公司的数据并定期同步。

3.1.3　无线公网规划原则

1. 总体规划原则

非控制配电业务可采用租用运营商网络（中国移动的 GPRS/TD-SCDMA、中国联通的 GPRS/WCDMA、中国电信的 CDMA/CDMA2000）的方式，具体原则如下：

（1）在 A+类、A 类、B 类供电地区的光纤铺设区域，可选用无线公网方式进行补充；在 C 类、D 类地区，建议采用无线公网方式传输非控制业务。

（2）优先采用 APN/VPDN 接入方式，须采取可靠的安全隔离和认证措施，配电自动化主站与运营商的通信连接应采用固定 IP 和光纤 VPN 专线，以保障配电业务信息传输时延和可靠性。

（3）基于电监会 5 号令《电力二次系统安全防护规定》和国家电网调〔2011〕168 号文件《关于加强配电网自动化系统安全防护工作的通知》的要求，对无线公网信道进行信道加密、身份认证处理，以保障无线信息传输安全。

2. 网络架构原则

电力无线公网由运营商网络、运营商网络边界和电力网络边界三部分组成，通过安全接入平台与管理信息大区互连，通过安全接入区与生产控制大区互连，如图 3-4 所示。其中，专线为运营商提供的光纤专线或专用线路，用于运营商网络边界与电力网络边界设备的互连。

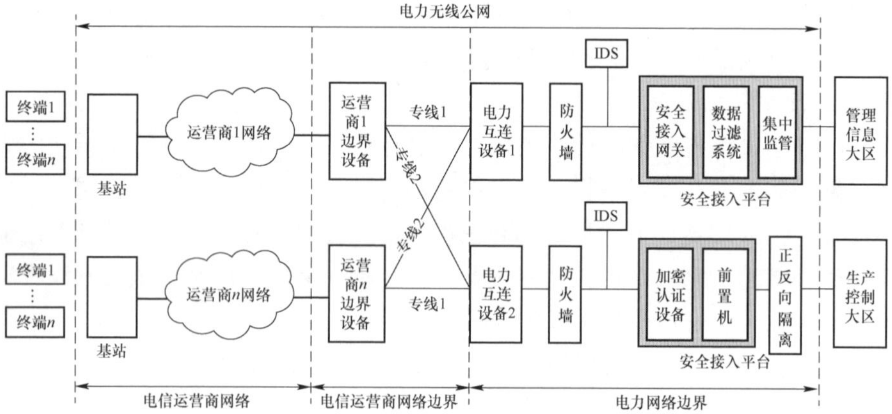

图 3-4　电力无线公网架构

3.2 设 计 要 求

3.2.1 光纤专网设计要求

1. 线路设计

（1）新建与改扩建配用电网线路工程，应充分考虑通信接入网光缆建设的需求，光缆建设与线路建设、改造应同步进行。新建、改建、扩建架空或入地配电网电缆线路时，应同步考虑配用电通信光缆建设或预留通信专用管孔。

（2）光缆的建设要以 110kV/35kV 变电站为中心，充分利用配电网管线资源，并根据配电站点的地理分布形态，结合 10kV 电力线出线的电气接线结构，最终实现 110kV/35kV 变电站的光缆铺设。

（3）城市配用电网电缆管道的建设规划应充分考虑终端通信接入网的光缆位置，在管道建设时应预留光缆专用管孔或子管。

（4）对于架空线路，优先采用自承式电力特种光缆；在有条件的地段，可以开展一些光纤复合相线（optical fiber phase conductor，OPPC）的试验运行；对地下电缆，可沿沟（管、隧）道铺设阻燃型管道光缆；对直埋电缆，可在电缆旁以符合电气安全和地埋工艺要求的方式同时铺设光缆。

（5）光缆芯数的选择应结合网络的最终规模和整体发展规划适度超前，可根据线路台区数量以及业务需求可选择 24 芯或 24 芯以上光缆，光纤类型优先选用 G.652 单模。

2. 网络设计

（1）EPON 网络设计原则。EPON 网络按以下原则进行设计：

1）EPON 系统由通信站侧的 OLT、用户侧的 ONU 以及 ODN 组成。OLT 宜集中安装在变电站、开关站、配电室、充电站中；ONU 宜安装在 10kV 配电站或配电设施、充电桩、用电表计附近；光分光器宜安装在光缆交接箱、光纤配线架、光纤接头盒中，或随 ONU 集中部署。

2）EPON 网络拓扑结构应根据配用电网架结构、承载业务的重要程度以及光缆建设情况进行设计，宜采用环形、树形或星形拓扑结构，采用星形组网方式时分光级数一般不宜超过 3 级，采用链形组网方式时分光级数一般不宜超过 10 级。

3）当需要承载可靠性要求较高的配电自动化等业务时，ONU 设备应具有双 PON 口，支持光路保护方式；应同期考虑新的光缆路由，以满足全保护和“手拉手”保护拓扑的需要。

4）在光功率预算方面，10kV 层面由于采用级联方式，通常采用非均分 1∶2 分光器组网，较小功率的光路连接 ONU 设备，较大功率的光路连接下一级链路，同时应综合分析下级链路分光器级数、光纤长度、衰减情况，根据需要采用不同功率分配比例的非均匀分光器；0.4kV 层面由于采用集中分光的方式，通常采用 1∶4～1∶32 的均匀分光器组网，在复杂环境下，也会采用级联方式和集中分光模式混合使用的组网方式。

5）为考虑升级扩容，EPON 系统设计时应保留光功率裕量。OLT、ONU 设备应预留一定的端口备用，ODN 应根据业务需求预留一定数量的分光器光纤备用。

6）单模辐射网通常可以采用单链路结构，每个 PON 口级联多个 ONU，从而汇聚一个支路链路信号，通常采用分光比为 1∶2 的分光器进行组网，但是无法实现保护功能；单环网结构中的 EPON 系统可设计成环网结构，沿杆路铺设环网路由，网络采用线路保护方式，OLT 层面采用主备倒换的两个 PON 口，两条光缆分别在各自方向的环形结构延伸形成环网结构，具备较强的保护功能。链形结构和单环结构如图 3－5 所示。

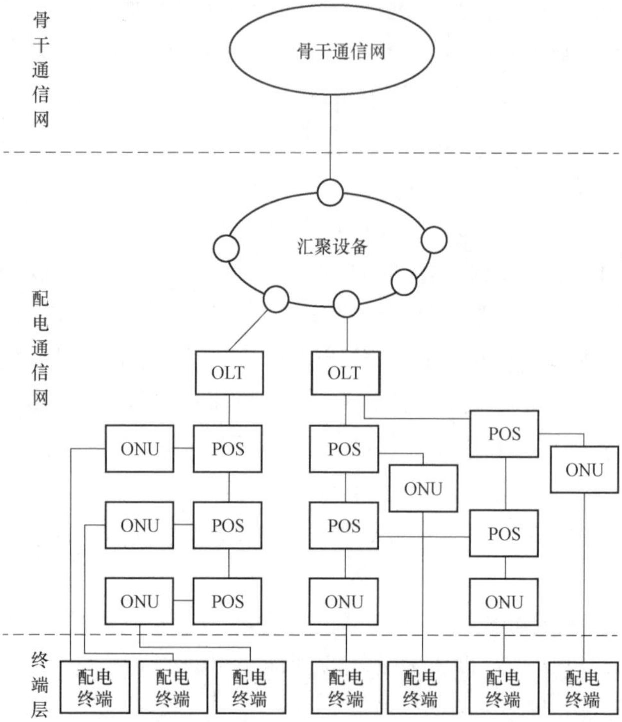

图 3－5　链形结构和单环结构

（2）工业以太网设计原则。工业以太网按以下原则进行设计：

1）接入设备采用工业以太网交换机时，多采用环形拓扑结构，同一环内节点数目不宜超过 20 个。环上节点的工业以太网交换机布放在开关站、开闭所等位置，并通过以太网接口和配电终端连接；上联节点的工业以太网交换机一般配置在变电站内，负责收集环上所有通信终端的业务数据，并接入骨干通信网。

2）工业以太网系统接入骨干通信网时，网络接口应选择与之相适应的、技术体制成熟的标准接口。

3）工业以太网组网方式如图 3－6 所示。

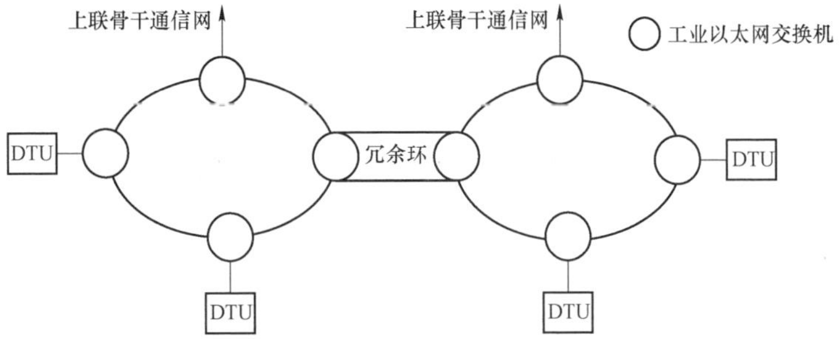

图 3－6 工业以太网组网方式

3.2.2 无线专网设计要求

1. 网元编号

为确保系统内设备和用户编号统一，便于建设、使用、管理和维护，从根本上提高网络运行的可靠性，须对全网网元进行统一编号，对资源进行统一规划和分配，以保证规模组网和互联互通。编码方式以 3GPP TS 23.003 规定的编号方法为基础，充分借助无线通信产业链，并为未来发展预留充足的编号资源。具体编码细则参照 Q/GDW 11803.3—2018《电力无线专网通用要求》相关要求执行。

2. 通信终端设计

（1）通信终端类型应根据承载业务、部署环境、业务终端情况合理确定，宜选择通用型终端。通信终端分为嵌入式或独立式终端，具体形式可分为嵌入式模块－Ⅰ型集中器、嵌入式模块－Ⅱ型集中器、嵌入式模块－定制类、独立式终端－室内、独立式终端－室外、移动终端等。

（2）通信终端应满足物理层功能、数据链路层功能、传输层功能、网络层功能、人机界面要求等。通信终端应满足标准业务终端的接口、电源、温湿度、电磁兼容等适配性要求。通信终端应满足通信终端与基站间、通信终端与核心网间、通信终端与业务终端间标准接口的要求。

（3）通信终端性能应满足频段与信道间隔、发射机指标、接收机指标、功率等级及能力等级等要求。

（4）通信终端应支持软 SIM 卡或硬 SIM 卡方式。通信终端宜支持国际移动设备标志（international mobile equipment identity，IMEI）和国际移动用户标志（international mobile subscriber identity，IMSI）绑定。

（5）无线通信终端宜利用业务终端电源供电。

3. 基站设计

（1）仿真验证。在设计初期阶段，应对无线专网初步规划方案进行网络仿真验证，包括扫频、传播模型校正和规划结果仿真验证，评判最终的网络规划是否达到覆盖目标，并根据仿真结果估算基站类型及数量。

1）在无线专网仿真初期，应开展扫频测试，在无线频带范围内对无线信号频谱进行扫描接收，确认当前规划项目拟采用的频段是否存在干扰；如果存在干扰，需要找出干扰方位及强度，并与当地无线电管理机构协商确定避让或排除干扰方式。

2）在无线专网仿真初期，宜开展传播模型测试，对传播模型进行参数校正。

3）对无线专网初步规划方案进行网络仿真验证，根据参数校正结果及实际工作参数，以及输出网络覆盖率、目标区域的边缘用户业务速率和小区总吞吐量等指标，评判最终的网络规划是否达到覆盖目标，并调整规划方案，直到达标为止。

4）基站覆盖仿真参数。基站覆盖半径可根据表 3－1～表 3－3 中的关键参数建议取值进行链路预算或仿真得出。

表 3－1　IoT-G 230MHz 关键频率参数建议取值（7MHz）

参数类型	参数项	参数建议值	参数类型	参数项	参数建议值
设备参数	基站功率（分布式）	2×12.5W/44dBm	仿真规划指标	区域覆盖率（郊区）	90%
	基站功率（一体化）	—		区域覆盖率（农村）	90%
	终端功率	0.2W/23dBm		阴影衰落（密集城区）	11.75dB
	终端最大支持自带个数	16 个		阴影衰落（城区）	8.64dB
	基站天线增益（定向）	8.5dBi		阴影衰落（郊区）	5.4dB
	基站天线增益（全向）	6dBi		阴影衰落（农村）	3.3dB
	终端天线增益	0dBi		1 堵墙穿透损耗（密集城区）	15dB
	RP 功率	11.7dBm（3.75kHz）		1 堵墙穿透损耗（城区）	13dB

续表

参数类型	参数项	参数建议值	参数类型	参数项	参数建议值
仿真规划指标	仿真规划指标（RSRPR）	−115dBm	仿真规划指标	1 堵墙穿透损耗（郊区）	11dB
	仿真规划指标（SINR）	−3dB		1 堵墙穿透损耗（农村）	8dB
	基站侧发射接收方式	2T2R		2 堵墙穿透损耗（密集城区）	25dB
	发射分集增益	2dB		2 堵墙穿透损耗（城区）	23dB
	接收分集增益	3dB		2 堵墙穿透损耗（郊区）	21dB
	干扰储备（上行）	2dB		2 堵墙穿透损耗（农村）	16dB
	干扰储备（下行）	3dB		3 堵墙穿透损耗（密集城区）	35dB
	接收机噪声系数（上行）	4dB		3 堵墙穿透损耗（城区）	33dB
	接收机噪声系数（下行）	5dB		3 堵墙穿透损耗（郊区）	31dB
	信噪比（signal to noise ratio，SNR）解调门限（9.6kbit/s）	−3dB		3 堵墙穿透损耗（农村）	24dB
	区域覆盖率（密集城区）	95%		子载波间隔	3.75kHz
	区域覆盖率（城区）	95%			

表 3－2　LTE-G 230MHz 关键参数建议取值（7MHz）

参数类型	参数项	参数建议值	参数类型	参数项	参数建议值
设备参数	基站功率（分布式）	20W/43dBm	仿真规划指标	区域覆盖率（郊区）	90%
	基站功率（一体化）	6W/37.8dBm		区域覆盖率（农村）	90%
	终端功率	0.2W/23dBm		阴影衰落（密集城区）	11.75dB
	终端最大支持自带个数	40 个		阴影衰落（城区）	8.64dB
	基站天线增益（定向）	10.5dBi		阴影衰落（郊区）	5.4dB
	基站天线增益（全向）	8.5dBi		阴影衰落（农村）	3.3dB
	终端天线增益	0dBi		1 堵墙穿透损耗（密集城区）	15dB
	RP 功率	11.7dBm（3.75kHz）		1 堵墙穿透损耗（城区）	13dB
仿真规划指标	仿真规划指标（RSRP）	−115dBm		1 堵墙穿透损耗（郊区）	11dB
	仿真规划指标（SINR）	−3dB		1 堵墙穿透损耗（农村）	8dB
	基站侧发射接收方式	2T2R		2 堵墙穿透损耗（密集城区）	25dB
	发射分集增益	0dB		2 堵墙穿透损耗（城区）	23dB
	接收分集增益	0dB		2 堵墙穿透损耗（郊区）	21dB
	干扰储备（上行）	2dB		2 堵墙穿透损耗（农村）	16dB

续表

参数类型	参数项	参数建议值	参数类型	参数项	参数建议值
仿真规划指标	干扰储备（下行）	3dB	仿真规划指标	3 堵墙穿透损耗(密集城区)	35dB
	接收机噪声系数（上行）	4dB		3 堵墙穿透损耗（城区）	33dB
	接收机噪声系数（下行）	7dB		3 堵墙穿透损耗（郊区）	31dB
	SNR 解调门限（9.6kbit/s）	－3dB		3 堵墙穿透损耗（农村）	24dB
	区域覆盖率（密集城区）	95%		子载波间隔	2kHz
	区域覆盖率（城区）	95%			

表 3－3　LTE-G 1800MHz 关键参数建议取值（5MHz）

参数类型	参数项	参数建议值	参数类型	参数项	参数建议值
设备参数	基站功率（分布式）	4×10W/46dBm	仿真规划指标	区域覆盖率（郊区）	90%
	基站功率（一体化）	—		区域覆盖率（农村）	90%
	终端功率	0.2W/23dBm		阴影衰落（密集城区）	11.75dB
	终端最大支持自带个数	100 个		阴影衰落（城区）	8.64dB
	基站天线增益（定向）	17.5dBi		阴影衰落（郊区）	5.4dB
	基站天线增益（全向）	11dBi		阴影衰落（农村）	3.3dB
	终端天线增益	0dBi		1 堵墙穿透损耗(密集城区)	16dB
	RP 功率	21.2dBm（15kHz）		1 堵墙穿透损耗（城区）	14dB
仿真规划指标	仿真规划指标（RSRP）	－115dBm		1 堵墙穿透损耗（郊区）	12dB
	仿真规划指标（SINR）	－3dB		1 堵墙穿透损耗（农村）	9dB
	基站侧发射接收方式	4T4R		2 堵墙穿透损耗(密集城区)	27dB
	发射分集增益	3dB		2 堵墙穿透损耗（城区）	25dB
	接收分集增益	6dB		2 堵墙穿透损耗（郊区）	23dB
	干扰储备（上行）	3dB		2 堵墙穿透损耗（农村）	18dB
	干扰储备（下行）	3dB		3 堵墙穿透损耗(密集城区)	38dB
	接收机噪声系数（上行）	4dB		3 堵墙穿透损耗（城区）	36dB
	接收机噪声系数（下行）	5dB		3 堵墙穿透损耗（郊区）	34dB
	SNR 解调门限（9.6kbit/s）	－3dB		3 堵墙穿透损耗（农村）	27dB
	区域覆盖率（密集城区）	95%		子载波间隔	15kHz
	区域覆盖率（城区）	95%			

（2）基站选址。基站选址要求如下：

1）基站塔桅可选择采用支架、抱杆、自立式铁塔或钢管杆等，设计时应考虑天线在抗风和承重方面的能力。宜在评估核算的基础上尽量利用现有构/建筑物。

2）站址应优先选择在自有变电站、供电所、营业厅、自有输电铁塔等电力场所，选用输电铁塔时需考虑铁塔承重、设备供电、光纤回传等建设条件。

3）网络建设应坚持资源共享原则。在技术合理的前提下，探索与第三方机构共用基础设施的可能，推进“共建共享”，减少重复建设，降低建设运营成本。在自有物业条件不具备时，可考虑租用铁塔公司、公网运营商等第三方资源，租用时应考虑基站信息回传、运维和安全要求。

4）对基站的规划站址应进行现场勘察，对预选站点的建站安全条件、基础设施条件、建塔条件、天线安装条件、无线传播条件等进行排查，确定基站站址。

5）站址不应选择在易燃、易爆、高发雷击区以及粉尘腐蚀、辐射干扰严重的场所。

6）站点周围应无高大障碍物的阻挡，基站天线 100m 内应无明显阻挡；若有阻挡，阻挡夹角（站点与阻挡障碍物两侧连线的夹角）不可大于 20°。

7）铁塔到高压输电线路的距离应满足倒塔的安全距离。

（3）基站选型。基站选型要求如下：

1）无线专网在室外宏覆盖基站和室外中等覆盖基站宜选择 BBU+RRU 分布式设备，在补盲覆盖、变电站内信息采集或机房条件受限的情况下可选择一体化设备，在具备应急、临时组网需求的场景下，可采用移动式基站。

2）根据无线专网规划仿真结果确定基站设备输出功率、支持的小区和用户数量，选择相应规格的基站设备。

3）基站应能为不同安全大区业务提供不同的空口时频资源和传输板卡。

（4）宏覆盖基站天馈选择。宏覆盖基站天馈选择要求如下：

1）宏覆盖基站天线宜选用板状天线，并可采用美化方式安装；天线相对地面高度宜不低于 30m。

2）应因地制宜选择合理的天馈支撑结构方案。

（5）基站电源。基站电源要求如下：

1）基站供电方案可分为−48V 本地直流供电、−48V 集中供电以及交流（alternating current，AC）220V 逆变器远程供电。在工程实施中，应根据现场条件，结合 BBU 与 RRU 功耗及数量、BBU 与 RRU 安装距离、电源设备装机位置、线缆敷设难易程度等情况，确定基站供电方案。

2）基站设备应采用双路电源供电，并配置蓄电池组。原则上基站侧设备采用直流电源供电，并利用现有电源系统，对不满足条件的电源系统进行改造；蓄电池组的后备时间应综合考虑基站的重要性、市电稳定程度、运维里程等因素，宜按不少于4h考虑。

4. 回传网设计

（1）配置原则。回传网的配置原则如下：

1）生产控制大区业务的回传利用现有 SDH/MSTP 传输网络作为回传通道，应根据无线专网建设要求优化和补强 SDH/MSTP 传输网络架构及带宽。

2）对承载生产控制大区、管理信息大区业务的回传网应进行物理隔离。

3）SDH/MSTP 传输网络宜采用环形结构，在确有困难的情况下少量采用链形结构。

4）SDH/MSTP 传输网络宜采用环网保护方式或 1+1 保护方式工作，保护需规划不同路径。

（2）单站回传带宽配置。为基站配置的回传带宽一般由业务接入数量和单业务带宽确定，实际配置时可根据基站提供的峰值速率乘以扇区数确定。基站峰值速率见表3－4～表3－6。

表3－4　IoT-G 230MHz 基站峰值速率

带宽	峰值速率（Mbit/s）
7MHz 带宽	上行：10.03/扇区 下行：8.8/扇区

表3－5　LTE-G 230MHz 基站峰值速率

带宽	峰值速率（Mbit/s）
7MHz 带宽	上行：9.02/扇区 下行：4.56/扇区

表3－6　LTE-G 1800MHz 基站峰值速率

带宽	峰值速率（Mbit/s）
5MHz 带宽	上行：10/扇区 下行：10/扇区

5. 核心网设计

（1）核心网应根据覆盖区域规划的基站数量、业务需求预测、容灾要求、安全要求等合理确定网络结构、功能及建设方案，并保留一定裕度；根据无线专网规划结果确定核心网设备系统能支持的用户数量、基站数量、包处理能力，选择相应规格的核心网设备。

（2）核心网关键单元应冗余配置，可根据当地自然条件选择单局址或异局址容灾方案。

（3）核心网设备应采用双路电源供电，并配置蓄电池组。蓄电池组的后备时间应综合考虑核心网机房的重要性、市电稳定程度、运维里程等因素。

6. 业务承载网设计

核心网至管理信息大区业务主站，可采用数据通信网承载，并相应配置VPN 通道；核心网至生产控制大区业务主站，可采用专用网络进行承载；核心网至用电信息采集业务主站，带宽需求大于或等于 10Gbit/s 的情况下，可利用光传送网作为承载通道。

3.2.3 无线公网设计要求

（1）APN 规划应符合以下要求：

1）国家电网公司总部、分部/省公司/直属单位应各自统一规划业务 VPN。

2）不同等级业务应规划使用不同的 APN。

3）相同安全等级业务可使用同一 APN。

（2）终端 IP 地址规划应符合以下要求：

1）国家电网公司总部、分部/省公司/直属单位应统一规划终端 IP 地址。

2）应避免与管理信息大区内网及生产控制大区使用的 IP 地址冲突。

3）应保证各个运营商的 IP 地址不冲突。

4）按照业务类型进行 IP 地址规划，为每个业务规划独立连续的 IP 地址段。

5）同一省级行政区域内的 IP 地址应避免重复使用。

6）IP 地址规划应具备良好的扩展性，进行合理的地址预留。

（3）终端接入方面应支持双向鉴权，禁止移动通信卡访问互联网，禁止非法移动通信卡接入电力无线公网，支持用户优先级管理。

3.2.4 网管设计要求

（1）配电通信网综合监测和网管系统应满足配电通信网运维管理方面的需要，实现覆盖配电通信网的资源管理、实时监视和运行管理等各项运维管理功能，为提升配电通信的管理水平和运维效率提供强有力的信息化支持手段。

（2）北向接口应实现标准化，通过“标准先行、规范统一”的接口标准化设计手段，实现对现有配电通信设备网管接口的全面统一。

（3）应用功能设计，支持光纤、载波、无线以及混合组网技术体制等多种组网方式，实现对配电通信网告警、性能、配置以及业务等各个方面的资源管理、实时监视和运行管理功能。

（4）配电通信网综合监测和网管系统应具有数据共享功能，实现与配电自动化、营销、通信管理系统（telecommunication management system，TMS）等其他专业化管理系统之间的数据互联共享，提升系统间的互操作性。

（5）EPON 设备网管系统应具有配置管理、告警管理、性能管理、安全管理、保护管理功能。其中，配置管理功能应包括设备网管系统配置管理、网元配置管理、设备配置管理、带宽模板配置管理、拓扑连接配置管理、业务配置管理、配置变更同步、配置信息同步等；告警管理功能应包括告警上报、告警过滤、告警级别表管理、告警同步等；性能管理功能应包括性能采集任务管理、性能数据上报、当前/历史性能数据同步查询等。

（6）工业以太网交换机设备网管系统应具有配置管理、告警管理、性能管理、安全管理功能。其中，配置管理功能应包括设备网管系统配置管理、网元配置管理、端口配置管理、配置变更同步、配置信息同步等；告警管理功能应包括告警上报、告警过滤、告警级别表管理、告警同步等；性能管理功能应包括性能采集任务管理、性能数据上报、当前/历史性能数据同步查询等。

（7）无线专网网管系统应随无线专网建设配置相应的设备网管系统，管理内容应包括系统管理、配置管理、故障管理、性能管理、拓扑管理、安全管理等。设备网管系统应可通过北向接口或其他规范允许的接口接入终端通信接入网管理系统（access management system，AMS）。设备网管系统应提供开放标准接口，包括资源管理、性能管理、告警管理接口等。

（8）设备网管系统应提供北向接口，宜采用 SNMP、公共对象请求代理体系结构（common object request broker architecture，CORBA）、文件或可扩展置标语言（extensible markup language，XML）等类型接口。接口功能应包括配置管理接口功能、告警管理接口功能、性能管理接口功能、安全管理接口功能。

3.2.5 信息安全设计要求

1. 有线通信的信息安全设计

当采用 EPON、工业以太网交换机、载波等有线方式通信时，需要考虑通信系统的鉴权策略、加密技术等。EPON通信信道安全防护措施如图 3 – 7 所示。

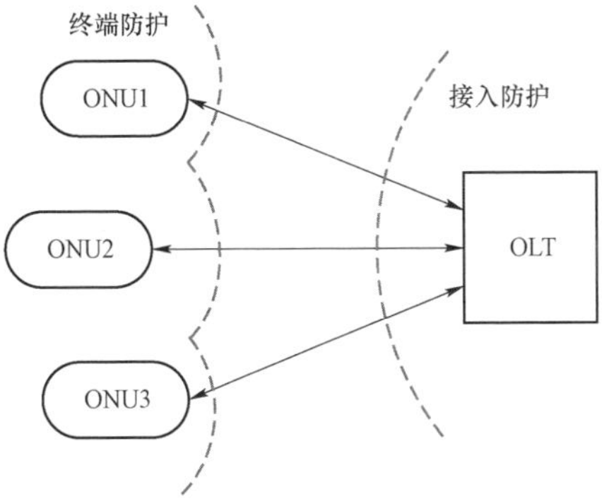

图 3 – 7　EPON 通信信道安全防护措施

（1）在初始状态和数据通信两个阶段需要采用鉴权策略。在初始状态下，ONU 需要通过鉴权机制确认其身份，从而决定是否允许该 ONU 完成注册过程；在数据通信过程中，需进行用户鉴权，确认通信方是否为合法用户。

（2）为保证合法用户信息的保密性，应采用加密技术对数据进行保护。应首选国家密码管理局推荐的 SM1 算法，兼容 AES 算法和三重搅动加密算法，以进一步增强接入层设备间的数据传输安全性。

2. 无线通信的信息安全设计

配电通信网的无线方式包括无线公网和无线专网两种模式。

（1）无线公网。采用无线公网接入模式时，电力公司借助电信运营商的无线公共网络传输电力数据。电力公司应对运营商提出安全措施要求，包括：

1）采用 APN + VPN 或 VPDN 技术实现无线虚拟专有通道。

2）通过认证服务器对接入终端进行身份认证和地址分配。

3）在主站系统和公共网络采用有线专线 + 通用路由封装（generic route encapsulation，GRE）等手段。

4）运营商与电力公司传输数据时，通过安全接入平台接入电力公司内网。

（2）无线专网。当采用无线专网时，应分别针对无线接入层和管理接入层采用相应的信息安全措施。无线接入层是指从终端到基站之间的空口传输过程；管理接入层是指从终端到配电自动化系统之间的总体传输过程。无线专网安全防护体系的总体结构如图 3 – 8 所示，无线接入层和管理接入层的安全措施应分别独立运作，以实现终端与基站、终端与配电自动化系统的双向鉴权认证，提升对仿冒基站的防御能力。

电力无线专网设备及网管系统应按照等级保护三级防护，以保证无线系统数据传输的安全性；无线接入层和管理接入层所采用的具体安全措施均包含双向鉴权认证、安全性激活、信令和数据的机密性及完整性保护，如图 3 – 9 所示。无线接入层和管理接入层的安全措施类似，但应采用不同的密钥以保证各自独立运作。

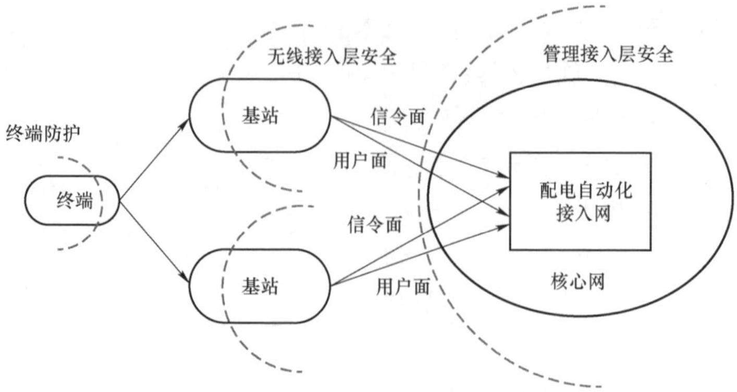

图 3－8 无线专网安全防护体系的总体结构

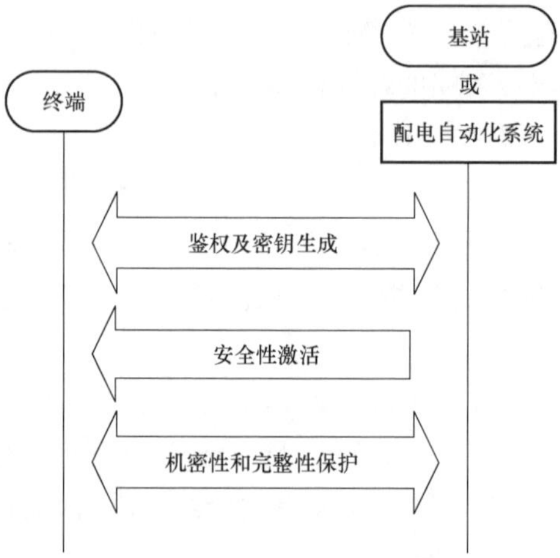

图 3－9 具体安全措施

各项具体安全措施的要求如下：

1）鉴权与密钥生成过程。应实现通信两端的双向鉴权，并保障两端密钥达成一致。通信双方在共同持有根密钥的前提下，通过协商过程相互认证对方的合法身份，并计算出后续安全措施所用的密钥。密钥生成算法的输入应包含帧序号或时间戳等信息以确保密钥的时间有效性，防止重放攻击。

2）安全性激活过程。应验证通信双方安全模式和加密算法的统一。通信双方通过校验安全模式命令的完整性，确认双方具备相同的安全模式，协商所要采用的加密算法及完整性校验算法。管理接入层的激活应先于无线接入层的激活。

3）信令加密和数据加密过程。应实现通信信令和数据的机密性保护。使用密钥生成过程中生成的加密密钥对信令和数据进行加密传输，保护数据的机密性。所采用的加密算法可选择 SM1、ZUC 或 AES 算法，由安全性激活过程确认。加密信令和数据应使用不同的加密密钥。

4）信令和数据的完整性校验。应实现通信信令和数据的完整性保护。使用密钥生成过程中生成的完整性密钥进行数据完整性校验，保护数据完整性。具体校验方式可选择 CRC 或 MAC，由安全性激活过程确认。信令和数据的校验应使用不同的完整性密钥。

电力无线专网应采用信息加密和完整性保护、双向认证鉴权等安全防护机制；应采用不同时频资源、不同基站传输板卡、不同 SDH 传输通道、不同核心网设备等方式，实现生产控制大区业务与管理信息大区业务的物理隔离。

不同安全分区的业务通过核心网与业务系统连接时，应符合国家发改委〔2014〕第 14 号令《电力监控系统安全防护规定》的要求。

3.2.6　骨干通信网设计要求

骨干通信网应具备较高的生存性和路由迂回能力，通常由光传送网和数据网构成。光传送网以 SDH/MSTP 方式为主，部分地区采用了 PTN 网络；数据网包括调度数据网和综合数据网。目前，骨干（四级）通信网规划、设计、建设和运维流程已基本完善，但随着配电网业务的不断发展，对骨干通信网的业务需求也不断增大，对骨干通信网提出的设备备份、链路冗余、电源冗余、故障自愈等功能要求均需在配电业务系统建设前期进行规划设计，宜对现有骨干（四级）通信网进行技术改造以满足配电业务相关要求。

（1）下联接口要求。国家电网公司骨干通信网以 SDH/MSTP 为主，为实现骨干通信网和配电通信网无缝连接，减少网络节点，优化网络结构，骨干通信网在配电业务系统建设前期应提供如下接口：

1）标准 SDH 接口：E1 接口、STM－1（155M/POS 口）、STM－4（622M/POS 口）。

2）以太网接口：10/100/1000（光口/电口），支持 VLAN 划分、通用成帧协议（generic framing procedure，GFP）封装、动态带宽调整等功能。

（2）与配电通信网互联方式。骨干通信网与配电通信网宜实现双节点互联，从变电站汇聚的配电自动化业务宜采用以下两种方式上传至主站系统：

1）OLT 设备或无线基站等直接连接 SDH/MSTP 设备接口，或经交换机汇聚后连接至 SDH 网络后再传输至配电自动化主站。

2）OLT 设备或无线基站等通过综合数据网数据设备进行汇聚，再连接至配电自动化主站。

（3）多业务承载要求。在配电通信网中，主要需承载配电自动化系统、电能质量检测、视频信息等业务。骨干通信网应具备可靠的部署方案，以满足其所承载的不同业务的稳定可靠传送需求。针对多业务承载需求，可采用如下方式：

1）小型化、高集成度的 WDM 设备部署至变电站，采用波分物理隔离的通信方式承载不同类型的业务。

2）不同的业务经由 SDH 的不同电路承载，采用时分的物理隔离方式。

3）不同的业务在数据层面划分不同的 VLAN，以逻辑隔离的方式进行承载。

（4）冗余保护要求。网络备份或者冗余可以同时通过以下两种方式实现：

1）骨干通信网自愈功能。

2）下联接口提供主备通道，支持双路由保护。

（5）延时要求。延时要求如下：

1）骨干通信网在承载各类型配电通信网的业务时，需满足相应标准规范限定的延时要求。

2）针对配电通信网采用 EPON 网络提供的“手拉手”的保护方式，对于支持配电自动化业务的保护倒换，骨干通信网用于连接“手拉手”网络保护的 OLT 之间的倒换时延应满足业务时延要求。

（6）带宽要求。配电通信网业务将在变电站进行汇聚，并以共享环方式接入骨干通信网，环网结构与骨干通信环网结构一致，城区支环带宽按 2×2Mbit/s 预留，主环网按 155Mbit/s 预留；考虑到用电业务，地区支环带宽按 25×2Mbit/s 预留，主环网按 155Mbit/s 预留。

3.3 工 程 实 施

配电通信设备到货和安装调试前，应由具备检测资质的单位按照相应检验规程或技术规定进行检测，合格后方可进行施工安装；配电通信网终端的施工应与一次设备或继电保护装置的施工同步进行，配电通信网的施工应结合电缆、架空线路的施工同步进行；新建配电通信网原则上应先于配电终端建成，以确保配电自动化工程一次建成投运，避免二次停电。

工程实施阶段应依据 Q/GDW 758—2012《电力系统通信光缆安装工艺规范》、Q/GDW 1553.1—2014《电力以太网无源光网络（EPON）系统 第 1 部分：技术条件》及信通通信〔2018〕117 号文《终端通信网建设指导意见（试行）》编制。

3.3.1　光纤专网工程实施要求

1. 光纤线路实施要求

（1）应根据工程概况、光缆路由情况、光缆盘长、光缆接续位置等编制可行的光缆敷设施工方案。

（2）光缆敷设前应对光缆路由进行通道处理、障碍物清除，做好交叉跨越等防护措施。

（3）光缆盘应直立装卸、运输及存放，不应平放；短距离滚动时应按缆盘标明的旋转箭头方向滚动。

（4）敷设光缆时，光缆应由缆盘上方放出并保持松弛弧形，牵引端头与牵引绳之间应加退扭器。

（5）机械牵引敷设时，牵引速度一般在 5～40m/min，调节方式应为无级调速；人工牵引敷设时，牵引速度一般控制在 10m/min 左右为宜。

（6）机械牵引敷设时，牵引张力应可调节，并应具有自动停机功能；当牵引力超过规定值时，能自动发出告警并停止牵引。

（7）光缆敷设过程中，应无扭转、打小圈、浪涌、急弯等现象发生，以保证光缆的完整性；不应损伤光缆，发现护层损伤时应及时更换或修复。

（8）大跨越等特殊地段的光缆敷设，应按设计要求进行。

（9）在沟道（竖井）内应完善防火阻燃和防火分隔等各项安全措施，并绑扎醒目的标识；通信光缆应与一次动力电缆分开（分层、分侧）布放，在沟道内宜采取上下横向加装防护隔板等措施进行有效隔离，在竖井内宜采取左右纵向加装防护隔板等措施进行有效隔离，具备条件的站点宜采取分沟道（竖井）布放。

（10）线路光缆接续盒应密封良好，并做好防水、防潮措施。

（11）接续盒盖安装时，应检查密封胶垫是否均匀、无变形、无突出，接续盒两侧紧固螺栓是否紧固均匀。

（12）利用夹持板将进出接头盒光缆紧固牢靠，保证夹持板受力均匀，防止光缆转动、松脱、扭转。

（13）正确区分两侧光缆中的光纤排列顺序，确定光纤熔接顺序。接头盒内余纤盘绕应正确有序，且每圈大小基本一致，弯曲半径不应小于 40mm。余纤盘绕后应可靠固定，不得有扭绞、受压现象。热缩管应放入固定卡槽内，使用电工胶带或中性密封防水胶固定，防止热缩管脱落，严禁将胶涂到光纤上。

（14）光纤熔接时，根据熔接机上显示的熔接损耗值判断光纤熔接质量，不合格时应重新熔接，并做好熔接记录。

2. 设备安装要求

（1）OLT 设备、ONU、工业以太网交换机设备的安装应符合设计要求，OLT 设备应安装在专用机柜中，ONU 设备在采用壁挂、嵌入方式安装时，安装高度及进、出线方式应符合设计要求，所有接地电阻、电源、线径均应满足 GB 50169—2016《电气装置安装工程　接地装置施工及验收规范》的要求，接地施工应在设备送电前完成。

（2）分光器的安装应工整、美观，其所有尾纤均应有一定余量，方便维护时取出和还原。

（3）光纤配线架应按设计要求进行熔接或者配盘，光纤连接器位置应准确，安装应牢固，方向一致。

3. 安全措施要求

（1）应对业务信息进行加密，其中下行方向应支持加密功能，上行方向宜支持将不同安全级别的业务进行物理或逻辑隔离。

（2）通过配置 IP-MAC 绑定或开启 ARP 防护功能开关等方式，实现抵御 ARP 欺骗。

（3）关闭设备上空闲的端口并禁用不必要的服务。

（4）生产控制大区和管理信息大区核心网设备的物理隔离，为不同安全大区业务提供不同的空口时频资源，并为同一安全大区的不同类业务之间提供逻辑隔离。

3.3.2　无线专网工程实施要求

1. 防雷接地要求

无线专网站点防雷接地包括设备防雷接地和塔桅防雷接地。防雷和过电压能力应满足 GB 50169—2016《电气装置安装工程　接地装置施工及验收规范》、GB 50689《通信局（站）防雷与接地工程设计规范》、DL/T 548—2012《电力系统通信站过电压防护规程》及 DL/T 620—1997《交流电气装置的过电压保护和绝缘配合》等相关要求；当站点设置在变电站内时，应进行变电站防雷校核。主要原则如下：

（1）无线专网基站应采取联合接地方式，与同一楼内的动力装置、建筑物避雷装置共用一个接地网。站内通信设备和各金属构件应采取等电位连接，天馈线系统应采取接地分流、雷电过压保护和直击雷防护等防雷措施。

（2）当通信铁塔位于机房屋顶时，铁塔四脚应与楼顶避雷带至少有两处焊接连通，同时宜在机房地网四脚设置辐射式接地体，便于雷电流散流。铁塔落地建设时，应将机房、铁塔地网相互连通组成一个联合地网。在土壤电阻率较高的地区，应在铁塔地网远离机房一侧的铁塔两角加辐射型接地体。

2. 安全措施要求

无线专网主要的安全措施包括 LTE 标准安全机制、LTE 安全增强措施、网络设备安全防护措施，以及终端安全、应用安全、数据安全、主机安全、物理安全防护措施等。具体安全措施如下：

（1）开启接入层/非接入层加密功能，对通信终端与基站、通信终端与核心网间的信令和数据进行加密并对信令进行完整性保护。

（2）开启通信终端和无线网络的双向认证功能。

（3）开启网管超文本传输安全协议（hypertext transfer protocol secure，HTTPS）安全访问服务。

（4）将通信终端的 IMEI 和 IMSI 进行绑定。

（5）将通信终端与业务终端的 MAC 地址进行绑定。

（6）根据承载业务为通信终端分配不同的 APN 访问接入点。

（7）根据承载业务为业务数据分配不同的 VPN 通道。

（8）为承载的不同优先级电力业务匹配相应的 QCI 值。

（9）基站和核心网之间开启互联网络层安全协议（internet protocol security，IPSec）加密隧道。

（10）限制设备访问地址及端口号范围。

（11）关闭设备不必要的端口和服务。

（12）加强物理安全管理，采用门禁、传感器、视频监控等措施，对无线网络设备机房进行监控。

3. 网络优化要求

在网络投运之后，需要定期在全网路测的基础上进行全网覆盖优化，做好干扰抑制工作，提出优化解决方案。

（1）宏覆盖基站优化措施。宏覆盖基站优化措施主要包括调整天线角度、挂高、站址、小区参数，在基站的容量等资源和网络信号质量之间获得适配。

（2）网络延伸覆盖手段。根据实际地形、业务需要和工程实际情况，选择最佳网络优化部署方案进行延伸覆盖，提出基站数量并适度预留，并滚动至下一期规划调整。

1）在超高建筑阴影、室内、地下室等环境，可采用射频拉远、天馈线延伸、直放站延伸、微基站延伸、一体化中继延伸、塔顶放大器延伸等方式进行增强覆盖。

2）在业务终端处于弱信号或无信号的情况下，可采用馈线延伸、天线增强、电力线载波延伸、串口/以太网延伸、微功率无线中继等方式进行优化。

3.4 业 务 接 入

3.4.1 光纤专网业务接入

（1）根据部分业务安全的特殊需求，光纤专网需通过安全加密终端、安全接入区实现业务终端与业务系统的连接。

（2）根据现场业务终端情况，选择采用嵌入式或独立式终端接入业务数据；根据取电条件、安装空间、业务终端形态和通信接口，选择合适站点进行接入。

3.4.2 无线专网业务接入

（1）参考仿真图和网络规划，初步选择拟接入的终端范围。待铁塔、基站安装调试通过后，根据初选情况现场勘测业务接入点的信号强度。

（2）根据现场业务终端情况，选择采用嵌入式或独立式终端接入业务数据；根据取电条件、安装空间、业务终端形态和通信接口，选择合适站点进行接入。

（3）无线专网通信终端在现场安装完成后上电，并与基站、核心网通信链路一起调试。

（4）配电自动化业务主站部署方式为地市公司部署，其中生产控制大区及安全Ⅲ区设备位于各地市公司配电网自动化机房或调度机房，安全Ⅳ区设备位于各地市公司信息化机房，通过光纤/网线直连（核心网与主站位于同一机房）或者开通 SDH 专线（核心网与主站位于不同机房）实现核心网至主站的连通，通过 SDH 专线实现核心网至主站的连通。

（5）在业务终端和主站分别开展数据配置工作，建立业务终端与主站的 IP 通道，并开展测试。

3.4.3 无线公网业务接入

（1）终端安全应符合 Q/GDW 1594—2014《国家电网公司管理信息系统安

全防护技术要求》中关于专用终端安全防护的有关规定，其中个人数字助理（personal digital assistant，PDA）类终端还应符合 DL/T 1511—2014《电力系统移动作业 PDA 终端安全防护技术规范》和 Q/GDW 1927—2013《智能电网移动作业 PDA 终端安全防护规范》的相关要求。

（2）业务接入前，应确保通信终端支持运营商提供的号段资源。

（3）新增业务均应采用物联网专用工业级定制 SIM 卡，同时应制定配用电终端改造计划，逐步将现有非物联网卡进行替换。

（4）电信运营商应提供实时在线监测公网通信终端状态信息的监控平台，并通过标准接口与终端通信接入网管理子系统对接。

3.5　典型组网方式

3.5.1　光纤专网通信组网方式

光纤通信组网方式包含 EPON 组网、工业以太网组网以及混合组网三种方式。

1. EPON 组网方式

（1）光纤保护倒换机制。EPON 技术条件下的光纤保护倒换机制如下：

1）光纤保护倒换条件。当发生下列条件之一时，应进行光纤保护倒换：

a. 输入光信号丢失或劣化。

b. 输入光功率越限。

c. 误码率越限。

d. 网管触发。

2）光纤保护倒换类型。光纤保护倒换主要分为主干光纤冗余保护、OLT PON 口主干光纤冗余保护、全保护、“手拉手”结构全保护四类。主干光纤冗余保护、全保护主要适用于单支链的光缆线路，均无法应对光缆故障的问题，对单个站点 OLT 设备的 PON 口资源有一定要求。全保护相对于主干光纤冗余保护的优势在于除了可以实现光缆纤芯的保护外，还规避了分光器故障的风险。“手拉手”结构全保护是一种既针对设备又考虑到光缆线路冗余的保护方式，它的优势在于光缆线路的单节点故障，不会影响其他 ONU 节点的正常运行。

a. 主干光纤冗余保护。OLT 的两个 PON 口采用一个 PON MAC 芯片，通过 1∶2 电开关连接至两个光模块，实现两个 PON 口的保护。主干光纤冗余保护适用于同一 PON 板内的 PON 口间的保护。备用的 OLT 光模块处于冷备用状态，由 OLT 检测链路保护、OLT PON 口状态，倒换应由 OLT 完成。主干光纤冗余保护如图 3-10 所示。

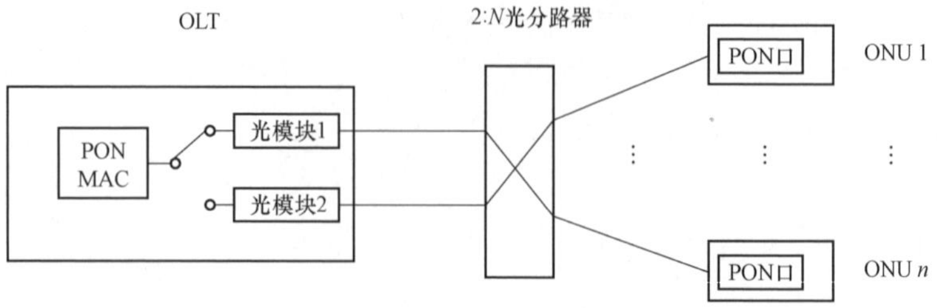

图 3-10　主干光纤冗余保护

b. OLT PON 口主干光纤冗余保护。OLT 的两个 PON 口分别采用独立的 PON MAC 芯片和光模块，实现两个 PON 口的保护。具体实现方式包括 OLT 同一 PON 板内和 PON 板间的 PON 口保护。倒换由 OLT 完成，备用的 OLT PON 口处于冷备用状态，由 OLT 检测链路保护、OLT PON 口状态。OLT 保证主用 PON 口的业务信息能够同步备份到备用 PON 口。在保护倒换过程中，备用 PON 口能维持 ONU 的业务属性不变。OLT PON 口主干光纤冗余保护如图 3-11 所示。

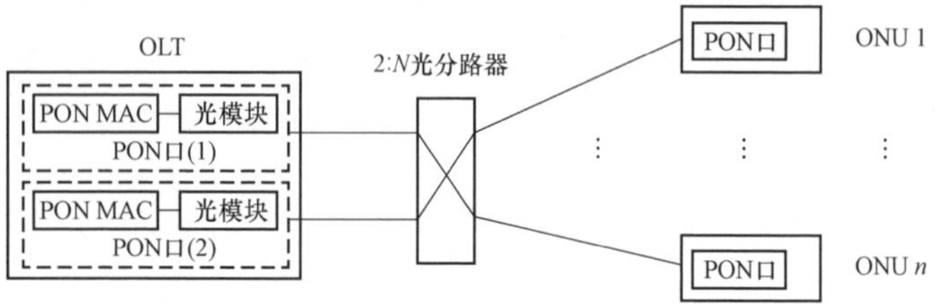

图 3-11　OLT PON 口主干光纤冗余保护

c. 全保护。OLT 双 PON 口、ONU 双 PON 口、双主干光纤、双 1∶N 分光器和双配线光纤冗余。全保护包括 ONU 单 MAC 双 PON 口全保护和 ONU 双 MAC 双 PON 口全保护。

ONU 单 MAC 双 PON 口全保护如图 3-12 所示。ONU 采用一个 PON MAC 芯片和不同的光模块。备用的 OLT PON 口和光模块处于冷备用状态。OLT 保证主用 PON 口的业务信息能够同步备份到备用 PON 口。在保护倒换过程中，备用 PON 口能维持 ONU 的业务属性不变。ONU 和 OLT 均检测链路状态，并根据链路状态决定是否倒换。

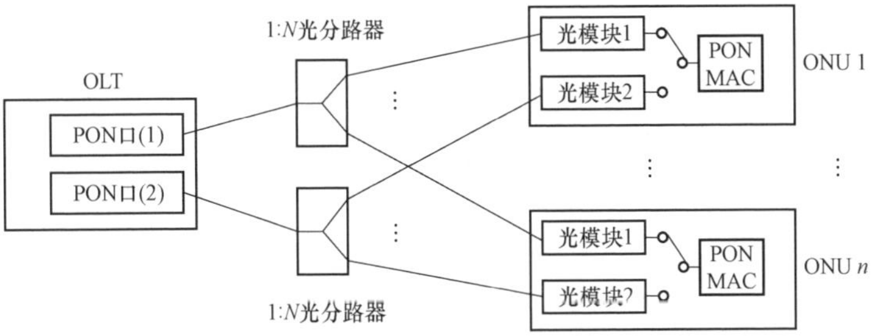

图 3－12　ONU 单 MAC 双 PON 口全保护

ONU 双 MAC 双 PON 口全保护如图 3－13 所示。ONU 采用不同的 PON MAC 芯片和不同的光模块。主、备用的 OLT PON 口均处于工作状态。OLT 保证主用 PON 口的业务信息能够同步备份到备用 PON 口。在保护倒换过程中，备用 PON 口能维持 ONU 的业务属性不变。

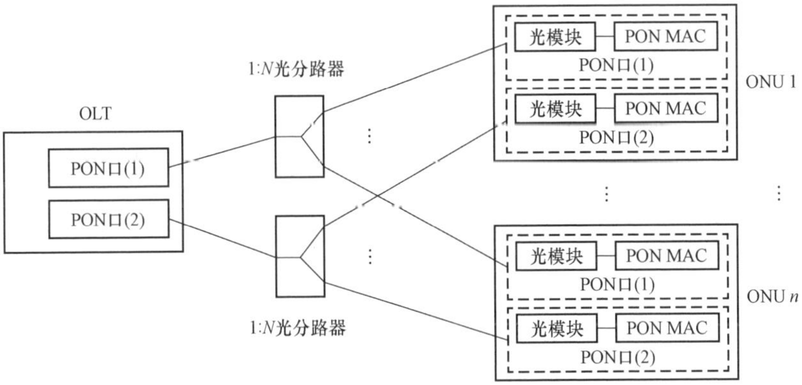

图 3－13　ONU 双 MAC 双 PON 口全保护

ONU 保证主用 PON 口的业务信息能够同步备份到备用 PON 口。在 PON 口的保护倒换过程中，ONU 能维持本地业务属性不变。

主、备用的 ONU PON 口均处于工作状态，即 ONU 同时在两个 PON 口上完成多点控制协议（multi-point control protocol，MPCP）注册、标准和扩展的操作维护管理（operation administration and maintenance，OMA）发现。在 PON 口的保护倒换过程中，备用 PON 口不用进行 ONU 的初始化配置和业务属性配置。

ONU 和 OLT 均检测链路状态，并根据链路状态决定是否倒换。OLT 检测到主用 PON 口的上行链路故障后，OLT 自动切换到备用的光链路，并采用备用的光链路通过扩展的 OAM 消息配置 ONU 主用的 PON 口。ONU 检测到主用 PON 口的下行链路故障后，ONU 自动切换到备用光链路，并采用备用的光链路进行扩展的 OAM 事件通告，告知 ONU 的 PON 口已经进行了切换以及切换的原因。

d.“手拉手”结构全保护。“手拉手”结构全保护应做到双 OLT、双 PON 口、ONU 双光模块，主干光纤、分光器和配线光纤均双路冗余配置。“手拉手”结构与电力配电网输电线路结构类似，能在不改变原有光纤网络结构的情况下实现全光保护倒换。互为保护的 PON 口应保持 VLAN、QoS 等配置同步。主、备用的 OLT 均处于工作状态。主用 OLT 的业务信息能够同步备份到备用保护倒换过程中，OLT 能维持 ONU 的业务属性不变。ONU 采用双 PON MAC 芯片和双光模块。ONU 主、备用的 PON 口均处于工作状态，即 ONU 同时在两个 PON 口上完成 MPCP 注册、标准和扩展的 OMA 发现。在 PON 口的保护倒换过程中，备用 PON 口不用进行 ONU 的初始化配置和业务属性配置。ONU 检测链路状态，并根据链路状态决定是否倒换。OLT 自动切换到备用 OLT，并进行扩展的 OAM 事件通告。在倒换过程中，ONU 能维持本地业务属性不变。“手拉手”结构全保护如图 3－14 所示。

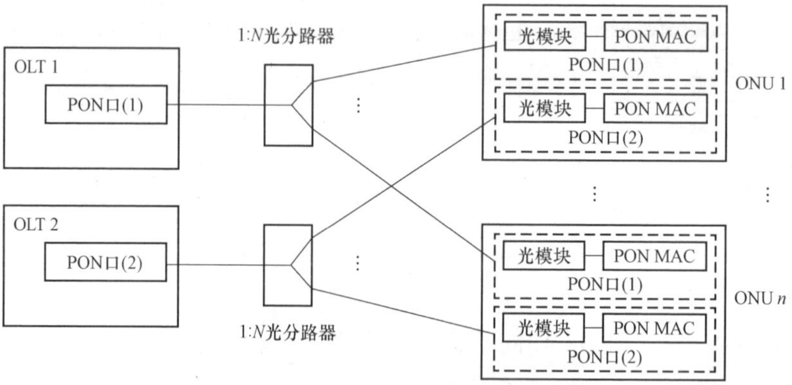

图 3－14 “手拉手”结构全保护

3）光纤保护倒换时间。当进行光纤保护倒换时，光通道倒换时间应分别满足以下要求：

a. 主干光纤冗余保护：≤50ms。

b. OLT PON 口主干光纤冗余保护：≤100ms。

c. 全保护：≤100ms。

d. “手拉手”结构全保护：≤100ms。

（2）典型组网结构。配电网的光纤布放主要呈链形或部分星形结构。采用 EPON 构建配电自动化通信系统时，在变电站放置 OLT 设备，汇聚其子站供电区域内所有 ONU 采集的配电网自动化监控终端（FTU、DTU、环网柜、台变等）的实时工作数据，实现终端与子站的通信；并通过 OLT 的 1000Mbit/s 接口接入骨干通信网，实现子站与主站的通信。ONU 安装在开关站或配电室，提供双 PON 口，根据线路要求和路由方式，灵活组网，接入变电站光线路单元，通过双路由链路组成双光纤保护。

1）单链路拓扑组网方案如图 3－15 所示，具体说明如下：

a. 主线是单辐射接线方式，通信网络采用单链路结构，每个信息接入点安放一个 1∶2 不等比分光器。

b. 预留光纤与光功率，后期扩容，实现双链路/环形拓扑。

c. 单链路拓扑只作为一种过渡拓扑存在，最终形成双链路/环形拓扑。

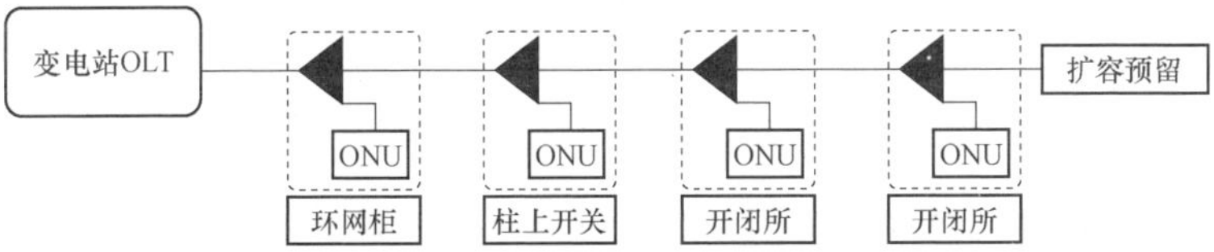

图 3－15　单链路拓扑组网方案

2）双链路拓扑组网方案如图 3－16 所示，具体说明如下：

a. 主线选用“手拉手”型结构，通信网络是采用双链形结构，每个信息接入点放置两个 1∶2 不等比分光器。

b. 双 PON 口保护，实现热备保护。

c. 双向保护，网络安全可靠。

d. 移机/扩容方便，不影响当前网络的其他设备。

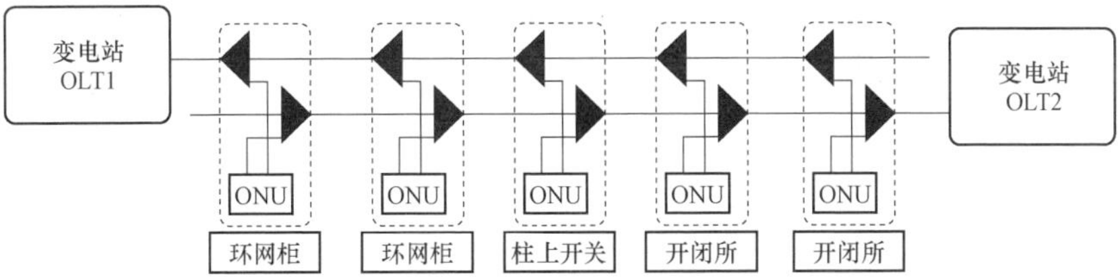

图 3－16　双链路拓扑组网方案

3）环形拓扑组网方案如图 3-17 所示，具体说明如下：

a. 主线是环网结构，通信网采用单环网结构，环网结构光纤在同一个变电站 OLT 不同的 PON 口上进行终结，实现全网自愈保护。

b. 双 PON 口保护，实现热备保护。

c. 双向保护，网络安全可靠。

d. 移机/扩容方便，不影响当前网络的其他设备。

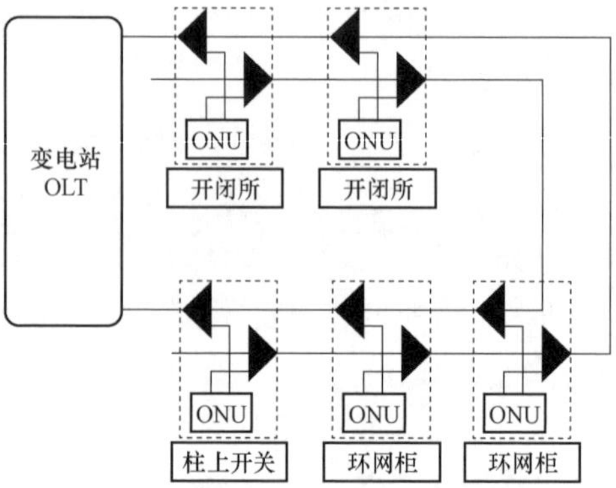

图 3-17　环形拓扑组网方案

4）星形拓扑组网方案如图 3-18 所示，具体说明如下：

a. 主线是星形结构，通信网络是采用星形网络，每个信息接入点放置一个 1∶2 不等比分光器。

b. 预留光纤与光功率，后期扩容，实现双链路/环形拓扑。

c. 移机/扩容方便，不影响当前网络的其他设备。

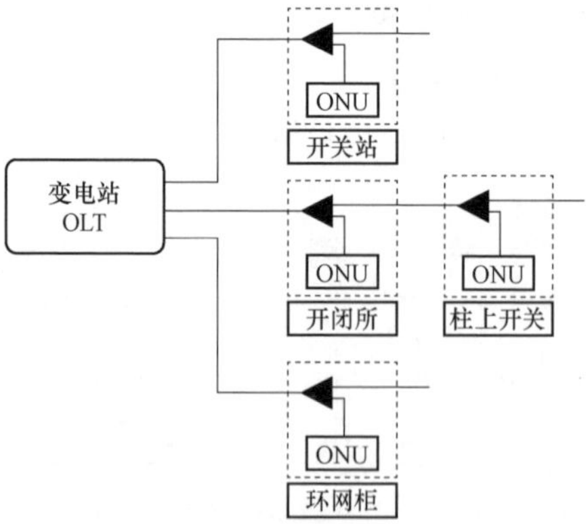

图 3-18　星形拓扑组网方案

2. 工业以太网组网方式

由于电力配电网络一次拓扑结构的限制，配电自动化通信系统多以链形网络为主。为了提高系统的可靠性，一般采用“手拉手”方式，提供单节点故障的冗余通道。光纤环网是目前网络架构中的优选方案，应用双纤双环时，可以抵抗双节点故障。根据实际应用，环形网络还可以按照相切环网及环网带分支等结构形式设计。

如果单纯采用工业交换机建设配电通信网，在网络扩容时，面对配电室等分散的通信节点，需要部署更多的交换机。如果每个节点部署一台多端口交换机，而每个节点连接的配电终端不多，会增加投资成本并造成端口浪费；如果部署端口少的交换机，以后扩容又不方便，因此有时需要对工业交换机进行级联才能接入范围更广、更分散的配电终端。

工业以太网交换机在电力通信网络中有着较为良好的应用基础，交换机组网具有高带宽、环网保护等优点。但是在配电自动化通信中，点到多点通信、扩容性、抗多点失效等要求使得以太网交换机组网在应用中存在不足。

（1）链形组网结构。采用工业以太网光交换机搭建配电自动化通信系统时，在两端变电站分别放置三层交换机，汇聚其子站供电区域内所有二层交换机采集的配电网自动化监控终端（FTU、DTU、环网柜、台区变压器等）的实时工作数据，实现终端与子站的通信；并通过三层交换机的 GE 口上联接入 SDH/MSTP 调度传输网，实现子站与主站的通信。工业以太网交换机链形组网结构如图 3－19 所示。

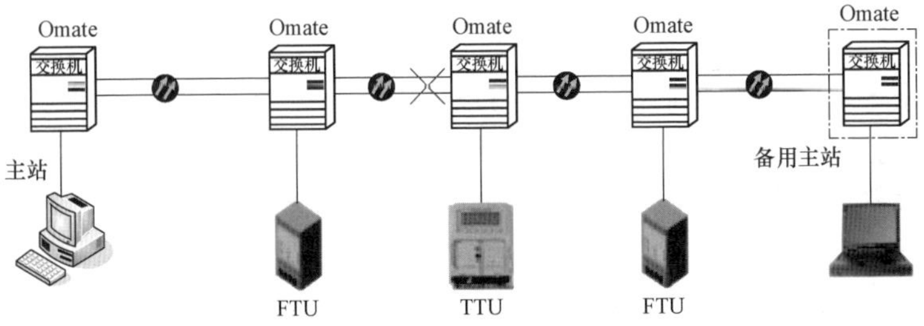

图 3－19　工业以太网交换机链形组网结构

（2）环形组网结构。在变电站、开关站或配电室等处分别放置二层交换机，组成环网，相互之间以光纤相连，并通过变电站路由器 GE 口上联接入 SDH/MSTP 调度传输网，实现信息上传。工业以太网交换机环形组网结构如图 3－20 所示。

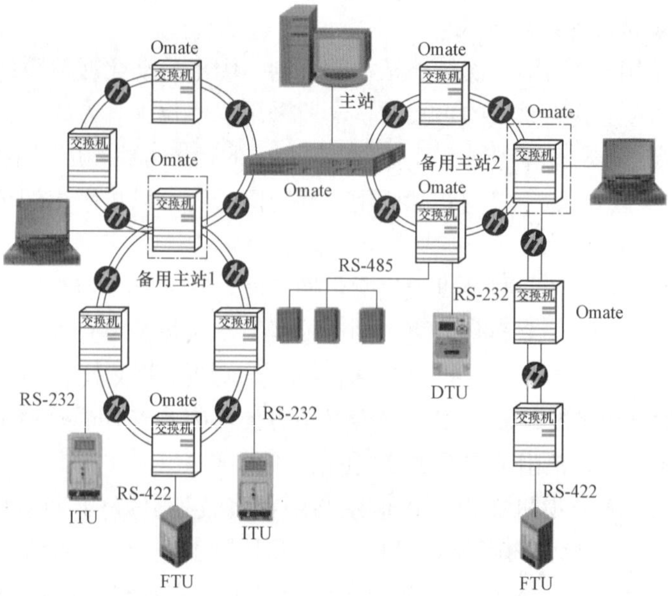

图 3－20　工业以太网交换机环形组网结构

3. 混合组网方式

对于需要实现三遥（遥信、遥测、遥控）功能的配电自动化站点，网络安全性、可靠性要求很高，因此一般采用光纤通信方式，技术选用 EPON 或工业以太网交换机。对于不需要遥控功能的站点，优先采用光纤方式；如果不具备光缆敷设条件，可以采用无线等方式。混合组网结构如图 3－21 所示。

3.5.2　无线专网通信组网方式

无线网络由终端、基站系统和网络系统组成，采用蜂窝结构组网。根据业务需求导向和仿真覆盖结果，确定无线网络基站选址、选型及建设密度。4G 的平均速率可达 5～10Mbit/s，网络传输时延为 600ms～2s。

配电自动化终端和主站的通信采用 IEC 104 或 IEC 101 规约，实现了电能召唤、时间同步、遥测、遥信和遥控等功能。采用电力无线专网承载配电自动化业务，根据相关安全防护要求，通过配电自动化主站侧安全接入区接入业务主站。

配电自动化主站设置安全接入区（含正反向隔离、采集服务器、符合国家规定的电力专用纵向加密认证装置或加密认证措施）及无线专网采集交换机，并与配电终端做对应的路由策略。

电力无线专网终端用于配电自动化终端的接入，配电自动化业务终端与无线专网终端连接，IP 地址按业务部门提供的 IP 地址规划。电力无线专网核心网通过安全接入区与配电自动化采集交换机相连。

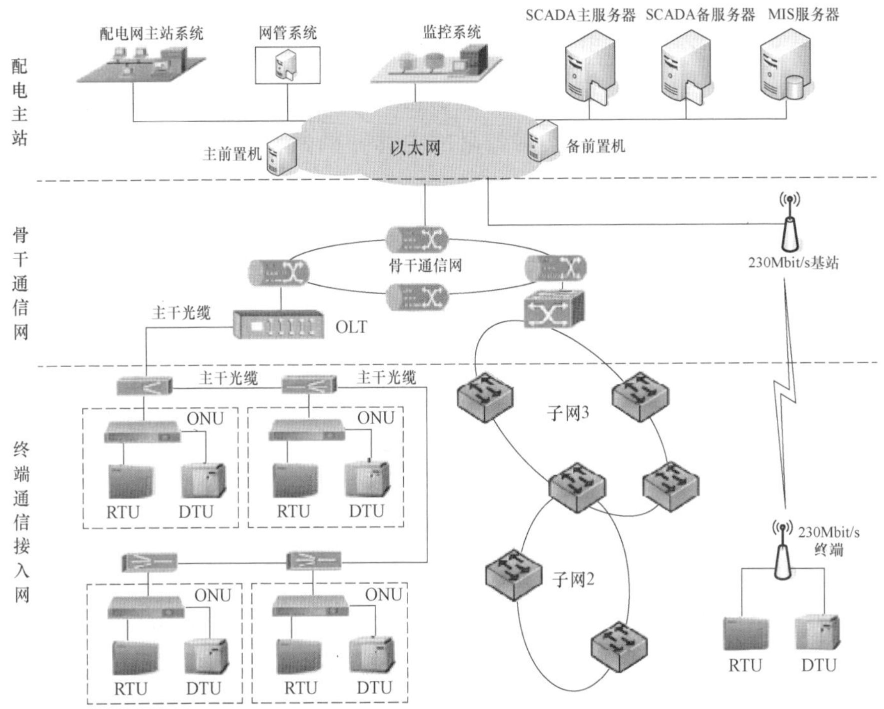

图 3-21　混合组网结构

一般情况下，配电自动化业务采用用户端设备（customer premise equipment，CPE）外置通信终端。考虑到通信终端到业务终端连接的便利性，CPE 通信终端应尽量安装在 DTU、FTU 终端附近，通信天线可通过馈线部署在环网柜或开关站外。基站设备安装地点应尽量选在变电站或其他自有物业楼顶等相对高处，在确保终端到基站有效通信的同时，增加基站信号的覆盖范围。

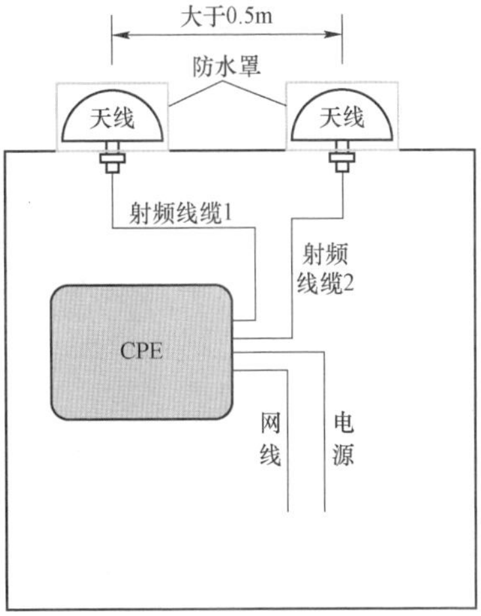

图 3-22　一般室外场景

（1）一般室外场景。在一般室外场景，通信终端可以部署在现有变电站的机柜内，通信天线通过馈线连接部署在机柜外，具体安装位置视实际情况确定，如图 3-22 所示。

（2）射频拉远。基站的基带处理设备等

可集中放置在机房内或者机柜中，采用光纤将基站中的射频模块拉到远端射频单元，分置于网络规划地点，如图 3－23 所示。这种做法不但节省了常规解决方案所需要的大量机房，同时通过光纤拉远，可实现容量与覆盖之间的转化并有效覆盖目标场景及地点。

（3）增加无线中继。当终端超出基站所满足的最大信号覆盖范围时，可采用增加无线中继的方式，实现信号的中继和放大，从而延伸无线网络的覆盖范围，如图 3－24 所示。

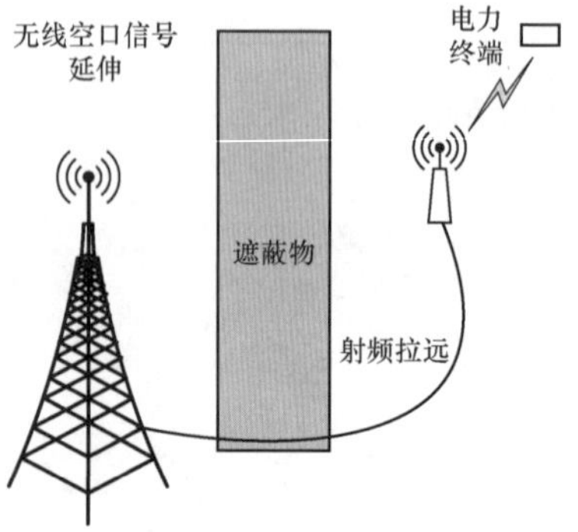

图 3－23　射频拉远方式

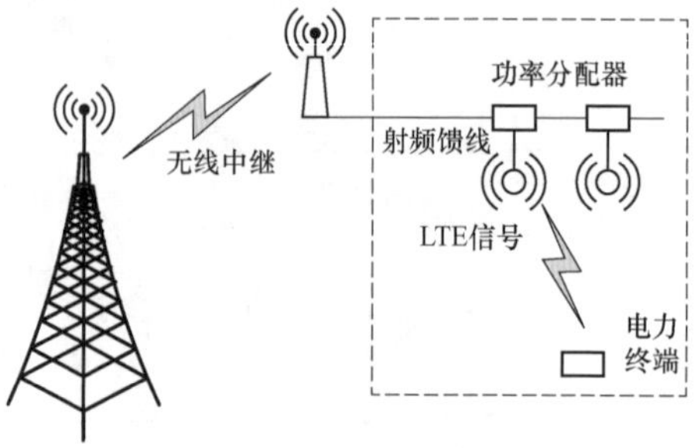

图 3－24　增加无线中继方式

（4）以太网/光纤/载波延伸。当业务终端处于密闭空间时，可通过网线、光纤等方式将外置 CPE 延伸至室外且遮挡物较少的地方进行安装，如图 3－25 所示。

（5）短距离无线延伸。在 CPE 终端与业务终端间难以实现有线覆盖的情况下，也可通过微功率无线通信的方式完成 CPE 与业务终端间的通信，从而实现延伸业务接口信号的目的，如图 3－26 所示。

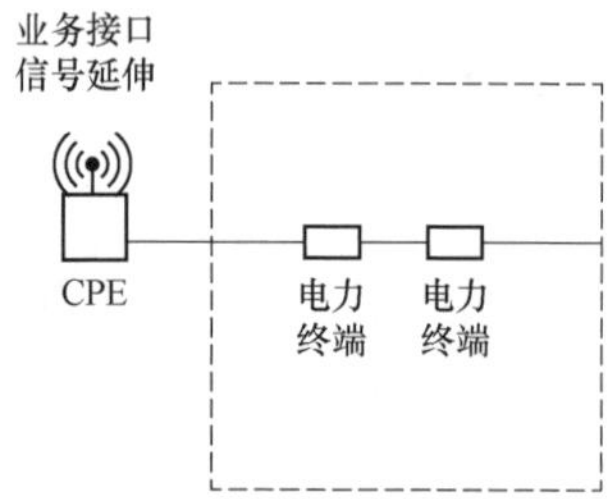

图 3－25　以太网/光纤/载波延伸方式

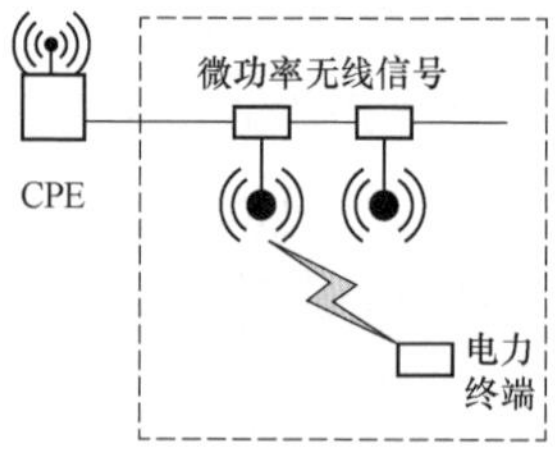

图 3－26　短距离无线延伸方式

第4章 配电自动化通信系统运维管理

4.1 配电自动化通信系统管理

本节依据 Q/GDW 1916—2013《电力通信工程专业管理规程》、国网（运检/4）411—2014《国家电网公司配电自动化建设与运维管理规定》等相关管理规定，通过对配电自动化通信系统运维界面的划分，进一步明确了各相关专业的运维职责分工，从设备投运验收到设备退役对配电自动化通信系统全过程管理进行梳理，明确管理要求和管理方法。

4.1.1 运维界面划分及管理职责分工

为进一步明确配电自动化通信系统运维界面，加强和规范配电自动化通信系统运行维护管理工作，划分相关专业运维职责，以确保配电自动化通信系统安全稳定运行。

1. 运维界面划分

运维单位应有明确的设备运维分界点，配电自动化通信系统与配电网自动化主站、配电自动化终端的分界点应清晰，不留运维空白。如图 4－1 所示，对配电自动化通信系统运维界面进行划分，以配电网自动化主站前置采集交换机出线端口为分界点，分界点及主站侧归属配电网调控专业，通信侧归属通信专业。以通信设备以太网端口为分界点，分界点向通信设备侧归属通信专业，分界点向配电终端侧（含连接线缆）归属配电自动化专业。

（1）通过通信光纤配线架（optical distribution frame，ODF）连接的配电网自动化主站设备，分界点为通信光纤配线架，向通信设备侧由通信专业负责运行维护，向主站侧（含光缆）由配电调控专业负责运行维护，如图 4－2 所示。

（2）通过通信传输设备连接的配电网自动化主站设备，分界点为通信传输设备。向通信设备侧由通信专业负责运行维护，向配电终端侧（含光缆及相关连接线缆）由配电调控专业负责运行维护，如图 4－3 所示。

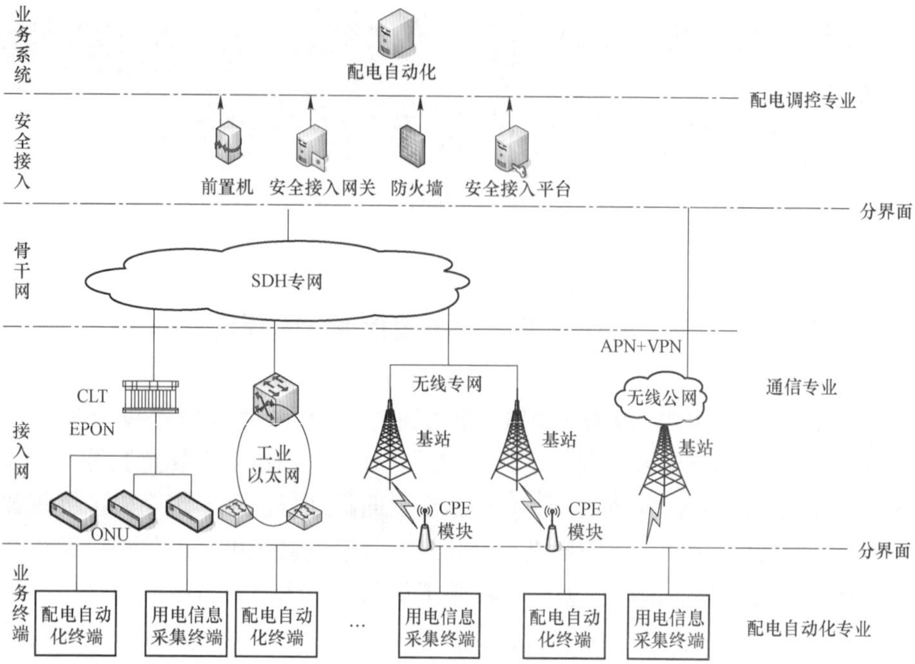

图 4－1　配电自动化通信系统界面划分

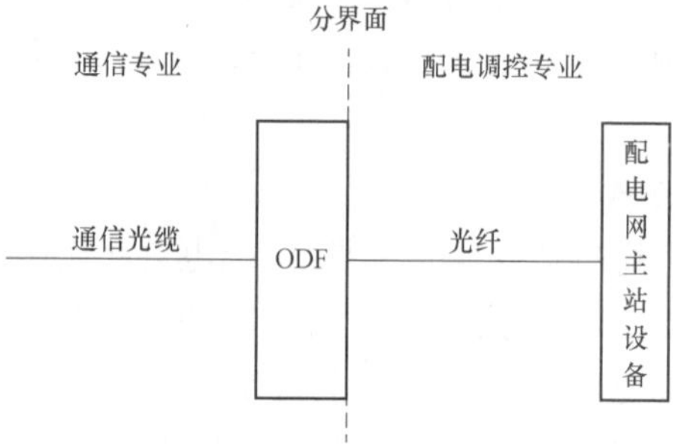

图 4－2　通信光纤配线架与配电网自动化主站设备的运维界面划分

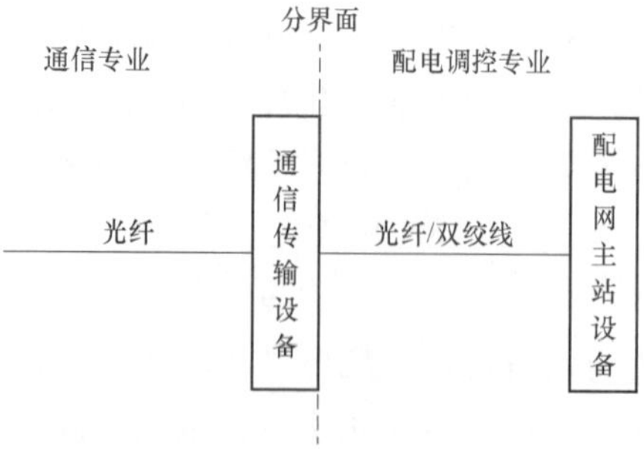

图 4－3　通信传输设备与配电网自动化主站设备的运维界面划分

（3）10kV 环网柜、柱上开关等配电变压器节点处以通信 ONU 设备以太网端口为分界点，以太网端口向 ONU 侧由通信专业负责运行维护，以太网端口向配电自动化终端部分（含连接网线）由配电自动化专业负责运行维护，如图 4－4 所示。

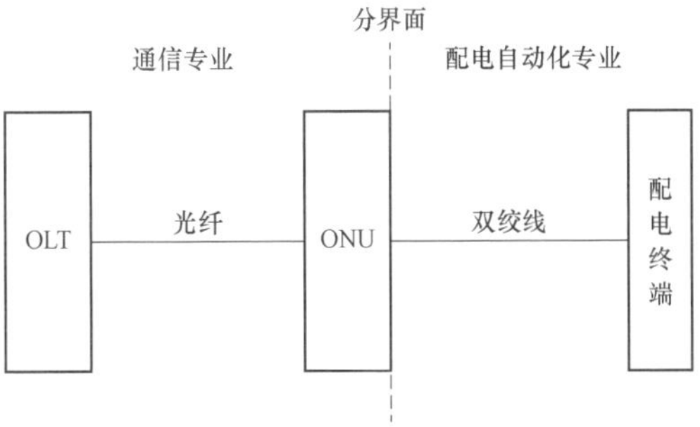

图 4－4　通信 ONU 设备与配电终端的运维界面划分

（4）10kV 环网柜、柱上开关等配电变压器节点处以通信工业以太网交换机设备的以太网端口为分界点，以太网端口向交换机侧由通信专业负责运行维护，以太网端口向配电自动化终端部分（含连接网线）由配电自动化专业负责运行维护，如图 4－5 所示。

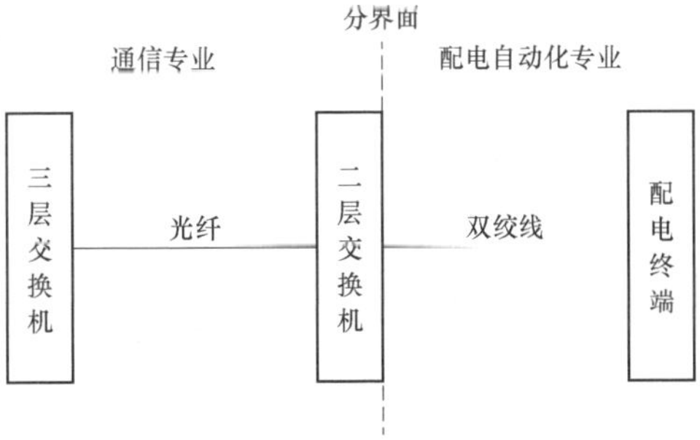

图 4－5　通信交换机设备与配电终端的运维界面划分

（5）通信站采用变电站直流电源系统的 DC/DC 电源为配电自动化通信设备（OLT、三层交换机）供电时，以 DC/DC 电源设备的输出端为运维界面。DC/DC 电源至通信直流配电屏（或通信设备屏）之间的线缆及通信直流配电屏由通信专业负责运行维护；DC/DC 电源及其直流输入由站内电源运维单位负责运行维护，如图 4－6 所示。

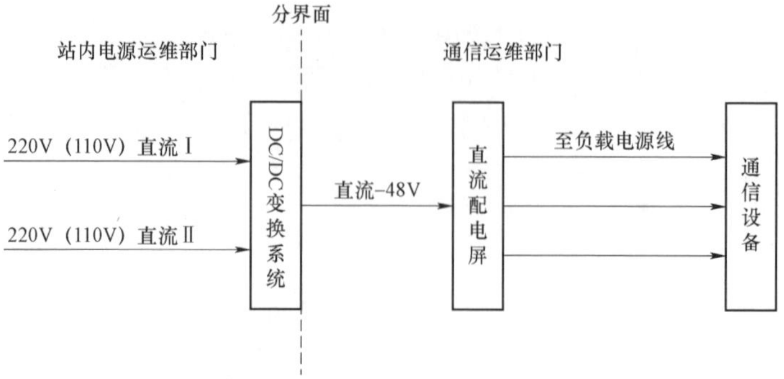

图 4－6　站用 DC/DC 电源运维界面划分

（6）通信站采用变电站直流电源系统的直流配电屏为配电自动化通信设备（OLT、三层交换机）供电时，以直流配电屏的输出端为运维界面，如图 4－7 所示。输出端至通信设备之间的线缆由通信专业负责运行维护；直流配电及其直流输入由站内电源运维单位负责运行维护。配备独立通信电源的变电站，配电自动化通信设备应采用站内独立通信电源供电。

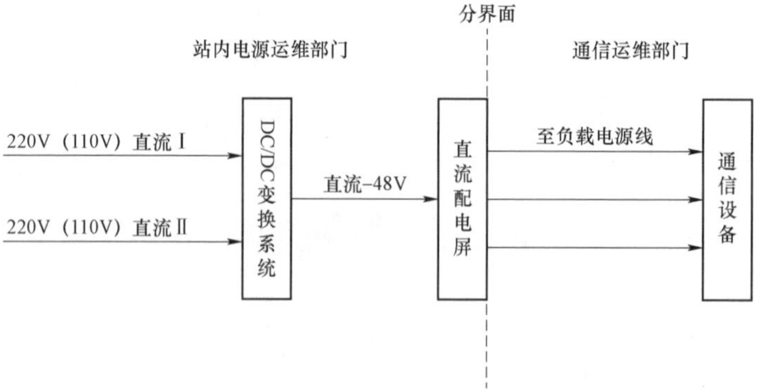

图 4－7　站用 DC/DC 电源直流配电屏运维界面划分

（7）与 10kV 配电线路（从变电站 10kV 母线引出的线路至配电变压器高压侧线路）同杆架设的光缆及附件，与电缆线路同路由埋设、同管道敷设、同隧道敷设的光缆，由各地市供电公司配电专业负责巡视、登高作业、安全防护等配合工作，由各地市供电公司通信专业负责检修及运行维护。

（8）城市综合管廊内的光缆由光缆资产所属单位负责维护。通信专业在电力管廊（沟道）内的检修运维工作由配电专业负责配合处理。通信专业在其他单位部门管廊（沟道）内的检修运维工作由通信专业负责协调相关部门或单位处理。

（9）目前无线专网的运维界面划分无相关参照内容，根据资产所在单位和属地化管理运维要求，建议如下：

1）根据电力无线专网建设及业务实际情况，电力无线专网设备日常运维工作主要由地市公司通信专业组织开展。

2）核心网设备根据属地化运维原则，由所在地市通信专业运维。

3）自有物业场所（包括国家电网公司变电站、供电营业厅、办公大楼等资产归属公司的场所）无线基站设备的运维，由场所内设备安装的物理位置归属运行单位的通信专业组织开展。

4）非自有物业场所（包括租赁他人物业、公共场所等）无线基站设备的日常运维，由地市信通公司通信专业根据管辖范围组织开展。

2. 管理职责分工

目前，多数配电自动化通信系统的运维管理制度由地市级供电公司自行制定，缺乏统一性，各专业部门之间存在各自为政的现象，相互间协作困难，影响运维管理效率，现针对这些问题，以通信专业运维为主，其他专业运维为辅，侧重于配电自动化通信系统运维提出部分建议。

（1）配电调控专业负责配电自动化主站系统的运维管理。主要负责日常配电自动化系统的运营监控，当配电自动化通信系统发生异常时，应及时通知通信专业，协助通信专业完成线路及设备故障消除。

（2）配电自动化专业负责配电自动化终端设备的运维管理。主要负责向通信专业提出业务需求，负责配电自动化系统运行、检修中各单位间工作的协调指挥。

（3）配电运检专业负责配电网一次设备的运维管理。主要负责提供 ONU 和工业以太网交换机等终端设备所需电源；通信专业在配电线路、柱上开关、环网柜、配电室内进行施工、检修和故障处理工作时，应指派工作许可人现场与通信专业工作负责人履行工作许可手续，交代现场的危险点，并做好相应的安全措施，必要时提供配电专业的工作负责人或专责监护人对工作进行监护；负责光缆巡视以及不涉及光缆开断的消缺、维护工作。

（4）通信专业负责配电自动化通信系统（不含公网无线通信模块）的运行维护管理。

1）贯彻执行公司及上级颁布、传达的各项规定、标准和工作要求。

2）负责配电自动化通信系统、网管系统的监控和业务电路的配置工作，开展配电自动化通信系统网络的运行、检修和缺陷处理工作。

3）配合在光缆消缺过程中进行纤芯运行状态的监视工作，光缆抢修中的接续工作、光缆备用纤芯测试及涉及光缆开断的消缺、维护工作由通信专业人员负责。

4）参与公司配电自动化涉及的基建、扩建和改造等工程的可研、初设等技术方案的审核。

5）负责统计分析通信网的运行情况。

（5）考虑到无线公网的特殊性，参照国家电网信通〔2017〕489《国家电网公司关于加强无线公网统一租用管理的通知》，建议如下：

1）国家电网公司总部与电信运营商总部开展统一谈判，签订框架协议；确定无线公网安全防护策略和质量管控要求；指导各单位开展无线公网统一租用管理工作。

2）各单位统筹业务需求，在框架协议基础上，组织与电信运营商签订具体租用合同；强化与运营商沟通协调机制，持续提升业务通道安全性和通信质量；组织制定租用管理流程，做好无线公网统一租用管理工作。

3）信息通信职能管理部门应牵头建立与电信运营商分支机构的沟通协调机制，定期组织业务部门提出无线通信质量问题，同时协调对方定期反馈网络运行和问题处理情况。

4.1.2 设备投运验收管理

1. 一般要求

（1）配电自动化通信系统投运验收应满足国网（信息/3）426—2014《国家电网公司通信项目验收及投运管理办法》、Q/GDW 576—2010《配网自动化系统验收技术规范》相关要求，光通信设备、无线通信设备及光缆均要严格按照设计文件建设、施工并经最终运行单位验收合格后方可投运。

（2）配电自动化通信系统的技术标准应满足 Q/GDW 382—2009《国家电网公司配电自动化技术导则》和 Q/GDW 1807—2012《终端通信接入网工程典型设计规范》相关标准的要求。

（3）配电自动化项目工程验收和实用化验收应按照《配电自动化验收细则（第二版）》（生配电〔2011〕90 号）和《配电自动化实用化验收细则（试用）》（生配电〔2011〕69 号）要求组织开展。

（4）新建的自动化站点的通信设备应与自动化设备同步建设、同步验收、同步投入使用。

（5）新产品、新设备由国家电网公司设备部统一组织相关测试，履行入网手续，并经挂网试运行和技术鉴定后方可投入正式运行，试运行期限不得少于半年。新设备投运前应组织对新设备的运维人员开展技术培训。

（6）验收工作的重点是检查工程是否符合设计图纸要求，工程建设资料、施工安装记录和试验报告是否齐全，设备性能、安全设施及防护装置等是否符合要求。

（7）验收和试验中发现的问题要及时进行记录、分析、汇总，重大问题要及时汇报。验收通过后，各验收单位（部门）要在验收报告中进行签字认证。

（8）提交的竣工资料应包括纸质资料及其电子版，竣工图应提交蓝图、底图和计算机辅助设计（computer aided design，CAD）图；竣工资料验收合格后，由运维单位（部门）负责整理并归档。

（9）竣工资料验收的主要内容包括：

1）竣工图（电气、土建）应与审定批复的设计施工图、设计变更（联系）单一致。

2）施工记录与工艺流程应按照有关规程、规范执行。

3）有关批准文件、设计文件、设计变更（联系）单、试验（测试）报告、调试报告、设备技术资料（技术图纸、设备合格证、使用说明书等）、设备到货验收记录、中间验收记录、监理报告等资料应正确、完备。

4）光缆专业还应包括光缆敷设记录、光缆接头熔接记录、隐蔽工程记录、土建验收单、管线测绘资料。

5）需要移交资产的项目还应有资产移交清单。

6）批准文件应包括建设规划许可证、规划部门对于线路路径的批复文件、施工许可证，以及设备、光缆（通道）沿线施工与有关单位签署的各种协议。

7）试验报告应包括主要材料、设备的出厂试验报告、到货检测报告、交接试验报告。

8）测试报告包括备用纤芯测试报告、基站天馈线驻波比测试报告、无线接通率测试报告、传输性能测试报告、分光器光衰测试报告等。

（10）配电自动化通信系统新（扩）建、改造、检修、终端接入工程完工后，运维人员应及时掌握并记录设备变更、试验、检修情况以及运行中应注意的事项，确认设备是否合格、是否可以投入运行的结论，并在各种资料、图纸齐全以及手续完备、现场验收合格的情况下，将其投入运行。

（11）配电自动化通信系统验收合格后应立即办理移交手续，验收各方签字确认后，配电自动化通信系统正式投入运行，由通信运行责任单位接收管理，同时进入工程质保期，工程质保期为移交后 1 年。

（12）通信运行责任单位应于配电自动化通信系统接收当日起将其纳入运行维护日常管理中，通信运行责任单位承担运行、检修和消缺责任。工程施工单位与通信运行责任单位共同承担工程质保期内配电自动化通信系统的抢修责任。

2. 投运验收流程

（1）工程完工后，施工单位准备好材料，提交初验申请。

（2）建设部门进行预审，通过后组织相关部门组成初验小组，对工程进行验收；若不通过，则由施工单位进行整改，整改完成后，再次提交初验申请。

（3）建设部门组织运行维护等相关部门进行初验，初验通过则由运行维护部门进行试运行工作；若不通过，则责令施工单位整改，整改完成后再次组织初验。

（4）试运行阶段由运行维护部门负责并承担试运行阶段维护职责，试运行完成后根据试运行情况出具试运行报告。试运行基本稳定及验收材料齐全后，方可开始终验。

（5）试运行通过后，建设部门组织运行维护部门进行终验，终验通过则向运行维护部门移交工程；若不通过，则责令施工单位整改，整改完成后再次组织终验。

投运验收具体流程如图 4－8 所示。

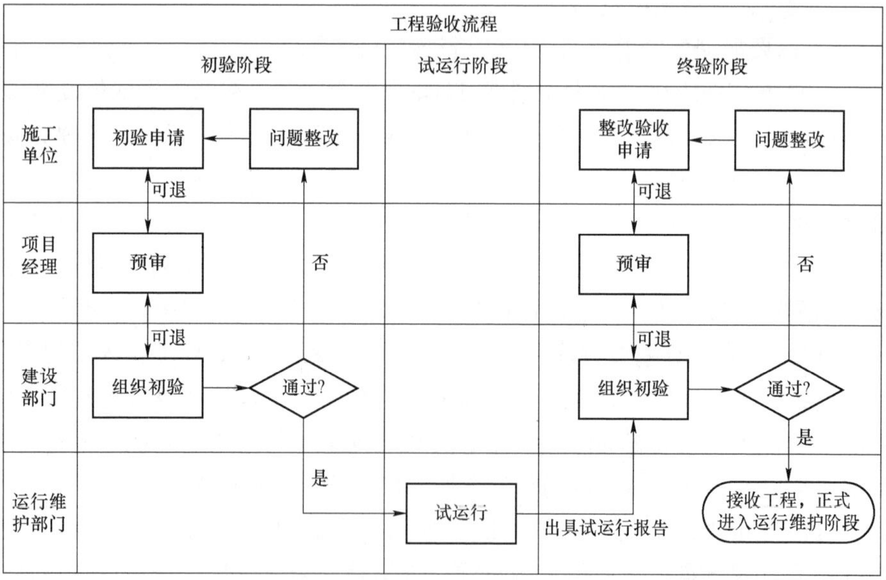

图 4－8　投运验收具体流程

3. 投运验收内容

（1）验收依据。投运验收依据如下：

1）机房平面布局和设备排列、辅助设备配置、局端和远端设备安装应满足 Q/GDW 1807—2012《终端通信接入网工程典型设计规范》工程设计要求。

2）局端设备及远端室内设备的接地系统应符合 YD 5098—2005《通信局（站）防雷与接地工程设计规范》中的相关要求。

3）防雷击能力应符合 DL/T 548—2012《电力系统通信站过电压防护规程》的相关规定。

（2）EPON 验收。EPON 工程类验收主要包括架空光缆、管道光缆、金具附件、杆塔本体、杆塔基础、沟道基础、OLT 设备、ONU 设备、ODN 设备、光纤配线架、防雷和接地装置等的验收。主要内容包括：

1）光缆和设备型号、规格是否符合 Q/GDW 553.1—2014《电力以太网无源光网络（EPON）系统　第 1 部分：技术条件》、Q/GDW 758—2012《电力系统通信光缆安装工艺规范》和 Q/GDW 543—2010《电力光纤到户施工及验收规范》的规定，安装工艺是否符合标准，架设、敷设应符合批准的位置。

2）设备安装是否牢固，光缆熔接是否良好。

3）光缆及设备应无损伤。

4）光缆弧垂、对带电线路距离、对地距离、交叉跨越距离及对建筑物接近距离是否符合规定。

5）光缆及附件的固定、弯曲半径、保护管安装等应符合规定。

6）设备接地装置是否符合规定，接地电阻是否合格。

7）线缆布放是否符合规定。

8）光缆线路通道沿线有无影响线路安全运行的树木、建筑物等障碍物。

9）标识标签是否齐全，设置是否规范。

10）防火、防水应符合设计要求，孔洞封堵应完好。

11）机房温度和湿度符合设备运行要求。

12）光纤配线架的机架标识和尾纤标签符合规范要求，空余法兰盘需全部有防尘帽。

13）ODN 的光衰测试值应符合表 4－1 的规定，未使用的适配器和连接器插头应盖上防尘帽。

14）OLT 设备接收光功率和发送光功率满足规范要求。

15）ONU 设备关断光功率、接收光功率和发送光功率满足规范要求。

表 4-1　　ODN 光衰测试值

规格	1×2	1×4	1×8	1×16	1×32	1×64
光纤类型	G.652.D					
工作波长（nm）	1260～1650					
最大插入损耗（dB）	≤3.6	≤7.0	≤10.3	≤13.3	≤16.3	≤19.9

（3）无线专网验收。无线专网工程验收主要包括网管、路由器、基站、电源、铁塔、基础、防雷接地等的验收。主要内容包括：

1）设备及材料型号、规格是否符合国网信通通信〔2018〕117 号《终端通信接入网建设指导意见》的相关技术要求。

2）设备安装是否牢固，电气连接是否良好。

3）电气接线是否正确，设备通电检查是否完成。

4）机房环境是否满足设备运维要求，通道是否满足运维要求。

5）仪器仪表指示、机械和电气指示是否良好。

6）综合布线是否符合规范要求。

7）设备标识（站房标识、母线标识、开关设备标识、变压器标识、电容器标识）是否齐全，设置应规范。

8）基站覆盖场强测试、数据下载测试满足规范要求；

9）天馈线通道输出功率、馈线驻波比、功放检查满足规范要求。

10）天馈线的接地牢固可靠。

11）机房内的配套设备满足相关运行维护规程及相应配套系统的维护管理规定。

（4）工业以太网验收。工业以太网工程类验收主要包括架空光缆、管道光缆、金具附件、杆塔本体、杆塔基础、沟道基础、工业以太网交换机设备、三层工业以太网交换机设备、光纤配线架、设备防雷和接地装置等的验收。主要内容包括：

1）交换机型号、规格应符合 DL/T 1241—2013《电力工业以太网交换机技术规范》要求，安装工艺应符合标准要求，光缆架设、敷设应符合批准的位置。

2）机房环境应满足设备运行要求，防火、防水、防尘应符合设计要求，孔洞封堵应完好。

3）光缆、设备应无机械损伤，安装应整齐。

4）光缆及附件的固定、弯曲半径、保护管安装等应符合规定。

5）设备接地装置应符合规定，接地电阻应合格。

6）各类标识（电缆标识、相位标识、路径标识、标桩等）应齐全，设置应规范。

7）光缆敷设路径、接头盒位置应与竣工图一致。

8）光纤配线架的机架标识和尾纤标签符合规范要求，空余法兰盘需全部有防尘帽。

9）工业以太网交换机信息吞吐量、转发速率、地址缓存能力、环网恢复时间等性能满足规范要求。

10）工业以太网功率消耗测试、绝缘性能测试、耐湿热性能测试、电磁兼容测试满足相关规范要求。

4.1.3　设备运行管理

1. 一般要求

（1）配电自动化通信系统运行管理应符合国网（运检/4）411—2014《国家电网公司配电自动化建设与运维管理规定》的相关要求。运维单位应落实人员配置，建立并完善岗位责任制，确保系统稳定可靠运行。

（2）为加强安全管理，配电网通信设备未使用的端口设置为关闭状态。

（3）巡视工作原则上结合一次设备（保护设备）综合检修、状态检修和设备巡视检查工作同步进行。

（4）根据配电自动化通信系统管理工作、运行情况、巡视结果、状态评价等信息，对配电自动化通信系统的运行情况进行分析、归纳、提炼和总结，并根据分析结果，制定解决措施。

（5）运维单位应根据运行分析结果，对配电自动化通信系统建设、检修和运行等提出建设性意见，并结合本单位实际，制定应对措施，必要时应将意见和建议向上级反馈。

（6）配电自动化通信系统运行分析周期应和配电网运行分析周期一致。

2. 运行管理内容

（1）运行管理内容应包括但不限于配电自动化通信系统概况及运行指标、巡视维护、缺陷与隐患、故障处理等。

（2）运行管理分析，应对管理制度是否落实到位、管理是否存在薄弱环节、管理方式是否合理等问题进行分析。

（3）配电自动化通信系统概况及运行指标分析，应对当前配电自动化通信系统基础数据和配电自动化通信系统主要指标（如传输可靠性、传输速率、光缆运行情况、缺陷处理指数、故障停运率等）进行分析。

（4）巡视维护分析，应对配电自动化通信系统巡视维护工作（包括计划执行情况、发现处理的问题等）进行分析。

（5）缺陷与隐患分析，应对缺陷与隐患管理中存在的问题以及已发现缺陷与隐患的处理情况进行统计和分析，及时掌握缺陷与隐患的处理情况和产生原因。

（6）故障处理分析，应从责任原因、技术原因两个角度对故障及处理情况进行汇总和分析，并根据分析结果，制定相应措施，简化故障处理流程。

3. 运维资料管理

（1）运维资料管理应坚持“谁主管、谁负责，谁形成、谁整理”的原则，在投运验收时，地市供电企业运检部应组织同步做好配电自动化项目文件材料的收集、整理和归档工作，并在项目验收合格后 3 个月内完成向本单位档案部门的移交。

（2）各级档案部门应对项目档案工作进行监督检查指导，确保档案的齐全完整、系统规范，并根据需要做好档案的接收、保管和利用工作。

（3）新建、扩建及正式运行的配电自动化系统应具备的技术资料。

（4）设备台账管理的要求如下：

1）运维单位应对所管辖的自动化设备建立台账（卡）、设备缺陷、测试数据等记录并录入 AMS 系统。

2）运维单位应在设备投运、退役或变更后三个工作日内完成台账的更新工作，配电自动化管理部门应每隔半年对设备台账等进行抽查。

（5）运维单位应统一发布并定期核对通信设备的软件版本、软件校验码。

（6）运维单位应设专人对运行资料、磁（光）记录介质等进行管理，保证相关资料齐全、准确。

（7）运维资料管理是运维分析的基础，运维单位应积极应用各类信息化手段，确保运维资料的及时性、准确性、完整性、唯一性，以减轻维护工作量。

（8）运维资料主要分为投运前信息、运行信息、检修试验信息等。运维管理部门应结合生产管理系统逐步统一各类资料的格式与管理流程，实现规范化与标准化。除档案管理有特别要求外，各类资料的保存力求无纸化。

（9）光缆运维资料应有专人管理，建立图纸、资料清册，做到目录齐全、分类清晰、检索方便。根据光缆线路、设备及附属设施的变动情况，及时动态更新相关技术资料，确保与实际情况相符。

（10）投运前信息主要包括设备出厂记录、交接记录、设计资料图纸、变更设计的证明文件和竣工图、竣工（中间）验收记录和设备技术资料、光缆敷设记录、光缆接头熔接安装记录、隐蔽工程记录、测绘资料、到货检测试验报告、产权移交协议、运维分界文件等，以及由此整理形成的光缆走径图、地理接线图、通信电源系统接线图、配置图、线路设备参数台账、光缆管孔使用记录等。设备技术类资料应妥善保存。

（11）运行信息主要是在开展运行管理、巡视维护、试验（测试）、缺陷与隐患处理、故障处理等工作中形成的记录性资料，主要包括运维工作日志、巡视记录、备用纤芯测试记录、交叉跨越测量记录、接地电阻测量记录、缺陷处理记录、故障处理记录、外力破坏防护记录、光缆通道可燃记录、有害气体检测（监测）记录、状态检测记录、运行分析记录、光缆更改（异动）记录、检修记录等。

（12）检修试验信息主要包括专业化巡检记录、缺陷消除记录及检修报告等。

（13）故障抢修后，要及时维护图纸资料和电子资料，主要包括光缆路径、接头、设备更换情况等信息。

4.1.4　设备检修管理

1. 一般要求

（1）配电自动化通信系统检修工作是配电自动化系统检修工作的组成部分之一，检修所涉及的所有工作，包括检修计划编制、检修计划上报、审核检修现场安全措施制定等都要遵照 Q/GDW 720—2012《电力通信检修管理规程》的要求执行。应充分考虑配电自动化系统的运行状况，加强沟通协调，保证配电自动化系统的安全运行。

（2）配电自动化通信系统设备检修工作按性质分为计划检修、临时检修和紧急检修三类。其中，计划检修是指按照年度、月度计划安排的检修工作；临时检修是指由于设备发生严重缺陷或者其他需要在一周内处理的检修工作；紧急检修是指由于设备发生故障或紧急缺陷而需立即安排的检修工作。

（3）配电自动化通信系统检修工作实行统一调度、统一指挥、统一管理的原则。

（4）配电自动化通信系统现场检修工作应服从通信调度的统一指挥。

（5）检修责任单位承担通信设备检修的组织策划、工作实施、现场安全管控、总结等工作。

（6）配电网一次系统的检修、基建和技改等工作影响配电自动化通信系统时，电网一次检修票要经相关责任单位与同级通信部门共同会商后，由相关通信部门按照通信检修管理规定向调度控制中心提交通信检修申请，审核批准后方可开展工作。

（7）配电自动化通信系统检修工作应严格按照通信检修工作批准的时间实施。当检修责任单位确认具备开、竣工条件后，以电话方式向通信调度申请开、竣工。

（8）通信调度根据电网及通信网运行情况，依据通信检修工作票，以电话方式逐级下达开、竣工调度命令，责任单位应严格执行通信调度命令。

（9）对运行中的配电自动化通信设备，应根据设备的实际运行状况和缺陷分类及处理响应要求，结合配电网状态检修相关规定，合理安排、制定配电终端、配电通信系统的检修计划和检修方式。

（10）配电自动化通信系统检修工作开工必备条件：

1）检修责任单位确认完成相关技术措施、安全措施。

2）检修责任单位依据通信检修工作票，办理现场开工许可手续完毕。

3）通信调度确认电网配电自动化通信系统业务保障措施的落实。

4）通信调度下达检修责任单位开工命令。

（11）配电自动化通信系统检修工作竣工必备条件：

1）检修责任单位确认通信设备检修工作完成。

2）检修责任单位办理现场竣工许可手续完毕。

3）通信调度确认通信设备运行状态正常。

4）通信调度确认通信设备检修所涉及的电网配电自动化通信系统业务运行正常。

5）通信调度向检修单位下达竣工命令。

2. 检修安全管理

（1）配电自动化通信系统检修工作应严格执行国家电网安质〔2018〕396号《国家电网公司电力安全工作规程（信息部分）（试行）》《国家电网公司电力安全工作规程（电力通信部分）（试行）》《国家电网公司电力安全工作规程（电力监控部分）（试行）》的有关规定。

（2）运维单位应对各类配电自动化通信检修工作及检修运行方式进行运行风险评估，并实施相应的预控措施。

（3）配电自动化通信检修工作应事先确定检修方案、安全措施、检修人员、检修时间和工作范围。

（4）履行工作许可制度、工作票制度、工作终结制度。

（5）配电自动化通信检修现场全体工作人员应执行检修工作相关技术和安全措施，注重现场安全，并具备以下条件：

1）熟知检修作业内容、时间。

2）掌握检修作业安全措施要点、标准作业流程，以及作业过程中的危险点及控制措施。

3）准备必要的仪器、仪表、备品和备件，以及作业需用的纸、手册、记录表格等资料。

4）作业现场安全措施应正确完备，符合现场实际。

（6）检修施工单位应按照批复确定的检修对象、范围、开（竣）工时间实施检修。

（7）配电自动化通信检修工作完工后，检修施工单位应恢复各类预控措施；对重大检修施工作业，应及时对各类预控措施执行情况进行评估及总结。

（8）配电自动化通信标准化作业是电力生产标准化作业的组成部分，各级运行维护单位应开展配电自动化通信现场标准化作业，规范通信检修现场作业环节、作业步骤，细化作业流程，在关键环节及关键流程中使用现场标准化工作票，实现对检修作业过程危险点、关键环节以及关键流程的有效控制。

（9）通信机构应按照“确保安全、遵循规范、跟踪反馈、持续改进、总结完善”的原则，组织配电自动化通信检修作业文本编制，并进行统一管理。检修施工单位应严格按照标准化作业文本要求和步序开展工作。

（10）应对标准化作业文本实施动态管理，各级通信机构应定期组织检查、总结、评估以及补充完善。

（11）现场通信检修使用的工作票应具有唯一编号，并保存一年以上。

4.1.5　设备缺陷与隐患管理

1. 一般要求

（1）配电自动化通信系统设备缺陷和隐患管理工作应参照国网（运检/3）297—2014《国家电网公司电网设备缺陷管理规定》、Q/GDW 626—2011《配电自动化系统运行维护管理规范》和国家电网安监〔2011〕2024《国家电网公司安全事故调查规程》的相关要求执行。

（2）设备缺陷是指设备本身及周边环境出现的影响配电自动化通信系统安全、经济和优质运行的情况。超出消缺周期仍未消除的设备危急缺陷和严重缺陷，即为安全隐患。

（3）配电自动化通信系统缺陷处理要遵循“先主干、后支线，先抢通、后恢复”的处理原则。对于危急缺陷，应立即派人处理；对于严重缺陷、一般缺陷，应纳入各单位检修计划及时处理。

（4）通信设备缺陷按其对人身、设备、电网的危害或影响程度，分为一般、严重和危急三个等级。

1）危急缺陷。危急缺陷是指威胁人身及设备安全，严重影响设备运行、使用寿命及可能造成自动化系统瓦解，危及电力系统安全、稳定和经济运行，应立即进行处理的缺陷。危急缺陷应在 24h 之内处理完毕。危急缺陷主要包括配电自动化通信系统片区性中断，主站侧设备故障，引起大面积配电自动化终端通信中断，变电站侧通信节点故障，引起系统片区中断等。

2）严重缺陷。严重缺陷是指对设备功能、使用寿命及系统正常运行有一定影响或可能发展为紧急缺陷，但允许带缺陷继续运行或跟踪一段时间，应限期进行处理的缺陷。严重缺陷主要包括历史数据存储等部分功能丧失，个别遥测数据误差超过公司相关规定，终端设备故障导致遥测数据或遥信位置信号错误（不影响正常监视和操作），不间断电源故障（未影响运行）。严重缺陷必须在 5 个工作日内消除。

3）一般缺陷。一般缺陷是指对人身和设备无威胁，对设备功能及系统稳定运行没有立即、明显的影响，且不至于发展为重要缺陷，应限期安排处理的缺陷。一般缺陷应列入检修计划尽快处理。

2. 缺陷与隐患处理方法

（1）运维单位应做好缺陷统计和分析工作，通过生产管理信息系统实现缺陷闭环管理。至少每季度开展一次运行分析工作，针对系统运行中存在的问题，及时制定解决方案，同时结合缺陷影响情况启动相应的通信预警预案。

（2）缺陷与隐患在发现与处理过程中，应统一录入专业系统中，内容包括缺陷与隐患的地点、部位、发现时间、缺陷描述、缺陷设备的厂家和型号、等级、计划处理时间、检修时间、处理情况、验收意见等。

（3）缺陷发现后，应严格进行分类分级，并对相应设备进行状态评价，根据设备评价结果确定检修策略，开展消缺工作。

（4）运行单位人员在进行缺陷处理工作时，应服从通信调度的统一指挥。通信调度人员应掌握缺陷处理进度，督促、检查运行单位缺陷处理工作。

（5）缺陷处理过程应实行闭环管理，并在安监一体化管理平台中流转，主要流程包括运行发现—上报管理部门—安排检修计划—检修消缺—运行验收。

（6）被判定为安全隐患的设备缺陷，应继续按照设备缺陷管理规定进行处理，同时纳入安全隐患管理流程进行闭环督办。

（7）当配电自动化通信设备发生的缺陷威胁到其他系统或一次设备正常运行时，必须在第一时间采取有效的安全技术措施进行隔离；缺陷消除前，系统运行维护部门应加强监视，防止缺陷升级。

（8）配电网缺陷处理完毕后，缺陷处理责任单位应根据缺陷处理流程及时填写缺陷处理记录，遇重大缺陷时应组织人员对缺陷进行分析，提出整改措施，上报缺陷分析报告。

4.1.6　设备状态评价管理

1. 一般要求

（1）运维单位应以现有配电自动化通信设备数据为基础，采用各类信息化管理手段（如配电自动化主站系统、AMS 系统等）以及各类监测手段，利用设备状态检测功能开展设备状态评价，掌握设备发生故障之前的异常征兆与劣化信息，事前采取针对性措施予以控制，防止故障发生，减少故障停运时间与停运损失，提高设备利用率，并进一步指导优化配电自动化通信系统的运维、检修工作。

（2）运维单位应积极开展配电自动化通信系统设备状态评价工作，配备必要的仪器仪表，实行统一管理，专人负责。

（3）设备应自投入运行之日起纳入状态评价工作。

2. 状态信息收集

（1）状态信息收集应坚持准确性、全面性与有效性的原则，各相关专业部门应根据运维单位的需要及时提供信息资料。

（2）状态信息应通过内部、外部多种渠道获得，如通过现场巡视、现场检测（试验）、信息系统、一次基建项目、市政规划建设等获取配电自动化通信设备的运行情况与外部运行环境等信息。

（3）运维单位应制定定期收集配电自动化通信系统运行信息的方法；对于收集的信息，运维单位应进行初步的分类、分析、判断与处理，为开展状态评价提供正确依据。

（4）设备投运前的状态信息收集：

1）出厂资料（包括型式试验报告、出厂试验报告、性能指标等）。

2）交接验收资料。

（5）设备运行中的状态信息收集：

1）运行环境和污区划分资料。

2）巡视记录。

3）修试记录。

4）故障（异常）记录。

5）缺陷与隐患记录。

6）状态检测记录。

7）其他相关配电网运行资料。

（6）同类型设备参考信息包括家族性缺陷。

3. 状态评价内容

（1）状态评价内容应包括架空光缆、管道直埋光缆、光缆分接箱、OLT 设备、ONU 设备、ODN 设备、无线专网基站设备、光纤通信终端、建（构）筑物及外壳等设备、设施的评价。

（2）状态评价周期。状态评价周期要求如下：

1）状态评价包括定期评价和动态评价。定期评价应在每年年底前完成，对特别重要的设备，建议 1 年 1 次；对重要设备，建议 1～2 年 1 次；对一般设备，建议 1～3 年 1 次。动态评价应根据设备状况、运行工况、环境条件等因素适时开展。

2）利用设备自身状态检测功能和相关仪器仪表，在设备状态量可实现自动采集的情况下，设备状态评价可实时进行，即每个状态量变化时，系统自动完成设备状态的更新。

（3）状态评价资料、评价原则、单元评价方法、整体评价方法及处理原则按照相关设备技术标准及设备评价原则执行。

（4）设备状态评价结果分为以下四种：

1）正常状态。设备运行数据稳定，所有状态量符合标准。

2）注意状态。设备的几个状态量不符合标准，但不影响设备运行。

3）异常状态。设备的几个状态量明显异常，已影响设备的性能指标或可能发展成严重状态，设备仍能继续运行。

4）严重状态。设备状态量严重超出标准或严重异常，设备只能短期运行或需要立即停役。

4. 评价结果应用

（1）对于正常状态、注意状态设备，可适当简化巡视内容、延长巡视周期；对于架空光缆通道、光缆线路通道的巡视周期不得延长。

（2）对于异常状态设备，应进行全面仔细地巡视，并缩短巡视周期，确保设备运行状态的可控、在控。

（3）对于严重状态设备，应进行有效监控。

（4）根据评价原则，按照配电自动化通信系统检修要求安排检修策略。

4.1.7　设备退役管理

1. 一般要求

（1）配电自动化通信设备退役管理参照国网（信息/4）428—2014《国家电网公司通信设备及资产管理细则》及相关设备技术要求执行。运维单位应根据生产计划及设备故障情况提出配电设备退役申请，履行相应的审批手续。

（2）退役设备应进行技术鉴定，出具技术鉴定报告，明确退役设备处置方式。

（3）退役设备处置方式包括再利用和报废。

（4）再利用设备应提供设备退出运行前的运行、检修、试验等资料和退出运行后的检修试验资料。

（5）再利用设备主要包括光缆、OLT 设备、基站电源设备等。其他再利用成本高、拆装中易损伤的设备以报废为主。

（6）确定退役的设备应及时从现场清除，并由工程组织单位负责按国家电网公司的相关要求对退役光缆、设备、设备电源、设备上的附件物等进行处置，避免遗留可能引发设备故障的问题。对因特殊原因暂不能拆除的设备，由工程组织单位提供书面说明材料，明确运维方案并由其负责实施。

2. 光缆的处置

（1）符合下列条件之一的应以报废方式处置，否则可以再利用。

1）外皮严重损坏的光缆。

2）光缆长度过短，无法再利用。

3）光缆单盘损耗和光纤后向散射信号曲线试验不合格。

（2）再利用的光缆不能应用于承载重要业务的线路。

（3）直埋敷设的光缆，由运维单位出具说明，可不拆除。

（4）非直埋敷设的光缆，应进行保护性拆除；拆除后应将光缆盘上的光缆配盘，光缆端头应用防水热缩帽密封，并放置在光缆轴外侧，接头盒应拆除。

3. 设备的处置

（1）设备符合下列条件之一的应以报废方式处置，否则可以再利用。

1）超过服役年限的设备。

2）光电性能达不到设计要求的设备。

3）存在家族性缺陷不满足反事故技术措施要求的设备。

4）本体存在缺陷、绝缘老化严重、无零配件供应、无法修复或修复费用过高的设备。

（2）再利用的设备应用于非重要业务的承载。

4.1.8 备品备件和仪器仪表管理

备品备件和仪器仪表管理是通信设备检修的基本要素，为规范和加强对配电自动化通信设备备品备件和仪器仪表的管理，参照国网（运检/3）410—2014《国家电网公司电网备品备件管理规定》中备品备件和仪器仪表的相关规定执行，为工程验收、维护、检修、缺陷处理提供保障。

1. 备品备件管理

（1）入库管理。入库管理要求如下：

1）备品备件入库时，接收人应对备件的类别、规格型号、条码进行核对，确认无误后，方可填写入库单，由入库人签字确认。

2）实物入库时，接收人应确保备件外观标有备件名称、规格型号、条码等明显标识，并根据备件类别摆放整齐，确保账卡物的一致性。

3）对于应急备品备件，应摆放在专属位置、专项存储，任何人未经许可不得领用。

4）不属于备品备件范围的物品，不得在备件库存放；备件库内不得存放易燃、易爆、施工材料及个人物品。

5）备品备件返回时，应仔细核对备件名称、型号、编码信息，无误并确认备品备件完好后方可入库并按原始位置摆放，不得变更存放位置。

（2）出库管理。出库管理要求如下：

1）备品备件出库时，领用人应填写备件出库单，经领用人所在部门主管、备件库管理人员审核批准后，方可打印出库单并由管理人员签字确认。

2）实物出库时，应严格按照出库单填写内容进行出库，不得临时更换。

3）应急用备品备件遇抢修需要出库时，可先进行实物出库；抢修工作完成后 2 个工作日内，由领用人办理相关出库手续。

（3）故障备件及返修管理。故障备件及返修管理要求如下：

1）接收故障板件时，应及时做好手工记录，不得填入入库单。

2）故障板件应摆放在特定位置，不得与备品备件存放一处。

3）需要进行返修的故障板件，交件人应填写返修单后进行送修。送修返回的板件经测试正常后作为备品备件入库。

（4）盘点管理。盘点管理要求如下：

1）按季度对备品备件进行专人盘点，查看备品备件台账，根据台账进行实物盘点。

2）盘点时，应确保清单与实物相符（名称、型号、条码及存放位置）。

3）盘点完毕后，应根据实际盘点结果对台账进行相应修正，更新备品备件定置图并更新备板备件清单。

2. 仪器仪表管理

（1）通信专业应建立健全仪器仪表管理制度，根据所辖设备情况配置仪器仪表，完善通信设备的测试手段，满足工程验收、维护、检修、缺陷处理等的需要。

（2）仪器仪表要有专人保管，定点存放；建立仪器仪表台账，账卡物相符。

（3）仪器仪表的外借要履行借用手续，精密、贵重的仪器仪表要有专人操作，一般不允许借用，确需借用时要经部门主管领导批准，并派专人操作。

（4）按照规定定期校验，保证仪器仪表性能指标和测量精度。常用仪器仪表应按要求定期进行保养，对长期不用的电子类仪器仪表，每年应进行加电检验。

4.2 配电自动化通信系统运维

本节分别从光缆、设备的日常运维内容、巡视、防护、维护、故障处理等方面阐述了配电自动化通信系统硬件设备的运维。本节未对网管的运维进行详细说明，主要是考虑到实际运维工作中，配电自动化通信网的日常监控工作由配电调控专业运维，通信专业主要负责通信光缆和设备的运维。

4.2.1 运维内容

1. 光缆运维内容

（1）光缆线路对象包括光缆线路、管道线路、直埋线路及相关设施。维护某段光缆，既包括光缆又包括存放光缆的管道或支撑光缆的电杆、吊线、光纤配线架、铁架等设施。

（2）光缆线路（包括空管道）验收和巡视、故障抢修、整改以及确保光缆线路安全的日常检修工作。

（3）按巡检要求认真做好光缆线路巡检工作，确保光缆线路符合规范要求；确保光缆线路的标识牌、警示牌、标桩、手（人）井和电杆编号字体清晰，以及防止标识牌、警示牌、标桩、手（人）井盖被盗。发现管道、杆路、直埋线路等通信设施丢失、损坏、脱落等情况，应及时采取措施进行修复。

2. EPON 系统运维内容

（1）设备基本运行信息检查。设备基本运行信息主要是指日志、单板运行状态等。表 4－2 列举了一些常用的检查项目，可以在进行设备日常维护时参考。

表 4－2　　EPON 设备基本运行信息检查表

序号	检查内容	检查方法	备注
1	软件版本	[H3C] display version	要求版本与 BootRom 配套
2	调试开关	[H3C] debugging	正常运行时应该全部关闭
3	日志信息	[H3C] display logbuffer	正常情况下，日志中不应有大量重复的信息，如端口频繁 up/down、大量用户认证失败信息等
4	系统时间	[H3C] display clock	应该与实际时间相差小于 10min
5	配置文件	[H3C] display current-configuration [H3C] display save-configuration	运行配置需要与保存过的配置相符
6	端口描述	[H3C] display interface interface type interface-number	业务端口都应有明确的描述信息，建议该命令多次执行，每次间隔一定时间，正常情况下，端口错包统计不应该有变化；如果端口是 EPON 的上行口，此时若开启了组播功能，请根据实际情况在此端口上配置组播抑制
7	MAC 地址表	[H3C] display address	设备运行的 MAC 地址表
8	ARP 表	[H3C] display arp	设备运行的 ARP 地址表
9	OLT 的配置	[H3C-Olt3/0/1:1] display this	查看端口是否已经配置了广播报文抑制，如果没有配置，请根据实际情况在此端口上配置广播报文抑制
10	ONU 的配置	[H3C-Onu3/0/1:1] display this	查看是否配置了加密，如果配置了 encrytp downlink 或 encrypt up-down-lingk，请配置[H3C-Onu3/0/1:1] encrypt off
11	CPU 占用率	[H3C] display cpu	CPU 占用率不应长时间居高不下
12	内存占用率	[H3C] display memory solt solt-number	内存占用率不应长时间居高不下
13	接口状态	[H3C] display interface	正在使用的接口状态应为 up，未使用的接口状态应为 down
14	单板运行状态	[H3C] display device	各单板工作状态正常
15	电源工作状态	[H3C] display power	各电源模块工作状态正常
16	风扇工作状态	[H3C] display fan	各风扇模块工作状态正常

（2）端口流量信息监控。网络业务是不断发展的，相应的设备负荷也随着业务量的增加而增大，而且网络上存在大量的病毒报文，因此需要对网络上的流量进行监控。一方面，可以发现异常、非法流量，采取相应的限速和病毒查杀等措施；另一方面，如果发现网络上的正常流量已接近或达到设备性能极限，就需考虑升级或者扩容。设备端口流量信息的统计主要有两个手段：通过网管系统监控；按时对设备的端口数据包收发进行监控、统计。

如果通过网管系统监控，可以比较容易地得到设备的端口流量信息。大部分的网管系统都提供流量监测功能，可以输出端口流量曲线。结合流量分析软件，还可以知道数据流量的组成，如果发现非法报文过多，可以根据报文的“源 IP 地址”“目的 IP 地址”“协议类型”等特征设置限速或者访问控制。

如果无法借助网管系统，只能通过在设备上应用命令，记录 5min 平均流量统计（回显信息中包括这个信息）的方式来监控端口流量。建议在每天的不同时段记录该统计值的结果，主要针对“业务忙时”进行统计，这样可以起到与网管系统类似的作用。

（3）网络互通性检查。数据通信产品的基本功能就是将不同网段的设备互连在一起，保证各网段设备之间网络层的互通性。网络互通性检测的手段有 ping、tracert 等。表 4－3 列举了一些通用的检查项目，日常维护中可以参考。

表 4－3　　网络互通性检查表

序号	检查内容	检查方法	备注
1	OLT 与 ONU 之间的链路是否畅通	进入 ONU 视图，通过查看 linktest 的返回值，可以查看 OLT 与 ONU 之间的链路是否畅通	[H3C-Onu3/0/1·1] linktest frame-size 60，使用 60B 长度的报文进行自检
2	网络设备的互通性	应用 ping 或者 tracert 命令	设备之间互通正常
3	终端与服务器之间的互通性	应用 ping 或者 tracert 命令	终端与服务器之间互通正常
4	终端与外网的互通性	应用 ping 或者 tracert 命令	如果不涉及 Internet 访问，该项不需检查
5	NAT 功能是否正常	查看运行配置，应用 ping 或者 tracert 命令	包括为私网用户提供的 NAT 和私网服务

（4）典型 OLT 设备。OLT 设备位于 EPON 系统架构的局端，一般集中安装在变电站、开关站、配电室、充电站中。在 EPON 通信体系中，OLT 与 ONU 为主从通信关系，OLT 为 EPON 网络提供多业务接入平台。OLT 实物图和前面板示意图如图 4－9 和图 4－10 所示。

图 4-9　OLT 实物图

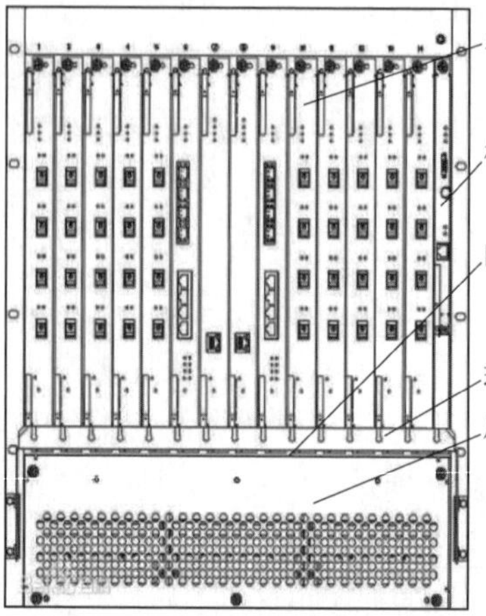

图 4-10　OLT 前面板示意图

OLT 由主控板区、业务板区、电源区、风扇区等几个主要部分组成。在主控板区，主控板上提供两个管理用以太网口状态指示灯，可直观显示管理用以太网口链路状态和当前数据收发状态；在业务板区，板边和业务板颜色均为紫色；电源区为电源模块所在位置，具有两个电源模块插槽，避免因为一边电源故障造成 OLT 停电；风扇区是散热风扇框所在位置。

（5）典型 ONU 设备。ONU 安装在 10kV 配电站或配电设施、充电桩、用电表计附近。ONU 上行提供 2 个 PON 口，适用于“手拉手”环网柜应用环境；同时提供 4 个百兆以太网 RJ-45 端口，2 个千兆以太网（gigabit Ethernet passive optical network，GEPON）PON 口，4 个 RS-232、RS-485 串口，直接用于电力系统的采集设备，实现了串口数据的可靠交换。ONU 设备的侧面提供了一个接地柱、两个 3-pin 电源插座、一个 Console 口和一个电源报警接口。ONU 实物图、ONU 面板（前面板和侧面板）示意图如图 4-11～图 4-13 所示。

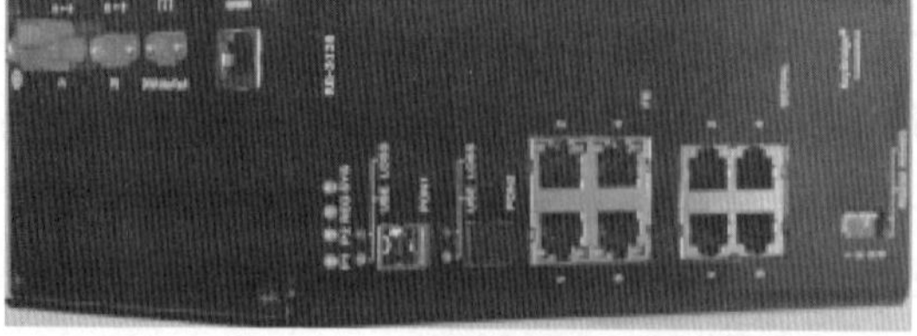

图 4-11　ONU 实物图

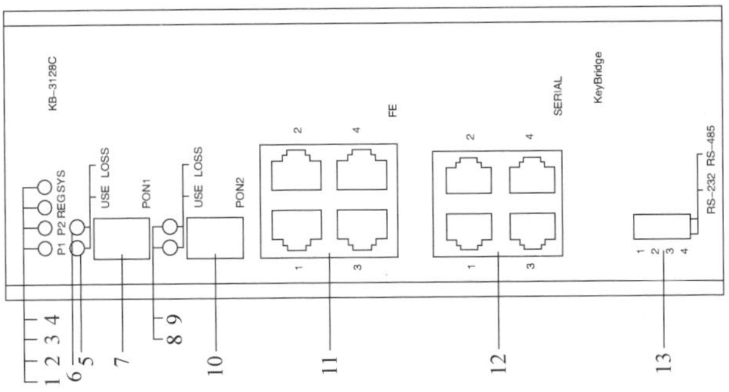

图 4－12　ONU 前面板示意图

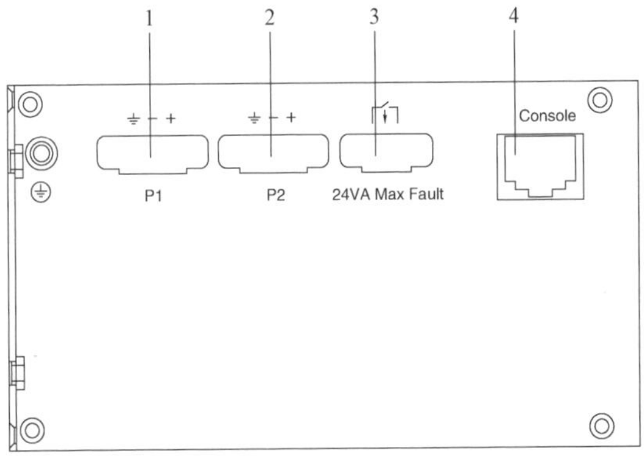

图 4－13　ONU 侧面板示意图

（6）典型 ODN 设备。ODN 安装在光缆交接箱、光纤配线架、光纤接头盒中，或随 ONU 集中部署。ODN 主要由分光器、室外光缆接头盒和附件组成。在光网络中，光分路耦合器是进行光信号分路传输必不可少的光器件。室外光缆接头盒盒体外形按弧线形卧式结构设计，高强度工程塑料外壳能起阻燃、防水、防振作用；上下对开，整体采用插板卡紧结构和少量螺钉固定密封，IP 防护等级为 IP65 级且安装方便，可地埋、架空或在管道、人井挂壁使用。ODN 的实物图和现场安装图如图 4－14 和图 4－15 所示。

3. 工业以太网运维内容

（1）工业以太网运维对象包括光缆线路（包括管道和直埋）、工业以太网交换机及相关设施。

（2）运维内容包括验收、巡视（包括空管道）、防护、故障抢修、整改以及确保工业以太网安全运行的日常检修工作。

（3）维护人员通过网管软件可以查看设备面板、端口状态以及一些协议数据，并可以进行 VLAN 配置和接口 shutdown、undo shutdown 等基本操作。

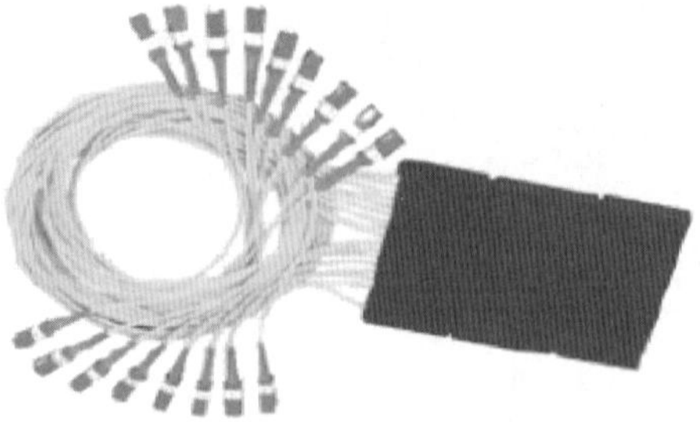

图 4－14　ODN 实物图

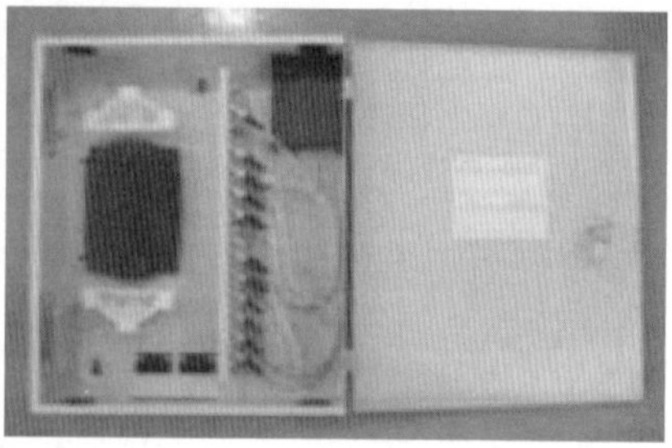

图 4－15　ODN 现场安装图

部分网元的网管软件还提供短周期的性能监视功能，可以对设备、接口等进行监控，监控结果采用直方图、折线图等形式输出，从而使维护人员可以了解 IP、TCP、UDP、互联网控制报文协议（internet control message protocol，ICMP）等报文的情况，并可以掌握接口带宽利用率、接收包错误率等信息。

（4）以工业轨道式交换机为例，其提供了 2 个千兆以太光接口，4 个百兆以太电接口，4 个百兆光接口，2 路 RS－232、RS－422、RS－485 独立串口。2 路串口为独立设计，每路串口为主从设计，一个是主控制节点，其他都是从节点。交换机实物图和交换机面板图如图 4－16 和图 4－17 所示。

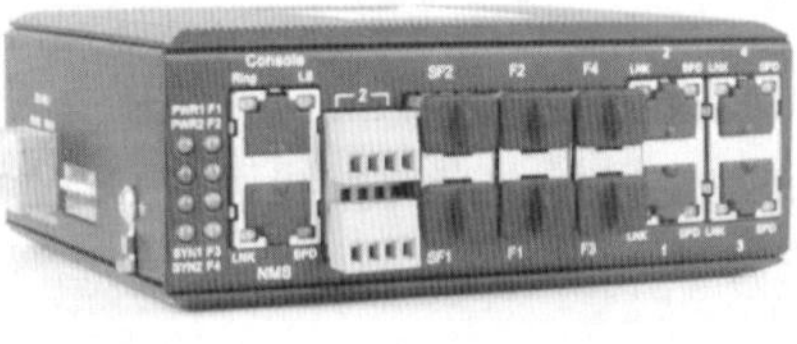

图 4－16　交换机实物图

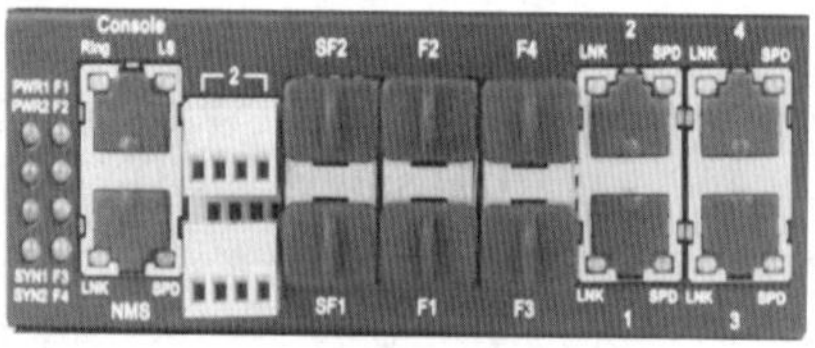

图 4－17　交换机面板图

4. 无线专网运维内容

电力无线专网运维业务分为核心业务、常规业务和一般业务三类。其中，核心业务应采用自主化运维方式，常规业务和一般业务可以采用业务外包的管理方式。

（1）核心业务。电力无线专网运维核心业务包括：

1）核心网运维。主要包括核心网集中监控（包括系统运行状况和最高并发流量等）、运行检修、故障处置、资源管理、系统优化、承载业务统计分析等。

2）无线基站运维。主要包括基站集中监控（包括单基站平均流量和最大流量等）、配置参数修改、天线参数调整等。

3）回传网络运维。主要包括传输设备、光缆线路、业务链路、基站的集中监控、运行检修、故障处置、带宽资源调配等。

4）运维支撑系统运维。主要包括专业网管、客服系统、AMS 系统、专业测试仪表与软件等的运维。

5）通信终端设备运维。主要包括终端设备的运行状态监视（包括 RSRP 等参数）、故障报修受理、派单等。

（2）常规业务。电力无线专网运维常规业务主要包括无线基站铁塔、天馈线、RRU、BBU 等设备的运行检修、故障处置、路测优化等现场运维工作。

（3）一般业务。电力无线专网运维一般业务主要包括通信终端设备的维修、软件服务、用户体验提升、用户需求反馈等运维工作，以及动力环境等基础辅助设施的运行检修、故障处置等运维工作。

设备运维由业务外包责任单位组织开展，委托具备通信设备运维资质和无线专网运行维护经验的单位进行。

（1）基站运维。无线专网的基站运维包括机房及周边环境检查、基站主设备运行情况检查、网管服务器系统运维、资产及备品备件管理以及现场测试等。

（2）天馈系统运维。无线专网的天馈系统包括天线阵、RRU 到天线阵的跳线及校准线，其日常运维内容包括设备性能检查和设备硬件巡检。

（3）GPS 系统运维。GPS 系统为无线专网提供时钟和频率基准。基于被动测距原理，GPS 天线接收 GPS 卫星的导航定位信号，通过 GPS 信号接收机解调出频率和时钟信号，供给基站各相关单元。其日常运维内容包括 GPS 天线竖直向上视角和天线安装位置巡检。

（4）室分系统运维。室分系统的运维内容包括室内分布设备巡查、信号测试和天馈系统驻波比检查。

（5）配套系统运维。配套系统包括蓄电池、空调、电源系统、铁塔、传输设备、防雷接地装置等。无线专网机房内配套设备的运维可参照相关运行维护规程及相应配套系统的维护管理规定实施。

4.2.2　设备巡视

运维单位应结合配电自动化通信系统设备、设施运行状况和气候、环境变化情况以及上级运维管理部门的要求，编制计划，合理安排，开展标准化巡视工作。在巡视中发现的缺陷应尽快消除，威胁设备安全运行的情况应向上级或有关单位及时汇报，按照缺陷管理要求填写缺陷记录并上报。

配电自动化通信系统巡视工作作为配电自动化系统运维工作的组成部

分，应参照Q/GDW 02－068—2012－20606《配网自动化运行管理标准》的相关规定执行。本小节分别从巡视分类、巡视周期、巡视范围、巡视方法、巡视要求及巡视内容等方面阐述配电自动化通信系统光缆和设备的巡视工作。

1. 巡视分类

（1）定期巡视。定期巡视是由通信设备运维人员进行，应纳入骨干通信网通信设备站点巡视计划，以掌握OLT设备的运行状况、运行环境变化情况为目的，及时发现缺陷和威胁配电自动化通信系统安全运行情况的巡视，巡视周期为2次/年（春秋检）。

（2）特殊巡视。特殊巡视是在有外力破坏风险、恶劣气象环境、重要保电任务、运行方式的改变、设备带缺陷运行或其他特殊情况下由运维单位组织进行的对设备全部或部分的巡视。

（3）故障巡视。故障巡视是由运维单位组织进行，以查明通信系统发生故障的地点和原因为目的的巡视。

（4）会诊巡视。会诊巡视是由运维管理人员组织的多部门或专家进行，以故障多发的设备为巡视对象，以掌握巡视对象运行状况、运行环境为目的，及时发现缺陷和威胁配电自动化通信系统安全运行情况的巡视。

2. 巡视周期

（1）定期巡视的周期见表4－4。根据设备状态评价结果，对该设备的定期巡视周期可进行动态调整，最多可延长一个定期巡视周期，光缆线路通道的定期巡视周期不得延长。

表4－4　定期巡视的周期

序号	巡视对象	周期
1	光缆线路通道（包括光缆及其金具、接头盒等）	市区及县城区：一季度
		郊区及农村：半年
2	光纤通信系统现场巡视（包括OLT、基站、三级工业以太网交换机）检查	半年
3	机房动力环境监测及设备告警检查	每日
4	配电自动化通信系统网管	每月
5	无线专网核心网设备	每日
6	自有物业场所（包括公司变电站、供电营业厅、办公大楼等资产归属公司的场所）无线基站设备	每季度
7	非自有物业场所（包括租赁他人物业、公共场所等）无线基站设备	每月

（2）定期巡视中发现安全隐患，如遇威胁光缆线路运维安全的建筑施工、挖沟、堆土、伐树、违章搭挂其他通信线等情况，应及时汇报，必要时应增加特殊巡视。

（3）对承载重要业务的光缆线路和故障多发（3 次及以上）光缆线路，建议每年至少进行一次会诊巡视。

（4）发生故障时，无论业务是否恢复，都要进行故障巡视。

（5）变电站内配电自动化通信设备巡视应纳入站内设备统一巡视计划。

3. 巡视范围

（1）定期巡视的主要范围：

1）架空光缆、管道光缆和直埋光缆通道及相关设施。

2）光缆线路上的设备（包括 ODN、ONU、以太网交换机等）。

3）变电站内的 OLT、基站、电源、蓄电池等设备。

4）机房温湿度测试装置，以及防水、防火、防尘装置。

5）光缆线路通道内的树木、违章建筑及悬挂、堆积物，周围的挖沟、取土、修路、固定不牢的彩钢板简易房及其他影响安全运行的施工作业等。

6）天馈线系统、GPS 系统、室外系统、塔放系统及相关辅助设施。

7）设备的防雷与接地装置。

8）各类相关的标识及相关设施。

（2）特殊巡视的主要范围：

1）业务承载有显著增加的线路及设备。

2）检修或改变运行方式后，重新投入系统运行或新投运的线路及设备。

3）根据检修或试验情况，有薄弱环节或可能造成缺陷的线路及设备。

4）存在严重缺陷或缺陷有所发展以及运行中有异常现象的线路及设备。

5）存在外力破坏可能或在恶劣气象条件下影响安全运行的线路及设备。

6）重要保电任务期间的线路及设备。

7）其他对电网安全稳定有特殊运行要求的线路及设备。

（3）会诊巡视的主要范围：

1）线路是否存在树线距离、与配电一次带电线路距离不满足运行要求现象。

2）运行中线路设备周边是否有临近外力施工情况。

3）桅杆基础是否存在被洪水冲刷出现倒杆的风险。

4）拉线基础是否松动，距离行车道较近时是否已装设防外力措施。

5）基站周边是否存在工业、科研、医用射频设备干扰。

6）运行设备是否存在较大缺陷隐患。

7）设备防雷装置是否配置完善。

8）室外设备是否存在严重锈蚀、腐蚀现象。

9）电容器是否存在膨胀变形情况。

4. 巡视方法

（1）变电站内巡视应由两人进行；有人值班站的巡视可以由一人进行，但只能做巡视工作。经本单位批准允许单独巡视配电自动化通信系统设备时，不得进行其他工作，不得移开或越过遮栏。

（2）根据保电任务、业务接入、天气、运行方式的改变及设备的安全等情况，可适当增加巡视次数及安排特殊巡视，并填写巡视记录。

（3）对于承载业务较多的线路和设备，应增加巡视，巡视后应对巡视情况进行分析对比，并存档。

（4）在设备发生故障时应进行故障巡视，寻找发生故障的原因，对发现的可能情况应进行详细记录，故障物件能取回的应取回，并利用摄像、电子拍照等方式取得故障现场的录像或电子照片。

（5）进行通道巡视时，应主动了解周边施工情况，掌握其对通道有无影响。

（6）在进入管道、工作井等有限空间作业时，应进行气体检测，保持持续通风。

（7）恶劣天气下巡视时，应至少由两人进行巡视，并有应急通信措施。

5. 巡视要求

（1）运维人员应根据巡视内容随身携带相关资料及常用工具、备件和个人防护用品，如安全帽、手电、手套、相关记录、相机、有害气体检测仪、光源光功率计、光时域反射仪（optical time-domain reflectometer，OTDR）、驻波比测试仪等。

（2）运维人员在巡视检查线路、设备时，应同时核对名称、编号、标识等。

（3）运维人员应认真填写巡视记录。巡视记录应包括气象条件、巡视人、巡视日期、巡视范围、线路设备名称，以及发现的缺陷情况、缺陷类别，沿线危及线路、设备安全的树木、建（构）筑物和施工情况，存在外力破坏可能的情况，交叉跨越的变动情况和初步处理意见等。

（4）运维人员在发现危急缺陷时应立即汇报，并协助做好消缺工作；若发现影响安全的施工作业情况，应立即开展调查，做好现场宣传、劝阻工作，并书面通知施工单位；对巡视发现的问题应及时进行记录、分析、汇总，对重大问题应及时向有关部门汇报。

（5）运维单位应进一步加强在外力破坏、恶劣气象条件情况下的特殊巡视工作，确保配电网安全可靠运行。

（6）巡视人员在满足安全规程与确保安全的前提下，应进行维护和简单消缺工作，如清除设备灰尘等工作。

（7）运维单位应按照相关规程中巡视周期的要求，在系统中新增巡视计划，巡视工作完成后应将巡视结果于当日录入系统；如有一般缺陷或严重缺陷，则同步编制缺陷记录，并启动缺陷流程。

（8）运维单位应根据本单位设备情况，以站线为单元设立专责人。专责人应全面了解责任站线的设备运行情况及设备缺陷和隐患。

（9）巡视设备时，人体与带电导体的距离应大于最小安全距离。10kV 带电设备的绝缘部分禁止触摸，巡视时禁止越过遮栏。

（10）网管巡视要严格遵守网管登录的口令/密码分级管理的要求，杜绝以网管配置或者超级用户的口令/密码登录网络进行巡视作业。

6. 巡视内容

（1）网管巡视内容包括：

1）查看网管服务器外观及主机、显示器指示灯是否正常。

2）配电网光纤系统网管状态监视包括端口 CRC 校验、收发包状态、端口 ping 包数据统计、设备 CPU 利用率、设备端口流量统计等。

3）监测日常终端设备在线情况。

4）查看网管设备电源及接地保护装置。

5）获取并查看各单盘即时或历史告警信息和性能数据。

6）在网管消息栏中，查看每日在网管上有何操作或错误信息发生。

7）能正常登录网管系统，设备权限未改变。

8）检查远程维护功能是否正常。

9）查看网管系统重启动的恢复情况。

10）对网管系统数据进行备份，并保存在专门的文件夹中，标注备份日期，备份文件须与数据文件夹不在同一盘符。

（2）光缆巡视内容主要包括架空光缆、管道光缆和地埋光缆的巡视。

1）架空光缆的巡视：

a. 随一次配电线路架设的架空光缆应纳入配电线路巡视中。

b. 光缆线路保防护区内有无易燃、易爆物品和腐蚀性液（气）体。

c. 光缆对地以及对一次线路、道路、公路、铁路、索道、河流、建筑物等的距离符合相关规定，有无可能触及光缆的树木、天线、路灯等。

d. 是否存在对光缆线路安全构成威胁的工程设施（如施工机械、脚手架、拉线、开挖、地下采掘、打桩等）。

e. 有无存在可能被风挂起危及光缆安全的物体（如广告牌、彩钢板等）。

f. 光缆线路附近的爆破工程有无爆破手续，其安全措施是否妥当。

g. 光缆线路附近的污染源情况。

h. 查看光缆线路附近河道、冲沟和山坡的变化，巡视、检修时使用的道路、桥梁是否损坏，是否存在河流泛滥及山洪、泥石流对光缆线路的影响。

i. 通道内有无未经批准而擅自搭挂的其他弱电线路。

j. 光缆线路金具是否牢固，有无严重锈蚀。

k. 检查光缆弧垂、光缆 PE 外护套是否有明显异常。

l. 光缆接头盒、余缆架安装是否牢固，余缆盘绕是否松动。

m. 其他可能影响线路安全的情况。

n. 对中继段每根光纤通道进行正反向 OTDR 信号曲线检查，对照竣工时的数据，如发现 0.1dB/km 或中继段总衰减大于 5dB 则判为异常，应及时分析处理。

2）管道光缆的巡视：

a. 随一次配电线路敷设的沟道光缆应纳入配电线路巡视中。

b. 管道周边是否有管道穿越、开挖、打桩、钻探等施工，检查管道沿线各种标识是否齐全。

c. 人井口内光缆接头盒是否处于常年积水的水位线以上的位置。

d. 管道内光缆和电缆是否有效隔离。

e. 光缆桥架是否存在损坏、锈蚀现象。

f. 井盖是否丢失、破损、被淹没。

g. 人井口内光缆是否盘放并固定好。

h. 其他可能影响线路安全的情况。

3）地埋光缆的巡视：

a. 随一次配电线路敷设的沟道光缆应纳入配电线路巡视中。

b. 检查光缆线路周边环境有无在线路标桩上拴牲畜、线路上方有无积水坑、在线路附近有无可能影响线路安全的施工项目现象等。

c. 检查线路标桩有无遗缺或丢失，位置和朝向是否发生变化。

d. 检查易受水流冲刷地段的漫水坡、挡土墙是否受损。

e. 检查水线标识牌的安装位置、朝向是否发生变化。

f. 其他可能影响线路安全的情况。

（3）光纤专网设备巡视内容：

1）检查设备风扇能否正常运行，并清理灰尘。

2）检查设备电源线、接地线是否安全可靠连接。

3）OLT 设备的接地电阻不应大于 3Ω，ONU 设备的接地电阻不应大于 5Ω。

4）设备机柜无松动、锈蚀情况，各类标识标签应正确、清晰、齐全。

5）设备指示灯指示是否正常。

6）设备标识标签是否清楚正确。

7）设备安装是否牢固，附件及金具有无损伤、锈蚀情况。

8）尾纤和信号线缆绑扎牢固、整齐，外皮无损伤。

9）电源电缆与信号线缆分开布放，且两端设置标签完备。

10）线缆专网应均匀圆滑，尾纤弯曲半径不应小于 30mm，电缆半径不应小于 6*R*（*R* 为线缆的截面半径）。

11）对设备进行光功率、光接收灵敏度、工作波长、20dB 谱宽测试。

（4）无线专网设备巡视分为一般巡视、电源检查、直流屏巡视等。

1）一般巡视内容包括：

a. 检查自建和利旧杆塔外表有无锈蚀，室外终端箱门是否变形腐蚀。

b. 终端箱内有无进水，有无小动物、杂物。

c. 终端箱内标识、标牌是否齐全。

d. 所有空气开关是否在合位（正常运行时要求空气开关全部在合位）。

e. 检查防雷模块状态，有无故障和雷击痕迹。

f. 检查 GPS 天线接头是否松动、渗水等。

g. 电缆进出孔封堵是否完好。

h. 核心网 BBU、交换机的标签标识是否脱落和发生变动，防尘网是否干净。

i. 设备的接地是否牢固可靠。

j. 必要时登塔检查天线等方位是否发生变化，接地连接是否松动，连接尾缆是否完好。

2）电源检查内容包括：

a. 检查对应电源屏、开关指示是否正常。

b. 定期用万用表、钳形电流表检查 RRU 电源变化情况和电池充电电源是否正常。

3）直流屏巡视内容包括：

a. 蓄电池是否渗液、老化、鼓肚。

b. 箱体有无锈蚀及渗漏。

c. 检查蓄电池电压是否正常，浮充电流是否正常。

d. 检查直流电源箱、直流屏各项指示灯信号是否正常，开关位置是否正确，液晶屏显是否正常。

e. 绝缘监测装置运行是否正常，有无直流接地现象。

4.2.3 设备防护

运维单位应加强与政府规划、市政等有关部门的沟通，及时收集本地区的规划建设、施工等信息，及时掌握外部环境的动态情况与线路通道内的施工情况，全面掌控其施工状态；加大防护宣传，提高公民对保护电力设施重要性的认识，必要时组织召开防外力破坏工作宣传会，防止各类外力破坏，及时发现并消除缺陷和隐患；对经同意在光缆线路保护范围内施工的，运维单位应严格审查施工方案，严格审批施工方案，制定安全防护措施，并与施工单位签订保护协议书，明确双方职责；施工前应对施工方进行交底，包括路径走向、架设高度、埋设深度、保护设施等；施工期间应安排运维人员到现场检查防护措施，必要时进行现场监护，确保施工单位不擅自更改施工范围。

对邻近光缆线路保护范围内的施工，运维人员应对施工方进行安全交底（如线路路径走向、光缆埋设深度、保护设施等），并按不同业务等级要求，提出相应的保护措施。当光缆线路发生外力破坏时，应保护现场，留取原始资料，及时向有关管理部门汇报；对造成配电自动化通信设施损坏或事故的，应尽快恢复业务，并按有关规定索赔或提请司法机关依法处理。运维单位应定期对外力破坏防护工作进行总结分析，制定相应防范措施。

1. 光缆通道防护

（1）架空光缆的防护：

1）架空光缆的防护区是为了保证光缆的安全运行和保障业务传输而设置的安全区域，即一次导线两边线向外侧各水平延伸 5m 并垂直于地面所形成的两平行面内区域。在某人口密集地区，架空光缆防护区域可略小于上述规定，但光缆边线延伸的距离不应小于光缆边线在最大计算弧垂及最大计算风偏后的水平距离和风偏后到建筑物的安全距离之和。

2）运维单位需清除可能影响光缆安全的物体时，如需修剪树枝、砍伐树木及清理构筑物等时，应按有关规定和程序进行；修剪树木时，应保证在修剪周期内树枝与光缆的距离符合要求。

3）运维单位的工作人员对下列事项可先行处理，但事先应留影像资料取证，事后应及时通知有关单位：为消除有可能造成严重后果的危急缺陷所采取的必要措施；为处理光缆故障，砍伐林区个别树木；消除影响光缆安全的铁烟囱、脚手架或其他凸出物等。

4）在线路防护区内应按规定开辟线路通道，对新建线路和原有线路开辟的通道应严格按规定验收。

5）当线路跨越通航河流、公路、铁路时，应采取措施，设立标识牌，防止碰线。

6）在以下区域应按规定设置明显的警示标识及防护措施：架空光缆线路穿越人口密集、人员活动频繁的地区；车辆、机械频繁穿越架空光缆线路的地段；临近道路的电杆和拉线；杆塔脚钉、爬梯等。

7）在施工工地防护区内开工前，运维单位应及时与施工单位签订光纤线路保护协议，审核施工单位的保护方案；保护方案落实并通过运维单位验收合格后，施工单位方可开展工作。

8）在架空线路防护区内，施工单位搭设安装防护架、防护网时应在运维人员现场监督下进行；使用吊车的工地，还须在保护架顶端架设警示灯；搭设的防护架应有相应的防火措施。

9）架空线路防护区内严禁进行开槽、开挖建筑基础等大型土建工作。

10）选择理想的光缆悬挂点，寻求感应电场值较低的地方悬挂，避免因电场作用导致光缆表层发生电腐蚀。

（2）管道光缆的防护：

1）与电缆线路同沟敷设的光缆线路应采取有效的隔离，防止因电缆故障导致光缆损伤。

2）不得在电缆沟、隧道内同时埋设其他管道，不得在光缆通道附近和光缆通道保护区内从事下列行为：在防护区内种植树木、堆放杂物、兴建建（构）筑物；在光缆通道两侧进行机械施工，倾倒酸、碱、盐及其他有害化学物品。

3）光缆通道应保持整洁、畅通，消除各类火隐患，通道沿线及其内部不得积存易燃、易爆物。

4）光缆通道临近易燃或有腐蚀性介质的存储容器、输送管道时，应加强监视，及时发现渗漏情况，防止光缆损害或导致火灾；对穿越光缆通道的易燃、易爆等管道，应采用防火隔板或预制水泥板做好隔离措施，防止可燃物经土壤渗入管沟。

5）临近光缆通道的基坑开挖工程，要求建设单位做好电力设施专项保护方案，防止因土方松动、坍塌而引起沟体损伤，原则上不应涉及光缆保护区。若为开挖深度超过 5m 的深基坑工程，应在基坑围护方案中增加光缆专项保护方案，并通过专家论证。

6）运维人员应监视光缆通道结构、周围土层和临近建（构）筑物等的稳定性，发现异常应及时通知相关管理部门，并监督处理情况；发现电缆工作井盖板缺失等危及电缆线路安全运行的情况时，应设置临时防护措施并向有关部门报告，并跟踪处置过程。

7）光缆的防火阻燃应采取下列措施：与电缆密集区域同沟敷设的光缆应加装防火槽盒或采取其他防火隔离措施；改、扩建工程施工中，对于贯穿已运行电缆的孔洞、阻火墙，应及时恢复封堵。

8）对敷设于公用通道中的电缆，应制定专项管理措施。

（3）直埋光缆的防护：

1）直埋光缆线路防护区是地面标桩两侧形成的两平行线内的区域。防护区的宽度应在地下电缆线路地面标识桩（牌、砖）中注明；水下电缆的防护区一般不小于线路两侧各50m所形成的两平行线内的水域。

2）不得在直埋光缆通道防护区内从事下列行为：在防护区内种植树木、堆放杂物、兴建建（构）筑物；在光缆通道两侧进行机械施工和倾倒酸、碱、盐及其他有害化学物品；在水底光缆防护区内抛锚、拖锚、炸鱼、挖掘。

3）市政管线、道路施工涉及非开挖管线时，要求建设单位邀请具备资质的探测单位做好管线探测工作，并召开专题会议讨论确定实施方案。

4）对因施工挖掘而暴露的光缆，应由运维人员在场监护，并告知施工人员有关施工注意事项和保护措施。对因被挖掘而暴露的光缆应加装保护罩，需要悬吊时，应采用专用抱箍、U 形环和铁链，并满足承重要求。工程结束覆土前，运维人员应检查光缆及相关设施是否完好，安放位置是否正确，待恢复原状后，方可离开现场。

5）水底光缆防护区内，船只不得抛锚，并按船只往来频繁情况，必要时设置瞭望岗哨，配置能引起船只注意的设施；在水底光缆线路防护区内发生违反航行规定的事件时，应通知有关水域管辖部门。

6）光缆路径上应设立明显的警示标识，对可能发生外力破坏的区段应加强监视，并采取可靠的防护措施。对处于施工区域的光缆线路，应设置警示牌，标明保护范围，每日进行特殊巡视。

7）光缆守护人员应将挖土位置和有关情况详细记入运行档案中。松土地段的光缆线路临时通行重车时，除必须采取电缆保护措施外，还应将该地段详细记入守护记录中。

8）在直埋光缆的拐弯、中间接头、终端和建筑物等地段应装设明显的方位标识，发现缺失应及时补充。

2. 设备防护要求

（1）变电站内局端设备应单独安装，设备电源线及空气开关标牌标签应清晰、齐全，发现缺失应及时补充。

（2）设备应标明运维单位及运维责任人，其他专业人员不得操作。

（3）网管账号管理应基于权限分离及权限最小化原则，账号密码应按时更换。

（4）位于户外的基站应加装围栏，周边不应堆放任何杂物。

（5）若植物、杂草附着在箱体外壳，或影响运维人员进出箱体，应进行清理。

（6）位于街道两侧的设备应粘贴防撞贴条。

（7）对低洼地段、地下及半地下的基站，应砌不低于 30cm 的防水台，站内应加装溢水报警装置及水泵，并应按照标准配备防汛物资。

（8）基站机房安全设施齐全，楼面、墙体无开裂，门窗无破损，钥匙有专人保管，防盗设施完整可用，基站地面无渗漏、塌陷、地漏，空调排水顺畅，洞孔封堵严密，照明、灭火设备可用。

（9）对于网管系统已经具备自动巡检功能的测试项目，必须启用自动巡检功能，以提高工作效率，实时监测终端状态，提升网络可管可控能力。

（10）对无线公网应采用工业级定制 SIM 卡和物联网平台，增强网络可靠性；采用专用承载网络和专属客服渠道，提升网络安全性和服务保障水平。

（11）运维部门应做好 SIM 卡台账、专用 IP 地址管理，及时根据业务流量需求情况更换套餐、资费优惠方案，及时结算资费。

（12）主动获取一次配电线路运维检修计划和故障信息。

4.2.4　设备维护

配电自动化通信系统硬件设备的维护主要包括一般性消缺、检查、清扫、保养、测试、设备外观检查，以及修剪附近树枝、清除异物、拆除废旧设备、清理通道等工作。配电自动化通信系统维护宜结合巡视工作完成。运维人员在维护工作中应随身携带相应的资料、工具、备品备件和个人防护用品，通信设备、设施的检查、维护和测试等工作应按标准化作业要求开展。

根据设备状态评价结果和反事故措施的要求，运维单位应编制年度、月度、周维护工作计划并组织实施，做好维护记录与验收，定期开展维护统计、分析和总结工作。维护工作应纳入终端通信 AMS 系统，积极采用先进工艺、方法、工器具以提高维护质量与效率。

1. 光缆通道维护

（1）架空光缆的维护：

1）补全、修复通道沿线缺失的标识。

2）督促产权单位（个人）清除通道内的堆积物，特别是易燃、易爆物品和腐蚀性（气）体。

3）督促产权单位（个人）加固或清除可能被风刮起危及线路安全的彩钢房屋、临时所建的塑料大棚等物体。

4）清除威胁线路安全的藤、树木类植物。

5）补全、修复杆号（牌）、警示和防撞等安全标识。

6）修复杆塔埋深不足和基础沉降。

7）更换抱箍锈蚀螺栓，加固余缆架。

8）清除光缆、杆塔本体异物。

9）紧固余缆架上盘绕的余缆及接头盒。

10）补全终端设备柜体标识牌及防撞等安全标识。

11）储备足够数量的备品备件。

12）维护单位应有一定数量的光缆施工机具、工具。

13）建立光缆的技术档案，档案中应有光缆与导线的鞭击监控区、污秽区域、交叉跨越段以及易发生电腐蚀的杆塔等的基础资料、数据，以备运行人员在巡视中对其进行重点监控。

（2）管道光缆的维护：

1）修复破损的光缆隧道、排管包封、工井、井盖，补全缺失的井盖。

2）加固保护管沟，调整管沟标高。

3）封堵光缆孔洞，补全、修复防火阻燃措施。

4）修复光缆隧道内部防火、防水、照明、通风支架、爬梯等损坏的附属设施。

5）修复锈蚀的光缆支架，更换或补全缺失、破损、严重锈蚀的支架部件。

6）清除光缆通道、工井、检修通道、电缆管沟、隧道内部堆积的杂物。

7）补全、修复通道沿线缺失的安全标识。

8）及时清理电缆隧道、井室内的积水，避免接头盒浸泡在水中。

9）修复有破损的外护套、接头保护盒。

10）补全、修复防火阻燃措施。

11）补全、修复缺失的光缆线路本体及其附件标识。

12）补全、修复光缆固定装置。

（3）直埋光缆的维护：

1）补全、修复通道沿线缺失的标识桩，校正倾斜的标识桩。

2）填埋、修补下陷的沟道、漫水坡和挡土墙，加固沟坎处。

3）加固水线标识牌。

2. 设备维护要求

（1）清除柜体污秽，修复锈蚀、油漆剥落的柜体。

（2）修剪、砍伐与通信终端设备安全距离不足的树枝、藤蔓等。

（3）修复变形、开裂的箱体及损坏的锁具。

（4）重新规整线缆，补充防水、防火封堵。

（5）修复出现连接松动、接地不良、锈蚀等情况的接地引下线，重新连接异常的接地装置，确保其连接牢固可靠。

（6）修复缺失或埋深不足的接地体。

（7）定期开展接地电阻测量，对通信设备，接地电阻测量每年进行 1 次；对机房防雷及其他有接地的设备，接地电阻测量每年进行 1 次，测量工作应在干燥天气进行。

（8）补全缺失的标识，补全缺失的内部线缆连接图等。

（9）对通信设备上有严重污秽的部件，应用干净的毛巾配合清洁剂擦拭。

（10）紧固松动的插头、压板、端子排等。

（11）定期测量蓄电池端电压，每季度 1 次；定期开展蓄电池核对性充放电试验，每年 1 次。

（12）当蓄电池出现渗液、老化、箱体锈蚀及渗漏，以及电压、浮充电流异常等现象时，应及时进行更换。

（13）做好相关数据的常态备份工作。

4.2.5　故障处置

故障处理应遵循“先抢通后修复，先外部后专网，先单站后单板，先线路后支路，先高级后低级”的原则，按“先本端后对端，先全网后本地，先重点后一般，先恢复业务后故障排查”的顺序进行处理，尽快查明故障点和原因，消除故障根源，防止故障扩大，确保终端设备配电自动化接入业务的正常运行。

故障发生后，运维人员和抢修人员应及时赶赴现场，共同开展前期故障巡视；故障处理时，应尽量缩小故障范围和减少故障损失，必要时应考虑采取临时搭建光路和更换设备的方式恢复业务。故障处理涉及一次线路和设备时，应联系配电运检专业人员一起制定详细的安全措施，保证运维人员与一次线路、设备保持足够的安全距离，避免发生人身伤亡事故。一般故障处理流程如图4－18所示。

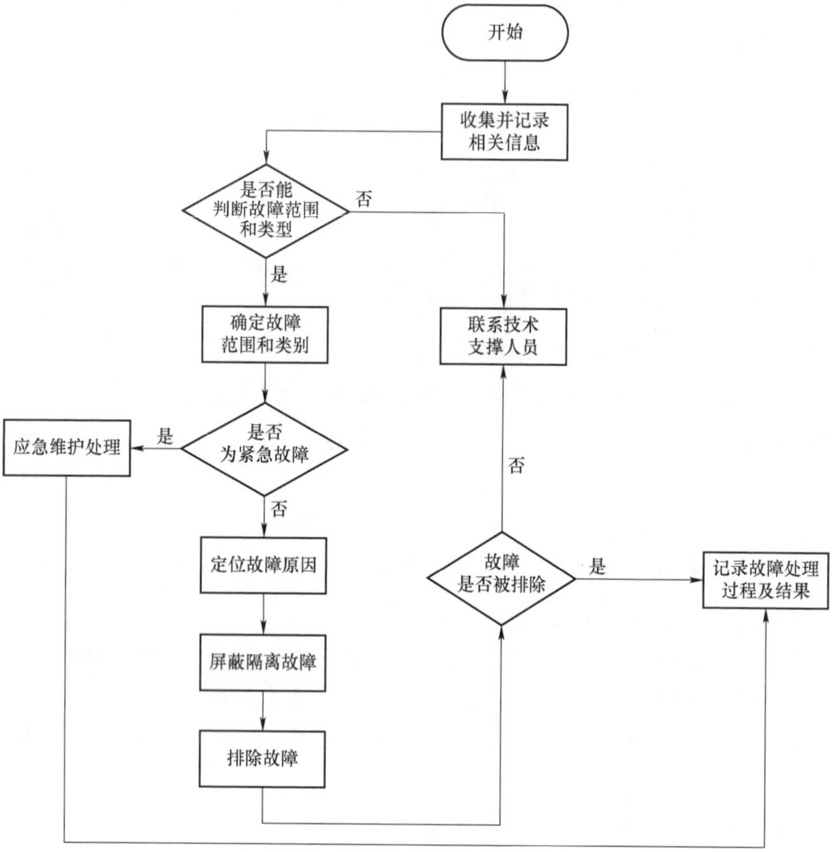

图4－18　一般故障处理流程

1. 故障处理方法

（1）光缆故障处理方法。故障发生后，处理的线路故障类型不同，处理的侧重点也不同。

1）同路由有光缆可代通的全阻故障。机房值班人员应该在第一时间按照应急预案，用其他良好的纤芯代通阻断光纤上的业务，然后再尽快修复故障光纤。

2）没有光纤可代通的全阻故障。按照应急预案实施抢代通或障碍点的直接修复，抢代通或修复时应遵循“先重要纤芯、后次要纤芯”的原则。

3）光缆出现非全阻故障，有剩余光纤的空余纤芯或同路由其他光缆代通故障纤芯上的业务。如果故障纤芯较多，空余纤芯不够又没有其他同路由光缆，可牺牲次要电路代通重要电路，然后采用不中断电路的方法对故障纤芯进行修复。

4）光缆出现非全阻故障，无剩余光纤或同路由光缆。如果阻断的光纤承载的是重要电路，应用其他非重要电路光纤代通阻断光纤，用不中断割接的方法对故障纤芯进行紧急修复。

5）传输质量不稳定，系统时好时坏。如果有可代通的空余纤芯或其他同路由光缆，可将该光纤上的业务调到其他光纤。查明传输质量下降的原因，有针对性地进行处理。

6）故障处理一般流程：

a. 故障定位。如果确定是光缆故障，则应迅速判断故障发生在哪个中继段内，向网管机房详细询问故障的具体情况，再根据判断结果立即通知相关的线路维护单位，测判故障点。

b. 抢修准备。线路维护单位接到故障通知后，应迅速将抢修工具、仪表及器材等装车出发，同时联系配电运维人员询问相应的配电线路是否也存在故障，查找原因、故障点，光缆线路抢修准备时间应按规定执行。

c. 建立通信联络机制。抢修人员到达故障点后，应立即与相应专业的运维人员建立联系，及时掌握相关信息。

d. 抢修的组织和指挥。光缆线路故障的抢修由通信运维部门为主导，在抢修期间应密切关注现场的抢修情况，做好配合工作；抢修现场由光缆线路维护单位指派的工作负责人担任指挥。在测试故障点的同时，抢修现场应指定专人组织开挖人员待命，并安排好后勤服务工作。

e. 光缆线路的抢修。找到故障点后，一般应使用应急光缆或其他应急措施，首先将主用光纤通道抢通，迅速恢复通信。观察、分析现场情况，做好记录，必要时进行拍照，报告公安机关。

f. 业务恢复。现场光缆抢修完毕后，应及时通知配电调度控制中心，验证可用后，尽快恢复通信。

g. 抢修后的现场处理。抢修工作结束后，清点工具、器材，整理测试数据，填写有关登记，对现场进行处理。

h. 线路资料更新。修复工作结束后，整理测试数据，填写有关表格，及时更新线路资料，总结抢修情况，报告上级主管部门。

（2）光纤通信设备故障处理方法。

1）设备运行中的重大故障是指由于掉电、断纤、网管配置数据设置不准确、维护操作不当，以及设备不稳定等原因引起大量用户或者所有用户业务中断的故障，也是维护工作中需要快速准确定位和处理的故障。处理重大故障时要注意以下几点：

a. 以尽快恢复业务为原则，但同时一定要做好故障处理过程及相关网管告警、性能数据的记录，以备故障分析，防止遗漏潜在的故障问题。

b. 在解决问题的过程中尽可能少地进行带电拔盘等危险操作，注意防静电措施，避免因为维护操作不当而导致问题扩大化。

c. 尽量通过故障分析解决问题，而不要盲目地换盘。

d. 在自身无法解决问题的情况下，若条件允许应尽可能联系技术支持人员获取技术支援，并配合维护人员利用电话指导或远程维护方式定位故障，以便尽量减少业务中断时间。

e. 做好设备维护人员的培训工作，从实战中学习和掌握处理故障的方法。

f. 应将故障的现象和处理过程的详细记录及时向技术支持人员反馈并存档。

2）由于 EPON 设备属于接入层设备，和普通用户的关系非常紧密，一般出现故障就会导致用户业务中断，因此就要求维护人员迅速判断故障的性质、位置，以便修复故障。故障处理中，第一步而且最关键的一步就是将故障点准确定位，然后才是采取措施。故障定位的常用方法有告警分析、性能分析、分段处理、仪表测试、对比分析、互换分析、配置数据分析、协议分析等。故障发生时，首先利用网管查看设备状态，分析告警事件以及观察设备的运行状况，初步对故障进行判断；其次，采用替换法，排除终端问题；再次，通过逐段检测，排除上联故障；最后，通过替换单盘，将故障排除。当然，还可以通过丰富的实践经验处理故障，而且随着故障范围、故障类型的不同，所使用的故障处理方法也可能综合并用。故障信息来源主要包括以下几点：

a. 配电调度控制中心的故障申告。

b. 日常维护或巡检中所发现的异常。

c. 网管告警系统的告警输出。

d. 对接设备维护人员的故障通告。

3）故障处理时要求判断是线路故障还是设备故障。如果是线路故障，则要求定位出发生故障的是馈线光缆还是配线光缆，然后通知线路维护人员进行修复；如果是设备故障，就需要根据故障现象判断出设备的故障原因，以便能够及时处理和排除。

4）根据故障的不同，具体处理的方法和步骤也不相同，应注意结合具体情况，具体问题具体分析，采取适当的方法和措施，多观察，多分析，避免盲目性。

（3）无线通信故障处理方法。

1）故障分类。无线通信故障可分为以下几类：

a. 回传光缆故障。主要是回传光缆中断，衰耗增大，收发光的能力变弱。

b. 尾纤故障。主要是尾纤断纤，接头老化，光缆弯曲半径过小。

c. 网线故障。主要是网线接头松动。

d. 电源故障。主要是直流电源系统故障，因过电流等原因导致 RRU 开关分闸，BBU、交换机等设备断电。

e. 基站单盘故障。主要是通用基带处理单元（universal baseband processing unit，UBBP）、通用电源环境接口单元（universal power and environment interface unit，UPEU）、风扇板（FAN）、通用主控传输单元（universal main processing & transmission unit，UMPT）、GPS 连接等出现的故障，进而影响业务的上下联传输和无线信号的发射。

f. 发射单元故障。主要是天线、RRU 发生故障，表现为常发生断电、尾纤中断、同频干扰、固定松动等。

2）故障处理流程。无线通信故障按以下流程处理：

a. 主站监控人员发现故障告警，通过网管等平台确认故障是否带来业务中断等影响，建议 10min 内完成对该告警的确认，并及时通知设备运检单位；设备运检单位组织运维班组人员立即赴现场检查设备，进行故障确认。网管监视人员对故障进行初判，确定故障问题；维护人员应快速到达现场。

b. 故障处理时，运维人员应先征得主站监控人员的同意，并做好必要的数据备份。建议值班巡视人员在中断后每隔 1h 追踪 1 次故障处理进度，并做好记录。

c. 故障处理完毕后，现场人员应与主站监控人员核对故障消除情况，确认设备恢复正常工作。

d. 新建站开通 72h 后，计入运行状态，发生故障后由运维单位接管，接管之前履行资料交接手续。

e. 对于难以判断原因或者难以处理的故障，可通知设备厂家配合处理。

2. 故障统计与分析

故障发生后，运维单位应及时从责任、技术两方面分析故障原因，制定防范措施，并按规定完成分析报告与分类统计上报工作。

3. 故障信息上报

（1）各运维单位应按照相关工作要求，做好故障信息报送工作。

（2）各阶段信息应及时、准确、完整地上报生产值班室，并按相关要求及时完善相关系统。

4. 故障分析深度

（1）各运维单位应对每起永久性故障进行分析，并按要求将配电自动化通信系统故障分析报告上报上级运维管理部门。故障中涉及设备的技术原因只做初步分析，具体分析由中国电力科学研究院有限公司（以下简称中国电科院）负责。

（2）进行故障分析时应明确故障发生的技术原因、管理责任及人员责任。

5. 故障分析报告

（1）故障情况。包括配电自动化通信系统运行方式、故障及修复过程、相关保护动作信息、对配电网的影响等。

（2）故障基本信息。包括线路或设备名称、投运时间、制造厂家、规格型号、施工单位等。

（3）原因分析。包括故障部位、故障性质、故障原因等。

（4）故障暴露出的问题、采取的应对措施等。

6. 设备送检分析

（1）对每起由于设备原因造成的故障，各运维单位应保留送检残品实物，将故障设备残品实物送中国电科院进行分析。送检时签署设备故障（异常）分析委托书作为凭证，同时按照故障异常分析资料明细单提供相关信息材料，配合故障调查。

（2）中国电科院接收各运维单位送检的残品实物后，应立即组织开展分析工作，于实物接收 8 个工作日内完成故障设备分析工作，并出具故障设备分析报告，交运维单位。

4.2.6 配电通信系统案例

由于在实际工程中无线专网、工业以太网应用案例较少，本小节以 EPON 系统的故障实例和运维案例为例进行讲解。

1. 故障实例

故障 1：无法搜索 ONU。

处理措施：查看 PON 口的工作状态，看是否为打开状态；若有光功率计，则测试光功率；用人机命令查看 ZTE#card pon mcu A1 en（A1 为槽位号，根据实际情况选取）(A1)EPONC#show onu unreg 1//查看未注册的 ONU 的 MAC 地址，确认是所有 ONU 都无法注册还是个别 ONU 的问题；查看事件和告警，看是否有异常；在局端 PON 口直接连 ONU，看能否搜索到；注意，如果 PON 口能直接连 ONU，则可能是光功率过强，可以将光纤略微拔出一点；接到其他槽位或 PON 口上，看是否能搜索到；更换 ONU，看是否为 ONU 的问题；更换光纤分支，看是否为光纤问题；清空数据重做。

故障 2：数据丢失。

处理措施：主控板和 PON 板的数据必须分别保存，因为 VLAN 的配置数据保存在主控板上，ONU 认证信息保存在 PON 板上；ONU 的配置数据通过 save onu oltid onuid 保存；如果是 VLAN 配置数据丢失，需要注意 ctc 远程管理的 VLAN 和 Web 界面配置 VLAN 信息会有冲突，需要清除 ONU 本地信息后通过远程管理命令重新配置。

故障 3：ONU 无法注册上网。

处理措施：首先在 ONU 管理界面检查 ONU 是否能正常注册。如果无法正常注册，测量 ONU 接收的光功率，检查光路是否有问题；查看地址表，分析包的转发情况，看在哪个环节不通。如果可以注册，仍然无法上网，检查 C200 和 ONU 上的 VLAN 配置是否正确；将交换板上空余的以太网端口以 untag 方式加到业务 VLAN 中，将 PVID 值修改成对应的 VLAN 号，然后在端口上接一台计算机，测试是否能上网。如果无法上网，则可能是上联网络出了问题，检查上联口的端口状态，并检查上联交换机 VLAN 配置是否正确等。如果可以上网，说明上联网络没有问题，在 PON 口直接接一台新的 ONU，注册通过后，设置好 ONU 的 VLAN 号，然后测试是否能上网。如果局端单独接一台 ONU 可以上网，再将网络中的 ONU 逐一接上，看是不是某一设备接上就有问题；如果某 ONU 下连接的是局域网或多根网线，可断开后单独接一台计算机测试，排除局域网问题。

故障 4：ONU 上传数据速度慢或掉线。

处理措施：检查带宽设定是否过小，如将上下行都按以下设置：最大带宽设置为 100000kbit/s，保证带宽设置为 50000kbit/s，突发包设置为 180000，然后查看是否正常。检查所有 VLAN 内的 PON 口是否都配置成了 TAG 方式；检查告警记录和通知消息内是否有 ONU 掉线的记录。如果有，在 PON 口直接接一台 ONU（光纤拔出一点，否则光功率过强），注册通过后，查看是否还频繁掉线，以判断是否为光网络问题。查看误码统计，看是否为光路误码的影响；在交换板上空余的端口接一台计算机，数据按上面介绍的配置，然后测试上网是否正常。如果也不正常，将下联的 PON 口光纤都断开，再测试是否正常。如果仍然不正常，检查上联网络的问题，看是否丢包；如果 ONU 下联的是局域网或多根网线，可以断开后单独接一台计算机测试，排除局域网问题。

故障 5：ONU 下挂终端业务时断时通。

处理措施：网管查询到该 ONU 有去注册/恢复注册的告警。现场查看时发现 ONU 的 PON 灯不亮，检测确认为光路熔接问题。先从 OLT 网管中查询该 ONU 的告警状况，在有去注册告警或者大量丢帧/错帧告警的情况下，基本可以判定为光路问题或者 ONU 问题。

故障 6：长途架空线路断线，机房报出的断点测试距离为 35.6km。

处理措施：因为对线路的许多节点都有记载，所以直接赶到距离断点最近的一个接头盒处，该接头盒记录为距离机房 33.8km；打开接头盒，接续备用纤芯以便用 OTDR 做精确定位，同时派出人员往后查找断点，按照断点和已知接头盒距离的差值得出断点距离接头盒还有 1.8km，经过 OTDR 的测试得出断点距离接头盒也是 1.8km。及时把断点的精确位置告知在前方查找的人员，经过仔细的巡查，发现 xxx 杆光缆有异样，维护人员用脚扣上杆查看，发现被人为剪断，但是光缆的加强芯未断，在远处看线路是看不出来的，所以没有精确的定位而想尽快地查找断点是有难度的。最后只能剪断，添加一段光缆熔接两个接头盒。

故障 7：市内管道光缆故障。配电调控上报某线路的某 ONU 设备（A）的下行无信号，上行正常，而且线路上其他终端设备都正常，到现场测试 750m 断，测试上行纤 4.1km，资料显示分支光缆的长度是 400m，由此判断断点在主干光缆上，且只有一芯断。

处理措施：采取改用备用芯的方法来解决该故障。在光缆交接箱找到备用纤，首先测试纤芯的状态是否正常。经测试正常后，把该备用纤芯熔接到 A 光站的下行纤，如此 A 光站的下行纤就可连接到机房。注意，这种故障需要机房管理人员配合跳纤才能完成故障的处理。

2. 运维案例

案例 1：ONU 安装调试。

第一步：调试前确认要施工的站点，以及这些站点的组网方式（手拉手、环网保护、主干冗余保护等）。

第二步：确认纤芯，操作方法：OLT 侧光缆 1 芯接 PON 口发光，光缆 2

芯接红光笔发光；ONU 侧光缆 1 芯测接收光功率，光缆 2 芯看红光，以此确定 OLT 侧方向的光缆 1、2 芯。为了保持统一规范，对于标识为 1、2、3、4 的尾缆，默认标识为 1、3 占用光缆 1 芯，2、4 占用光缆 2 芯；对于标识为①，②；①，②的两根尾缆，默认①，①占用光缆 1 芯，②，②占用光缆 2 芯。

对于主干冗余拓扑组网方式，测光功率的接 1IN，红光接 2IN，1OUT 与 2OUT 按默认接法，如图 4－19 所示；对于“手拉手”组网方式，测光功率的接 1IN，红光接 2OUT2，1OUT 与 2IN 按默认接法，如图 4－20 所示。

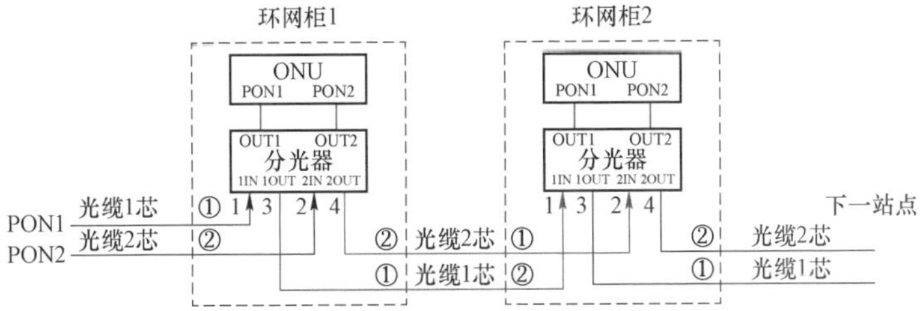

图 4－19　主干冗余接法

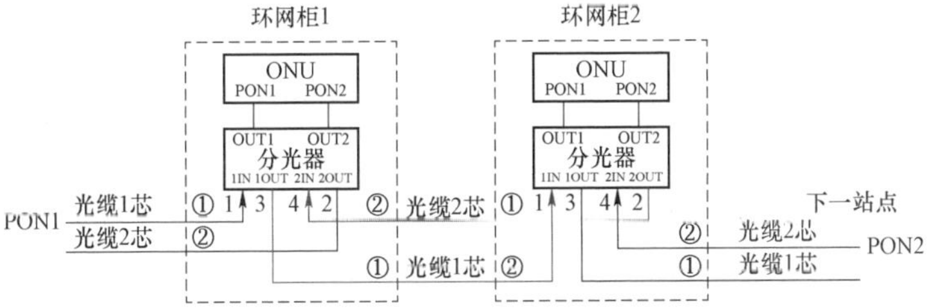

图 4－20　“手拉手”接法

第三步：连接完尾纤后贴标签。

第四步：上电，观察指示灯状态。

P1：P1 电源指示灯。

P2：P2 电源指示灯。

REG：注册指示灯，注册成功后，指示灯常亮；未正常注册时，指示灯闪。

SYS：运行指示灯，正常启动时，指示灯常闪。

PON1－USE：PON1 口接收功率指示灯，亮绿灯表示启用该 PON 口。

PON1－LOSS：PON1 口接告警指示灯，亮表示未接收到光，不亮表示接收光正常。

PON2－USE：PON2 口接收功率指示灯，亮绿灯表示启用该 PON 口。

PON2－LOSS：PON2 口接告警指示灯，亮表示未接收到光，不亮表示接收光正常。

第五步：ping 包测试，PON 口切换测试。OLT 地址：192.168.2.245 到 192.168.2.250。

案例 2：ONU 更换配置。

第一步：使用网线将笔记本计算机连接至一台在线的 ONU 网口，更改本地连接属性设置，如图 4－21 所示。

IP 地址：172.28.7.xxx（xxx 取 100～253）。

子网掩码：255.255.255.0。

默认网关：172.28.7.254。

NDS：空。

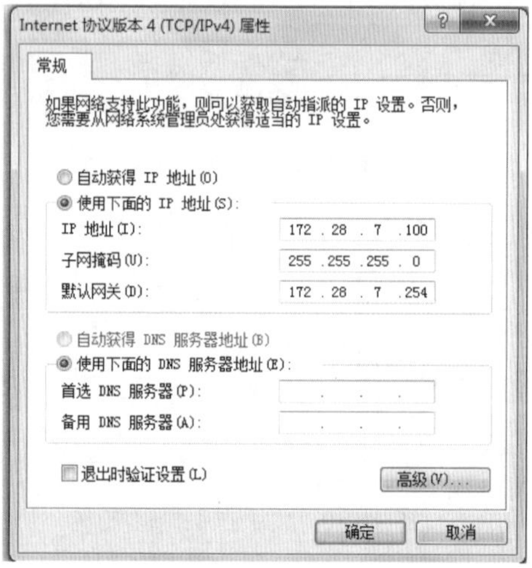

图 4－21　更改本地连接属性设置

尝试 ping 通自己的网关地址，然后看能否 ping 通 172.28.4.1（OLT 地址）。

第二步：使用 CRT telnet 连接至 172.28.4.1（OLT 地址）。

键入 Username：xxx。

键入 Password：***。

键入下命令：

```
enable                  /*进入特权配置模式*/
config                  /*进入全局配置模式*/
show epon active-onu    /*查看所有 PON 口所带 ONU 个数及 MAC 地址*/
show epon onu-information interface epon 5/3
/*查看 PON 口下所有设备*/
```

show epon active-onu interface epon 11/2　/*查看 PON 口下所有 ONU 的上线记录，找出新换的 ONU 序号，11/2 表示其中一个 PON 口*/

第三步：知道需配置的 ONU 的 PON 口及序号后，重新键入以下命令。

```
enable              /*进入特权配置模式*/
config              /*进入全局配置模式*/
interface EPON11/2:1
epon onu vlan 12
epon onu port 1 ctc vlan mode tag 12
/*tag 后面的数字 12 代表 VLAN 号，ONU 处于哪个 VLAN 就键入哪个 VLAN 号*/
epon onu port 2 ctc vlan mode tag 12
epon onu port 3 ctc vlan mode tag 12
epon onu port 4 ctc vlan mode tag 12
no epon onu port-protect
exit
```

第四步：验证新配置的 ONU 是否上线，重复第二步即可。

案例 3：创建 VLAN。

第一步：创建 VLAN。这里以 VLAN 10 为例进行配置。

```
Keybridge#config
Keybridge(config)#create vlan 10 active
```

第二步：设定源端口 B 的配置。这里以 OLT 的以太网口 1 为例进行配置。

```
Keybridge(config)interface port 1
Keybridge(config-port)switchport access vlan 10
Keybridge(config-port)switchport access egress-allowed vlan 10 confirm
```

第三步：设定接收端口 A 的配置。这里以 OLT 的以太网口 4 为例进行配置。

```
Keybridge(config-port)#quit
Keybridge(config)interface port 4
Keybridge(config-port)switchport access vlan 10
Keybridge(config-port)switchport access egress-allowed vlan 10 confirm
```

第四步：配置与 ONU 相连的 PON 口。如 0/5/2 与 ONU 相连，就配置 PON 口 5。

```
Keybridge(config-port)#quit
```

```
Keybridge(config)#interface port 5
Keybridge(config-port)#switchport mode trunk
Keybridge(config-port)#end
```

第五步：配置 PON 口 5。该 PON 口是对应的 ONU 注册的 PON 口。

```
Keybridge#fttx
Keybridge(fttx)#interface olt 0/5
Keybridge(fttx-olt0:5)#create vlan downstream 10
Keybridge(fttx-olt0:5)#vlan downstream tagged 10 mode removed
Keybridge(fttx-olt0:5)#end
```

第六步：配置 ONU。

```
Keybridge#fttx
Keybridge(fttx)#interface onu 0/5/2
Keybridge(fttx-onu0/5:2)#ip igmp mode transparent
Keybridge(fttx-onu0/5:2)#storm-control multicast disable
```

第七步：配置 ONU 上的 C 口，目的在于使 C 与 A 互通。下面的配置用到 UNI－1 口。

```
Keybridge(fttx-onu0/5:2)#uni ethernet 1
Keybridge(fttx-onu-uni0/5/2:1)#native vlan 10
Keybridge(fttx-onu-uni0/5/2:1)#vlan mode tagged
```

第5章

配电自动化信息交互与网络安全

5.1 配电自动化信息交互

在配电网的发展过程中，配电自动化系统、用电信息采集系统、地理信息系统、生产管理系统、调度自动化系统等应用系统日益增多，彼此缺乏相应的接口规范，各系统间无法实现数据共享和数据交换，产生了多个“信息孤岛”。信息资源的无法复用造成了资源的严重浪费，为了解决这一问题，国际电工委员会（International Electrotechnical Commission，IEC）着手建立了电网/配电网各系统间的接口规范，即IEC 61968/61970，使得不同应用系统间的信息交互成为可能。其中，IEC 61968是电力行业信息系统接口规范，IEC 61970是电力行业公共信息模型。

IEC 61968/61970定义了集成的接口规范，使得遵循规范的应用系统间实现了即插即用式的灵活集成，以确保大系统建设具有良好的开发性和先进性。基于IEC 61968/61970的信息交换总线可有效支持配电自动化系统与其他各系统间的业务流转和功能集成，是生产控制大区与信息管理大区之间能够紧密结合、协同工作的桥梁。

信息交换总线遵循IEC 61968标准，通过服务封装，实现了配电主站与各业务应用系统间的信息交互。配电主站通过标准化的接口适配器完成与电网调度控制系统、一体化电量与线损管理系统以及PMS 2.0系统之间的信息交互。

1. 与电网调度控制系统的信息交互

（1）图模信息交互。配电主站从电网调度控制系统获取高压配电网（包括35、110、220kV等）的网络拓扑、变电站图形、相关一次设备参数，以及一次设备所关联的保护信息。图模信息的数据交互格式遵循Q/GDW 624—2011《电力系统图形描述规范》和GB/T 30149—2019《电网通用模型描述规范》，采用电力公共信息模型（common information model electric-power，CIM/E）、图像公共信息模型（common information model graphical，CIM/G）数据格式予以实现。

（2）实时监测数据交互。配电主站可通过电网调度控制系统的数据转发方式或直接采集方式获取变电站10kV/20kV电压等级相关设备的量测及状态等信息，支持电网调度控制系统标识牌信息同步。实时数据的交互通过正反向物理隔离装置安全设备连接，并采用 E 语言格式进行数据传输。

（3）计算数据交互。配电主站从电网调度控制系统获取端口阻抗、潮流计算、状态估计等计算结果，为配电网解合环计算等分析应用提供支撑。

2. 与一体化电量与线损管理系统的信息交互

配电主站通过海量数据平台，采用 E 语言格式向一体化电量与线损管理系统交互相关数据，包括配电网运行负荷/电压/电流、遥信变位、日/月冻结电量、有功电量/无功电量等，以支撑相关业务功能应用。

3. 与 PMS 2.0 系统的信息交互

配电主站从 PMS 2.0 系统获取中压配电网（包括 6～20kV）网络设备模型和图形（包括变电站索引图、区域联络图、供电范围图、单线图、开关站图），以及设备新投异动流程信息和相关一次设备参数、地理坐标等；并向 PMS 2.0 系统推送配电网量测、事件、分析计算结果等信息。

信息交换总线打破了传统意义上点对点的信息交互方式，在配电自动化系统、调度自动化系统、PMS、GIS 等多个业务系统之间起到了基础数据的流转支撑作用，确保了数据的安全传输和透明访问，实现了最低代价的数据、资源复用。各系统之间的信息交互业务流程如图 5-1 所示。

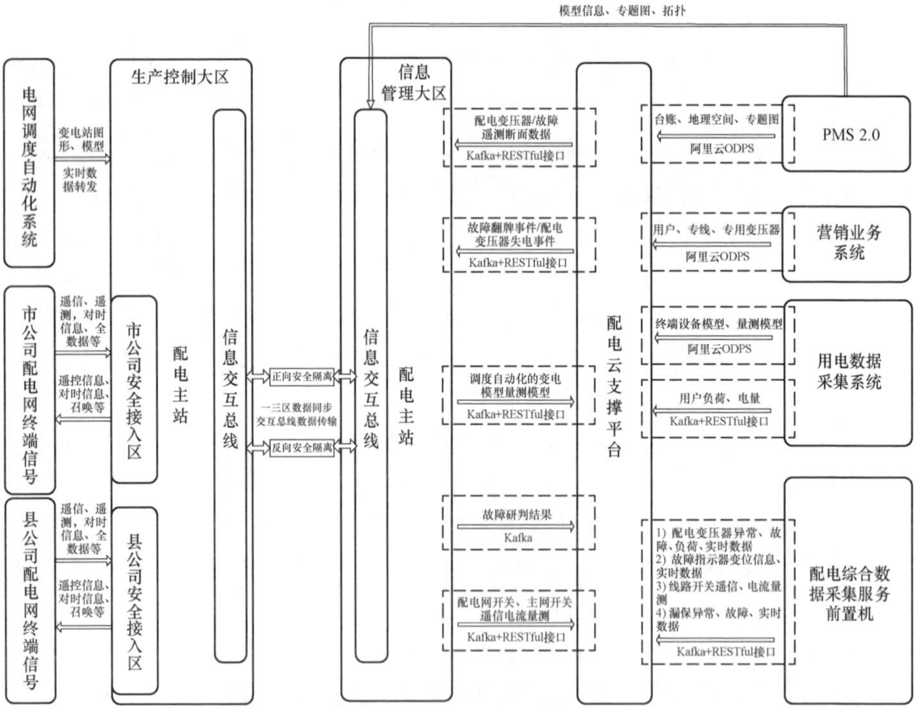

图 5-1　信息交互业务流程

信息交换总线系统的硬件包括总线服务器、接口服务器、防火墙、正反向安全隔离装置、负载均衡服务器、管理工作站和开发工作站等。其中，负载均衡服务器用于对服务器和隔离装置进行负载均衡和轮询，以提高效率，并实现主备功能。信息交换总线系统硬件结构如图 5－2 所示。

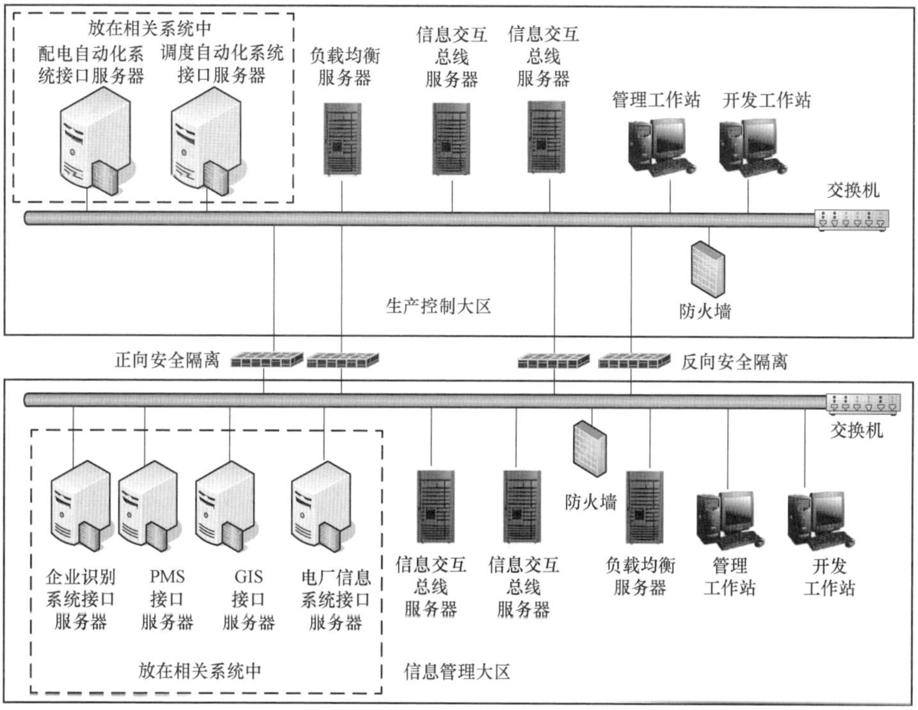

图 5－2　信息交换总线系统硬件结构

5.2　配电自动化网络安全

5.2.1　网络安全相关法律及国家电网公司要求

1. 网络安全立法的重要意义

党的十八大以来，党中央、国务院高度重视网络安全，做出了一系列部署。2014 年 2 月 27 日，中央网络安全和信息化领导小组成立（后于 2018 年 3 月改为中央网络安全和信息化委员会），习近平总书记亲自担任组长并在第一次会议上强调，网络安全和信息化是事关国家安全和国家发展、事关广大人民群众工作生活的重大战略问题，要从国际国内大势出发，总体布局，统筹各方，创新发展，努力把我国建设成为网络强国。2016 年 4 月 19 日，习近平总书记在网络安全和信息化工作座谈会上指出，要“树立正确的网络安全观”“加快构建关键信息基础设施安全保障体系”“全天候全方位感知网络安全态势”“增强网络安全防御能力和威慑能力”，加快推进网络安全工作。

2016 年 11 月 7 日，第十二届全国人民代表大会常务委员会第二十四次会议表决通过《中华人民共和国网络安全法》（以下简称《网络安全法》），自 2017 年 6 月 1 日起正式施行。这是我国第一部全面规范网络空间安全管理方面问题的基础性法律，是习近平总书记网络安全观的重要体现，是国家主权在网络空间治理法治化上的具体表征，是实现我国网络强国战略的坚实基础，具有里程碑式的重大意义。

《网络安全法》的指导思想是：坚持以总体国家安全观为指导，全面落实党的十八大和十八届三中、四中全会决策部署，坚持积极利用、科学发展、依法管理、确保安全的方针，充分发挥立法的引领和推动作用，针对当前我国网络安全领域的突出问题，以制度建设提高国家网络安全保障能力，掌握网络空间治理和规则制定方面的主动权，切实维护国家网络空间主权、安全和发展利益。《网络安全法》重点明确了维护网络主权和战略规划、保障网络产品和服务安全、保障网络运行安全、保障网络数据安全、保障网络信息安全、监测预警与应急处置、网络安全监督管理体制等方面的具体要求。

2. 法律解读及国家电网公司相关要求

国家电网公司作为国家特大型公用事业企业，被公安部列为国家信息网络安全的重点保卫单位，肩负着关键信息基础设施的建设和运营者、网络产品和服务提供者、用户信息保护者的多重使命，社会责任重大。电网作为关系国计民生的重要基础设施，在保障能源安全、促进节能减排、拉动经济增长、带动产业升级中的作用更为突出。面对日趋复杂的网络安全形势，国家电网公司网络与业务系统具有点多面广的特点，任何风险都可能导致重大的网络安全事件，特别是由网络安全风险引发的大面积停电事故，不仅会造成巨大的经济损失，还会给企业品牌形象和人民正常生活带来严重影响，甚至会危及公共安全。《网络安全法》的正式实施，对国家电网公司网络安全工作提出了更高要求。国家电网公司必须加强《网络安全法》的宣贯与学习，依法开展各项网络安全工作，任重而道远。

《网络安全法》共七章七十九条，对照国家电网公司具体情况解读如下：

（1）第一章：总则。

本章共十四条，主要明确了网络运营者须承担的责任义务，提出了坚持网络安全与信息化发展并重的原则，明确了网络运营者应依法采取技术和其他措施保障网络安全的义务。

国家电网公司相关要求：重点是要保障网络安全、稳定运行，维护网络数据安全，严格信息发布审核与舆情管理，有效应对各类网络安全事件。全方位落实网络安全责任，全方位提升网络安全意识，建立长效机制，为建设“一强三优”的现代公司提供良好环境。

（2）第二章：网络安全支持与促进。

本章共六条，主要明确了国家与各级人民政府对网络安全工作的扶持力度，包括标准体系、技术产业、知识产权、安全服务、管理创新、人才培养等方面。

国家电网公司相关要求：加强与科研机构、高校等的合作，制定网络安全系列标准，重视网络安全人才培养，加大对网络安全技术创新和应用的支持。

（3）第三章：网络运行安全。

本章共十几条，分为一般规定和关键信息基础设施的运行安全两节。

1）第一节：一般规定。本节重点提出了对网络运营者的基础网络安全要求，以及网络运营者、网络产品和服务提供者应履行的基本安全保护义务。

第二十一条将现行的网络安全等级保护制度上升为法律，明确要求网络运营者按照网络安全等级保护制度的要求，采取相应的管理措施和技术措施，履行下列安全保护义务，保障网络免受干扰、破坏或者未经授权的访问，防止网络数据泄露或者被窃取、篡改：

a. 制定内部安全管理制度和操作规程，确定网络安全负责人，落实网络安全保护责任。

b. 采取防范计算机病毒和网络攻击、网络侵入等危害网络安全行为的技术措施。

c. 采取监测、记录网络运行状态、网络安全事件的技术措施，并按照规定留存相关的网络日志不少于六个月。

d. 采取数据分类、重要数据备份和加密等措施。

e. 法律、行政法规规定的其他义务。

国家电网公司相关要求：高度重视网络安全等级保护工作，按照公安部等四部委要求，建立了等级保护合规管控机制，并开展等级保护“回头看”工作，全面夯实基础技术措施，建立等级保护管理长效机制。为更好地管理信息系统和电力监控系统，需要进一步核实是否存在等级保护定级备案不及时、监测预警和数据保护等安全措施不严密、边界措施不完整等问题。

第二十二条规定了网络产品和服务提供者的安全义务，要求网络产品和服务提供者不得设置恶意程序，应及时向用户告知风险，并应为其产品、服务持续提供安全维护等。

国家电网公司相关要求：自2012年起建立了研发安全管控体系，但在研发安全检查中发现，各研发单位的研发安全状况不容乐观，存在设置恶意程序事件，需要进一步强化研发安全管控。下属支撑单位均向国家电网公司、社会甚至国外提供网络设备、自动化设备和信息系统，需要增强法律意识、严格落实。

第二十三条将网络关键设备和网络安全专用产品的安全认证和安全检测制度上升为法律，规定网络关键设备和网络安全专用产品由具备资格的机构安全认证合格或者安全检测符合要求后，方可销售或者提供。

国家电网公司相关要求：所有入网信息系统、设备都应分别通过上线前安全检测、入网安全检测，要求隔离装置等电力专用防护设备入网前通过国家信息技术安全研究中心等国家相关机构的安全检测。但在实际落实中仍存在部分未通过安全测试违规上线、伪造安全测试报告等情况，后续仍应坚持该原则，按照国家要求严肃落实。

第二十四条要求严格落实网络实名制，网络运营者为用户办理网络接入、域名注册服务，办理固定电话、移动电话等入网手续，或者为用户提供信息发布、即时通信等服务，在与用户签订协议或者确认提供服务时，应当要求用户提供真实身份信息。用户不提供真实身份信息的，网络运营者不得为其提供相关服务。

国家电网公司相关要求：95598系统和国网商城等对外服务系统均已要求用户进行实名化注册。后期所有涉及用户的电子商务、电动汽车、金融板块等“互联网+”服务的相关业务系统，在为用户办理网络接入等入网手续，在与用户签订协议或者确认提供服务时，都应要求用户提供真实身份信息。

第二十五条网络运营者应当制定网络安全事件应急预案，及时处置系统漏洞、计算机病毒、网络攻击、网络侵入等安全风险；在发生危害网络安全的事件时，立即启动应急预案，采取相应的补救措施，并按照规定向有关主管部门报告。

国家电网公司相关要求：各单位建立实时监测、应急处置、事件报告、协同联动的保障机制，健全“一体化、扁平化、实战化”的网络攻防体系，并根据需求开展攻防演练。在“护网2016”活动中，网络安全综合防御能力和应急处置能力经受了检验，但也发现、整改了一大批网络安全突出问题和漏洞隐患，需要引起各单位重视。

第二十七条明确任何个人和组织都应遵守国家有关规定，从事网络安全认证、检测、风险评估、发布漏洞信息等相关活动。

国家电网公司相关要求：严格遵循国家有关规定开展网络安全相关活动，印发《国家电网公司网络与信息安全漏洞和隐患发现人员（红队）安全管理要求》，严格规范红队职责与行为准则。红队、督查队伍以及各级电科院都应严格遵循相关法律法规开展网络安全相关活动，严格遵循公司相关规章制度与行为准则。

第二十八条、二十九条规定网络运营者应履行协助相关国家机关的义务。

国家电网公司相关要求：积极为侦查机关提供必要的支持与协助，加强与有关部门在网络信息安全收集、分析、通报和应急处置等方面的合作。

2）第二节：关键信息基础设施的运行安全。本节提出对关键信息基础设施在网络安全等级保护制度的基础上，实行重点保护。

第三十三条要求建设关键信息基础设施应当保证安全技术措施同步规划、同步建设、同步使用；第三十四条、三十五条和三十六条明确了关键信息基础设施的运营者应履行的安全保护义务，规定了设置专门安全管理机构和负责人、开展等级保护、建设相关基础措施、采购通过安全审查的网络产品或服务等要求。

国家电网公司相关要求：目前仍然存在“三同步”未严格落实的情况，个别单位在信息化规划、设计、研发、运行的各个关键环节中，存在不同程度的重建设进度轻安全规划、重业务应用轻安全隐患、重对标考核轻安全漏洞整改等各类违章现象，对网络安全形势的严峻性、复杂性认识不足，存在严重侥幸心理，对此已提出相关要求，各部门、各单位应严格执行。

第三十七条要求加强跨境数据的安全保护，规定向境外提供个人信息和重要数据时应当经过安全评估。

国家电网公司相关要求：建议国际合作部组织国际公司，以及有涉外业务的产业单位等，信通部配合，对所有跨境业务和数据进行安全评估，确保其在境外存储网络数据或向境外提供网络数据以及防护措施符合国家规定和相关管理制度。

第三十八条要求加强网络安全风险检测评估工作，规定关键信息基础设施运营者每年至少开展一次相关检测评估工作。

国家电网公司相关要求：已建立风险评估等工作机制，各部门和单位应落实有关费用，确保网络安全风险检测评估等工作实施到位。

（4）第四章：网络信息安全。

本章共十一条，其中第四十条至第四十四条突出了对公民个人信息的保护，明确了网络运营者的责任和义务，规范了收集、管理和使用公民个人信息的行为，防止公民个人信息数据被非法获取、泄露或使用。

国家电网公司相关要求：完善相关管理制度，重点做好全网客户服务数据的安全管控。营销部、物资部、人资部，以及涉及公民个人信息的金融板块、电子商务、电动汽车等板块应高度重视对公民个人信息的保护，依法依规严格落实客户信息安全保护制度，确保不发生客户个人信息泄露、篡改、毁损，不发生非法收集、使用个人信息等事件。

（5）第五章：监测预警与应急处置。

本章共八条，主要是要求加强国家的网络安全监测预警和应急制度建设。

第五十一条、第五十三条明确要求国家建立网络安全监测预警和信息通报制度，建立网络安全风险评估和应急工作机制。

国家电网公司相关要求：已建立较为完备的相关制度和工作机制，并正在建设网络与信息安全预警分析平台，提升应急响应和处置能力。

（6）第六章和第七章：法律责任和附则。

这两章共二十一条，主要是对违反本法律规定的法律责任、相关用语的含义等做了规定。

国家电网公司相关要求：各单位、员工如果发生违反本法律规定的行为，将被有关主管部门处以数额不等的罚款，情形严重的将被责令停业并追究民事和刑事责任。

5.2.2 电力系统信息安全案例

1. 事件描述

2015 年 12 月 23 日，黑客对乌克兰电力系统发起网络攻击，导致伊万诺—弗兰科夫斯克地区发生大面积停电，是首次经证实的由黑客的攻击行为导致的停电事件。该事件发生的同时，乌克兰至少还有三个地区的电力系统也遭受了攻击，影响非常恶劣。

乌克兰配电公司所感染的是一款名为“BlackEnergy”的恶意软件，其重点攻击能源行业的工业控制系统。黑客利用该恶意软件通过欺骗配电公司员工、植入木马、后门连接等方式，绕过认证机制，对乌克兰境内的三处变电站监控与数据采集系统（supervisory control and data acquisition，SCADA）发起网络攻击，造成 7 个 110kV 和 23 个 35kV 变电站发生故障，从而导致伊万诺—弗兰科夫斯克地区发生大面积停电事件，140 万人受到影响，整个停电事件持续了 6h 之久。

2. 攻击场景

根据相关报道，乌克兰停电事件黑客攻击场景还原如图 5－3 所示。

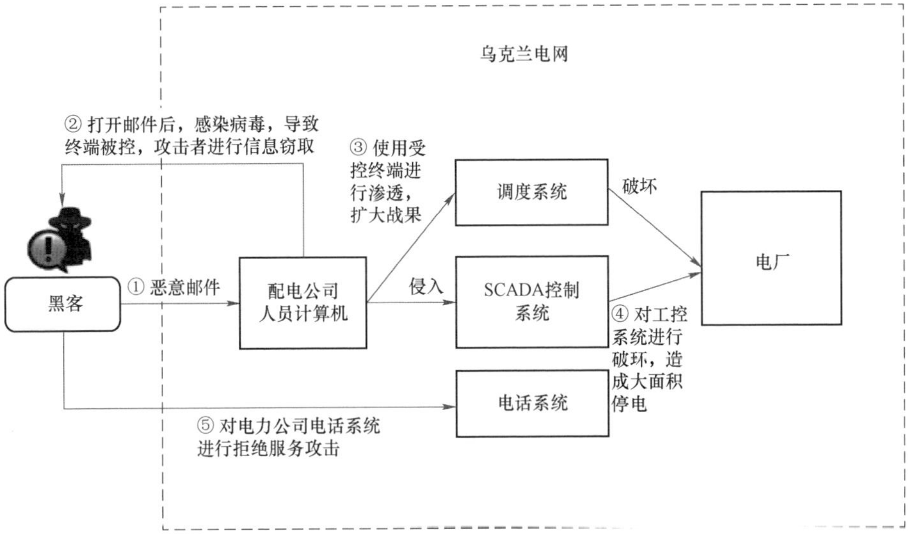

图 5－3　乌克兰停电事件黑客攻击场景还原

（1）黑客采用诱骗手段，引诱安全意识淡薄的电力公司员工打开感染恶意代码的邮件。

（2）乌克兰配电公司人员打开受感染的邮件，导致个人计算机感染恶意代码，进而被黑客控制并开展信息窃取，黑客取得合法用户认证信息。

（3）黑客利用受控计算机进行全网搜索，由于乌克兰电网没有物理隔离，黑客发现并成功入侵变电站 SCADA 系统及网络内的其他系统。

（4）黑客利用窃取的认证信息，对 SCADA 系统进行破坏，致使 SCADA 系统无法正常工作；同时使变电站三个开关跳闸，进而导致大面积停电。

（5）发起停电攻击的同时，黑客还对电力公司电话系统进行堵塞，导致无法正常通信，干扰紧急抢修。

最终，乌克兰电力工作人员只能采取盲调方式恢复供电（切换到无 SCADA 系统介入的“手工模式”）。

3. 事件启示

乌克兰电网被黑客攻击事件的安全启示：

（1）抵御网络攻击将成为电网运行的核心安全问题之一。网络攻击已成为新型武器，敌对势力利用网络攻击成功破坏电力等国家关键基础设施已成为现实，这种针对性攻击具有攻击目标明确、操作隐蔽、潜伏时间长、危险性强等特点。

（2）特种木马及特种攻击手段具有极度危险性。“震网”“火焰”以及该事件中的病毒均为敌对势力针对电力生产控制系统量身定制，攻击者熟悉被攻击系统及网络结构，采用的攻击技术先进，病毒扩散及破坏非常隐蔽，现有防病毒软件无法进行查杀。

（3）物理隔离已不是抵御网络攻击的最后一道防线。熟悉电力系统安全防护的黑客通过感染U盘或员工笔记本计算机，绕过物理隔离体系，通过“摆渡”方式间接入侵电网调度Ⅰ、Ⅱ区，进而破坏电网核心生产控制系统的威胁依然存在。

（4）电网工控网络与信息安全风险将长期存在。新能源电厂等机构的接入，对国家电网公司边界的完整性与健壮性提出了挑战。国内电厂的生产控制系统大部分采用西门子、施耐德、ABB、GE等国外公司产品，部分国外厂商的设备在测试中曾发现有高危漏洞甚至后门，核心技术受制于人的局面仍未改观。

5.2.3 配电自动化系统网络安全防护方案

1. 安全防护方案原则

因为现场配电终端主要是通过光纤、无线网络等通信方式接入配电自动化系统的，而且目前安全防护措施相对薄弱，黑客攻击手段增强，致使点多面广、分布广泛的配电自动化系统面临来自公网或专网的网络攻击风险，进而影响配电系统对用户的安全可靠供电。同时，当前国际安全形势出现了新的变化，攻击者存在通过配电终端误报故障信息等方式迂回攻击主站的情况，进而造成更大范围的安全威胁。

为了加强配电自动化系统安全防护，保障电力监控系统安全，《电力监控系统安全防护规定》（国家发展和改革委员会令2014年第14号）（以下简称“14号令”）和《关于印发电力监控系统安全防护总体方案等安全防护方案和评估规范的通知》（国能安全〔2015〕36号）（以下简称“36号文”）等对配电自动化系统的安全防护做出了原则性规定。

基于“14 号令”和“36 号文”的相关规定，参考国家信息系统安全防护等级保护要求以及国家电网公司信息安全防护相关要求，以“安全分区、网络专用、横向隔离、纵向认证”为总体原则，从主站、终端、边界、纵向通信、横向隔离等层面对系统进行了全面防护，完善了配电自动化安全防护方案。

配电自动化系统的安全防护遵循“14 号令”和“36 号文”附件 1 及附件 6 的要求，采用基于数字证书的认证技术及基于国产商用密码算法的加密技术，实现配电主站与配电终端间的双向身份鉴别及业务数据加密，确保数据的完整性和机密性；加强配电主站的边界安全防护，与主网调度自动化系统之间采用电力专用横向单向安全隔离装置，接入生产控制大区的配电终端均通过安全接入区接入配电主站；加强配电终端服务和端口管理、密码管理、运维管控并采取内嵌安全芯片等措施，提高终端的防护水平，从而抵御黑客、恶意代码等对配电自动化系统发起的恶意破坏、攻击和其他非法操作，防止系统瘫痪和失控，以及由此导致的配电网一次系统事故。

2. 整体安全防护方案

配电主站生产控制大区采集应用部分与配电终端的通信方式原则上以电力光纤通信为主，对于不具备电力光纤通信条件的末梢配电终端，采用无线专网通信方式；配电主站管理信息大区采集应用部分与配电终端的通信方式原则上以无线公网通信为主。无论采用哪种通信方式，都应采用基于数字证书的认证技术以及基于国产商用密码算法的加密技术进行安全防护。配电自动化系统整体安全防护方案如图 5－4 所示。

3. 安全防护边界划分

配电自动化系统的安全防护可以划分为以下七个部分，如图 5－5 所示。

（1）生产控制大区采集应用部分与调度自动化系统边界的安全防护（B1）。

（2）生产控制大区采集应用部分与管理信息大区采集应用部分边界的安全防护（B2）。

（3）生产控制大区采集应用部分与安全接入区边界的安全防护（B3）。

（4）安全接入区纵向通信的安全防护（B4）。

（5）管理信息大区采集应用部分纵向通信的安全防护（B5）。

（6）配电终端的安全防护（B6）。

（7）管理信息大区采集应用部分与其他系统边界的安全防护（B7）。

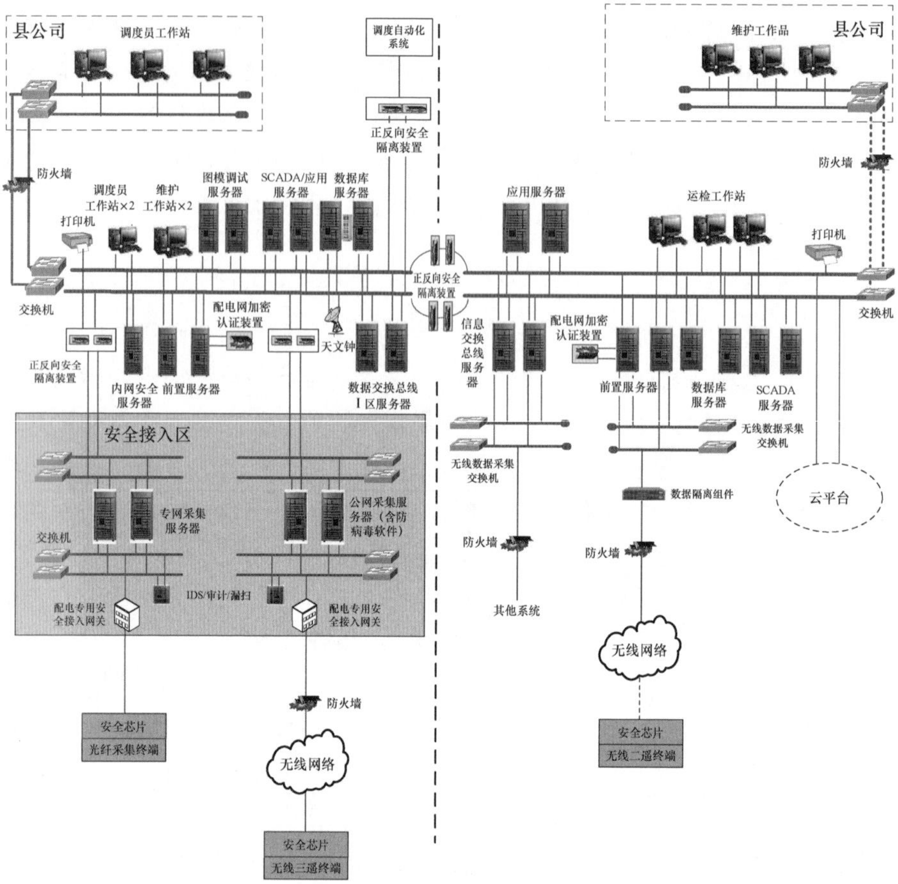

图 5-4　配电自动化系统整体安全防护方案

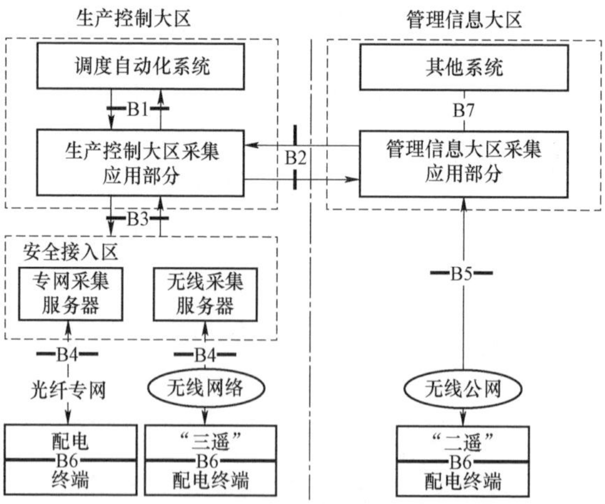

图 5-5　配电自动化系统安全防护边界划分示意图

4. 安全防护设备部署

安全防护设备是实现网络边界防护、网络安全事件监视、数据流监视和控制的重要工具，主要包括配电加密认证装置、配电专用安全接入网关、电力专用横向单向安全隔离装置、数据隔离组件、配电终端（内嵌安全芯片）、防火墙、入侵检测及防御装置、漏洞扫描装置、日志审计系统、数据库安全审计系统及安全监视系统等。

根据信息安全防护策略，在配电自动化主站系统与主网调度自动化系统之间加装正反向物理隔离装置，确保主网调度自动化系统和调度数据网信息安全；光纤通信站点和无线公网通信站点通过安全接入区接入配电自动化系统主站，防止从终端通信入侵主站系统；实现配电自动化主站系统的分安全区采集应用，三遥终端数据通过安全接入区接入生产控制大区采集应用部分，二遥终端数据通过安全隔离组件接入管理信息大区部分。配电自动化系统安全防护设备部署如图 5－6 所示。

5.2.4　电力专用横向单向安全隔离装置

隔离装置将可信任的内网和不可信任的外网进行隔离，因此必须保证内部网和外部网之间的通信均通过隔离装置进行，同时必须保证隔离装置自身的安全性。隔离装置是实施内部网安全策略的一部分，它能保证内部网的正常运行而不受外部的干扰。

电力专用横向单向安全隔离装置是电力监控系统安全防护专用设备，分为正向型与反向型两种，采用软、硬件结合的安全措施。在硬件上，使用双机结构，通过“安全岛”装置进行通信以实现物理上的隔离；在软件上，采用综合过滤、访问控制、应用代理、双字节检查技术实现链路层、网络层与应用层的隔离。因此，电力专用横向单向安全隔离装置在保证网络透明性的同时，实现了对非法信息的隔离。

其中，反向型装置结合配套软件，实现了可信数据根据计划自动或手动地从外网到内网的传输。在传输过程中，发送端程序对外网数据进行双字节转换及数字签名；报文在通过隔离装置前，隔离装置根据规则进行综合过滤，并对签名进行验证，对验证通过的报文再进行双字节检查。这样检查通过的报文才可以进入内网，以保证内网系统的安全，并保证在网络隔离的情况下可信数据能够进入内网。

由于隔离装置自身没有 IP 地址，非法用户无法对隔离装置本身进行网络攻击；通过双向网络地址转换（network address translation，NAT），可有效隐

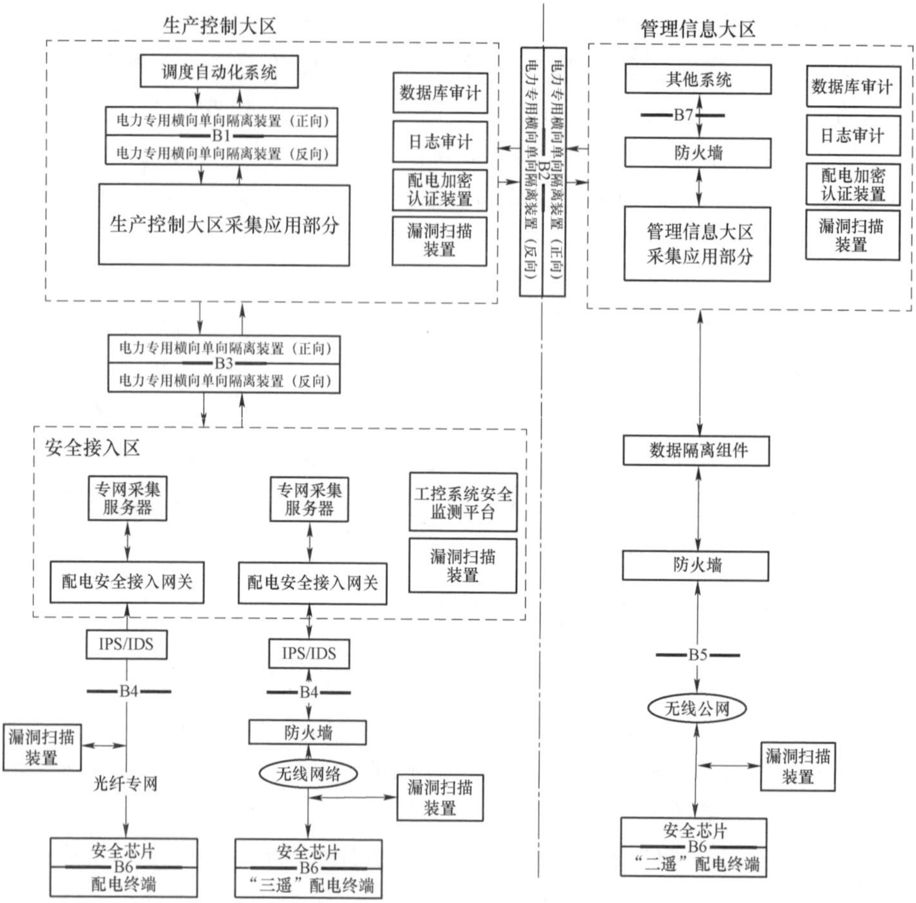

图 5－6　配电自动化系统安全防护设备部署

藏内部网络主机的 IP 地址。

1. 装置外观

电力专用横向单向安全隔离装置外观如图 5－7 所示。

图 5－7　电力专用横向单向安全隔离装置外观

正向型与反向型均有 Public 接口和 Private 接口，通过 Public 接口连接管理信息大区，通过 Private 接口连接生产控制大区，每个区域可使用两个网络接口分别连接冗余的两台交换机，以及两个控制端口分别支持串口和网口。

2. 部署位置

电力专用横向单向安全隔离装置部署在生产控制大区和管理信息大区之间的边界，用于对两个网络区域之间的通信进行安全隔离，防止生产控制大区受到外部的非法访问，防止生产控制大区的内部信息非法泄露。

3. 访问控制策略

访问控制策略是隔离装置的基础，它可以按如下两种逻辑来制定。

（1）默认禁止：访问控制规则没有明确允许的都禁止访问。

（2）默认允许：访问控制规则没有明确禁止的都允许访问。

由此可以看出，前一种逻辑限制性大，后一种逻辑则比较宽松。基于安全性考虑，电力专用横向单向安全隔离装置采用的是“默认禁止”访问控制策略。

4. 主要特性

（1）具有物理隔离能力的硬件结构。由两个嵌入式计算机及辅助装置形成“安全岛”系统，并由“安全岛”调度引擎实现安全轮渡，保证了内部网络和外部网络的物理隔离。

（2）软、硬结合的数据流向控制。经过安全隔离装置的数据流向控制可以通过安全策略实现软控制，通过物理开关实现硬控制，极大地保证了内部系统的安全。

（3）连接方向的控制。可对 TCP 连接进行方向控制，TCP 连接只能由内网主机建立连接，以保证内网主机不向外网提供网络服务。

（4）多级过滤的立体访问控制。基于多级过滤形成了立体、全面的访问控制机制。它可以在链路层根据 MAC 地址进行分组过滤，在 IP 层提供基于状态检测的分组过滤，可以根据网络地址、网络协议以及 TCP、UDP 端口进行过滤，在应用层通过应用代理提供对应用协议的命令、访问路径、内容等过滤，同时还提供用户级的鉴别和过滤控制，从而保证了系统的安全性，提高了防护能力，增强了控制的灵活性。

（5）支持多种工作模式。可以支持无 IP 地址透明监听、网络地址转换、混合工作模式。因为隔离装置没有 IP 地址，非法用户无法对隔离设备本身进行网络攻击。同时又支持双向 NAT，隐藏内部网络主机 IP 地址，因此不但便于实施，而且提高了安全性能。

5. 工作原理

隔离装置通过开关切换及数据缓冲设施来进行数据交换。开关的切换使得在任何时刻两个网络都不会直接连通，在某个时刻隔离装置只能连接到一个网络，而数据流经隔离装置时 TCP/IP 协议被终止，因此可以有效地防护利用网络进行的外部攻击。

隔离装置（正向型）作为代理从内网的网络访问包中抽取出数据，然后通过数据缓冲设施转入外网，完成数据中转；隔离装置（反向型）作为代理从外网的网络访问包中抽取出数据，然后通过数据缓冲设施转入内网，完成数据中转。在中转过程中，隔离装置会对抽取的数据报文的 IP 地址、MAC 地址、端口号、连接方向实施过滤控制。由于隔离装置采用了独特的开关切换机制，因此在过滤检查时网络实际上处于断开状态。通过严格检查，只有符合安全策略的特定数据才能进入内网，因此即使黑客强行攻破了隔离装置，由于攻击发生时内外网始终处于物理断开状态，黑客也无法进入内网。正反向型隔离装置设备的硬件结构及网络连接分别如图 5－8 和图 5－9 所示。

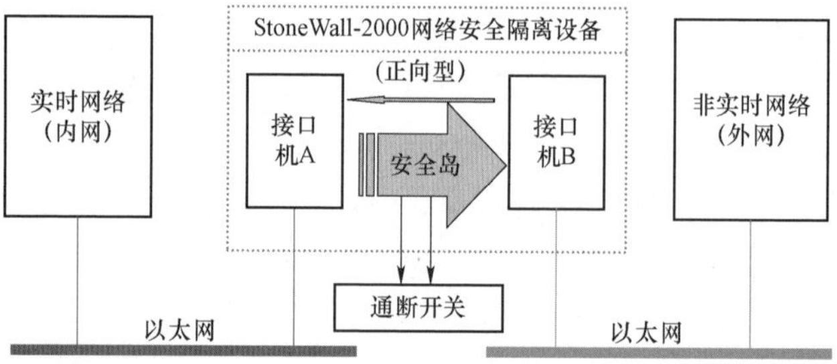

图 5－8　隔离装置（正向型）的硬件结构及网络连接

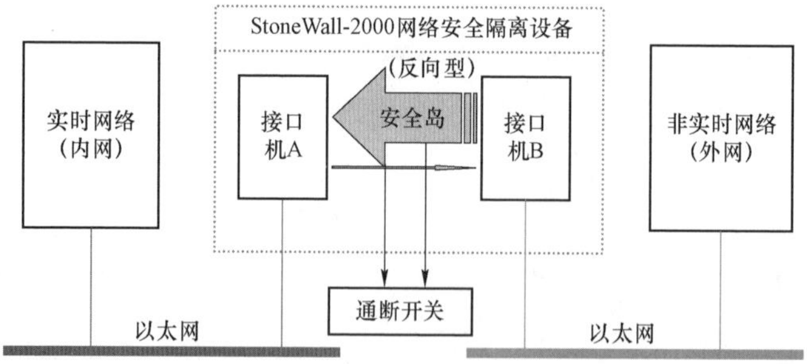

图 5－9　隔离装置（反向型）的硬件结构及网络连接

隔离装置在实现物理隔断的同时允许可信的内部网络和不可信的外部网络之间的数据和信息进行安全交换。由于隔离装置仅抽取特定的合法数据进入内网，因此内网不会受到网络层的攻击，这就在物理隔离的同时实现了数据的安全交换。

6. 管理配置

（1）配置工具。隔离装置提供了两种不同的规则配置管理工具：图形用户界面（graphical user interface，GUI）管理工具、命令行界面（command-line interface，CLI）管理工具。

GUI 规则管理工具是隔离装置的专用配套程序。该管理器具有界面友好直观、功能齐全、通俗易懂等特点，可以运行于 Microsoft Windows 9X/Me/2000/XP 环境下。

CLI 命令行方式是指使用设备提供的 Console 接口进行本地管理。隔离装置共有两个串口，连接标记为 Private 的串口即可管理本隔离设备的内网端；连接标记为 Public 的串口即可管理本隔离设备的外网端。

（2）主要配置。通过规则管理界面，可以进行规则管理，主要包括对主机信息和连接规则的管理，如图 5－10 所示。

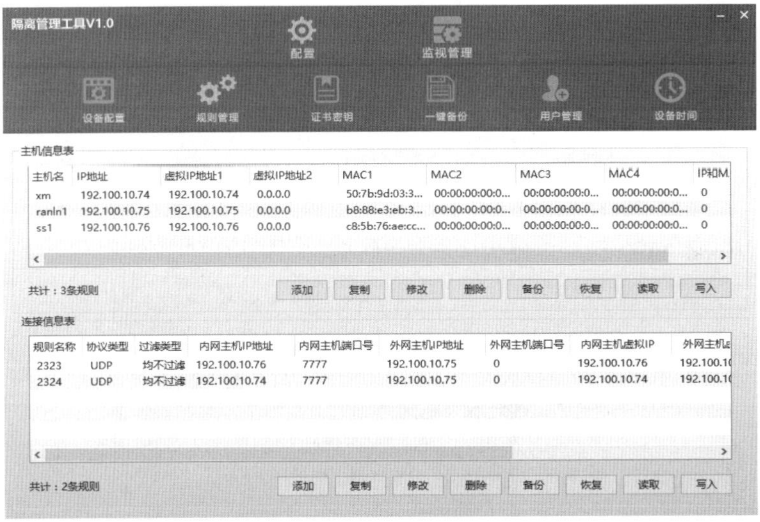

图 5－10　规则管理界面

1）添加主机信息。添加主机名称、主机 IP，以及对应的 MAC 地址和主机的虚拟 IP，如图 5－11 所示。当选择 IP 和 MAC 地址绑定时，只能填写一个 MAC 地址；若不选择绑定关系，则可选择添加 1～4 个 MAC 地址信息。

2）添加连接信息。添加一条新的连接信息需要输入规则名称，如图 5－12 所示。在输入规则名称时，最好是输入一个具有意义的、有代表性的名称，

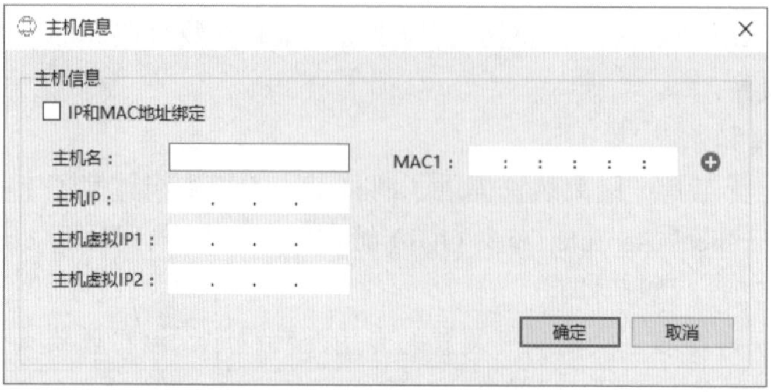

图 5－11　添加主机信息界面

如 xxx1_ss2，可以代表主机 xxx1 和主机 ss2 之间有通信链路。在输入规则名称时，请注意开头字母不要采用－、&、%等特殊字符，防止发生错误。规则名称最长为 16 位；特殊值最长为 9 位，最大为 999999999。选择协议类型时，可以根据具体应用来选择，隔离装置支持 TCP/IP 和 UDP 两种标准网络通信协议。根据主机信息的配置，对内网主机和外网主机 IP 地址、虚拟 IP、端口号和网口号进行配置选择。可选择是否记录非法方向的报文信息，也可选择对特殊值是否进行过滤。

图 5－12　添加连接信息界面

（3）配置示例。为了达到让不同网段的两个网络通过隔离装置通信的目的，在隔离装置上采用 NAT 功能模块。当该隔离装置代表内部网络与外部网络建立连接时，它使用自定义的 IP 地址。在受保护的内部网络中，当一个 TCP/IP 请求被送往隔离装置时，NAT 模块将源 IP 地址替换为自定义的 IP 地址。当外部网络的应答返回隔离装置时，NAT 将应答的目标地址字段替换为最初建立 TCP/IP 请求的内部网络计算机节点的 IP 地址。

因为外部网络的计算机节点也有可能主动发送 TCP/IP 连接请求给内部网络，但是内网要隐藏其真正的 IP 地址，所以 NAT 模块为内部网络的计算机节点绑定了一个固定的 IP 地址（虚拟的 IP 地址）。

具体举例如下：

外网：节点实际 IP 地址为 10.43.1.5。

内网：节点实际 IP 地址为 5.10.8.12。

那么在具体设计中要为外网节点（10.43.1.15）分配一个虚拟的 IP 地址，该地址要与内网节点的 IP 同属一个网段，可以分配为 5.10.8.5；要为内网节点（5.10.8.12）分配一个虚拟的 IP 地址，该地址要与外网节点的 IP 同属一个网段，可以分配为 10.43.1.12。具体配置结构示例如图 5－13 所示。

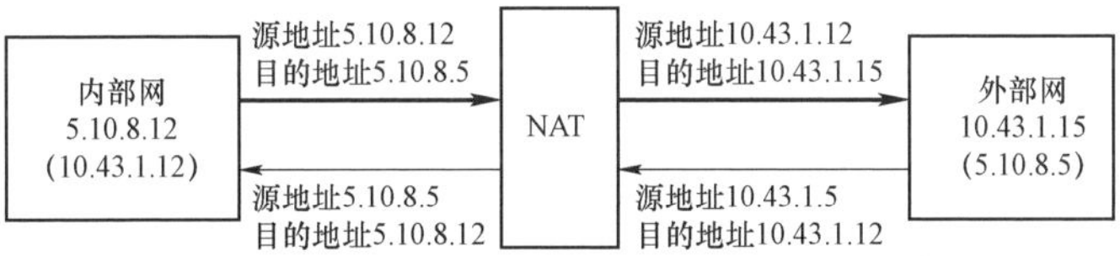

图 5－13　具体配置结构示例

假如应用是从外网连接到内网，原先是连接 IP 地址 5.10.8.12，现在要改为连接 IP 地址 10.43.1.12。

GUI 管理器的配置示例如图 5－14～图 5－16 所示。

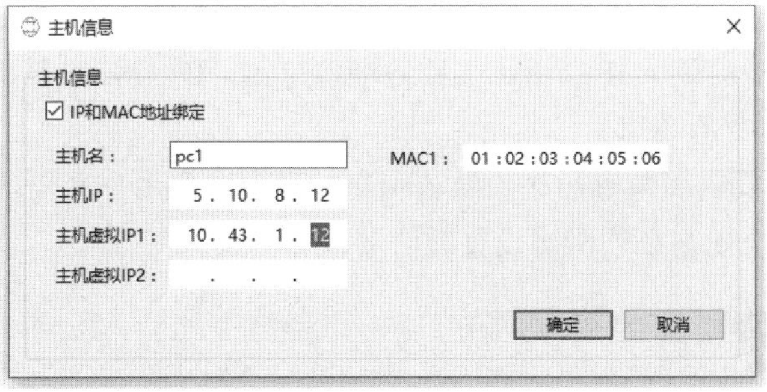

图 5－14　添加主机信息示例 1

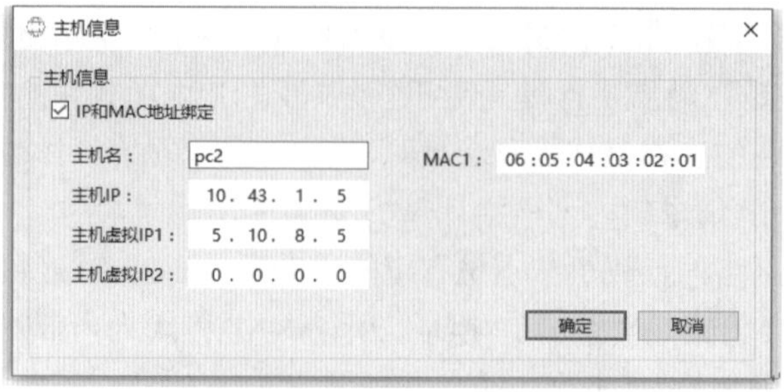

图 5－15 添加主机信息示例 2

图 5－16 添加连接信息示例

（4）应用注意事项。电力专用横向单向安全隔离装置的应用注意事项如下：

1）全部正/反向隔离装置正常运行，设备安全策略有效，不存在无效策略。

2）各策略实现了 IP、MAC、业务端口绑定，IP、MAC 精确到主机设备，不得存在无用业务端口。

3）各正/反隔离装置已删除默认用户，设备中各用户密码均为强密码。

4）各安全规则必须明确设置通信端口和协议。

5.2.5 配电专用安全接入网关

配电专用安全接入网关作为安全接入区的防护边界，负责生产控制大区的光纤和无线配电终端的安全接入。它采用数字证书技术、包捕获技术、预处理器过滤以及报文解析处理单元完成与配电终端的双向身份认证和报文的转发，防止伪造或非法终端接入生产控制大区。

配电专用安全接入网关采用串行方式部署在安全接入区的采集服务器和配电终端之间，负责与终端的双向身份认证，典型应用如图 5－17 所示。身份认证通过后，才允许采集服务器与终端进行信息交互；对于非法终端或未完成身份认证的终端，禁止与采集服务器建立连接。

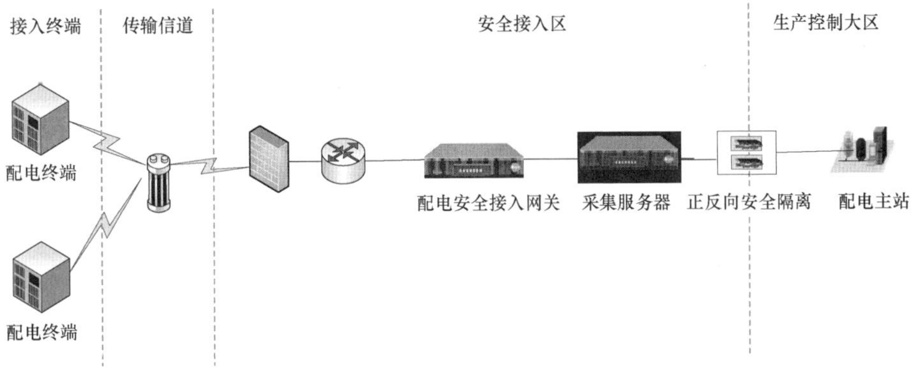

图 5－17　配电专用安全接入网关的典型应用

配电专用安全接入网关利用包捕获技术从网卡上捕获网络上的数据包，经过预处理器进行过滤后，将满足条件的报文送往解析处理单元进行处理。解析处理单元针对链路层的不同类型的数据包进行特定的处理。

配电专用安全接入网关通过分析采集服务器报文，在采集服务器和终端完成身份认证之前先完成和终端的双向身份认证，完成认证后，即可转发采集服务器和对应终端之间的报文。

配电专用安全接入网关的具体功能见表 5－1。

表 5－1　　配电专用安全接入网关的具体功能

功能项	功能描述
双向认证	基于国产密码算法，提供基于数字证书的配电终端和接入网关的双向身份认证功能
网络访问控制	进行网络层安全访问控制，对终端可访问的主站服务进行严格限制
链路检测	实现配电主站通过接入网关对链路状态的主动检测
终端状态监测	实时监测终端的在线及链路状态
配置管理	实现对服务配置、隧道配置、路由配置、网络参数配置、日志配置等管理功能
日志信息上报	对终端接入、认证信息、主机的 CPU 和内存、网络等信息进行实时上报

配电专用安全接入网关使用专用网关运维系统进行运维和配置管理。专用网关运维系统采用用户名/强口令以及物理设备（安全 USB Key）保证运维个人计算机（personal computer，PC）的合法性，采用数字证书技术实现对运维 PC 的安全认证。专用网关运维系统与安全接入网关采用 C/S 结构完成指令交互。专用网关运维系统可对网关的网络、路由、NAT 模块、防火墙以及站点（配电专用安全接入网关主程序）进行配置。

5.2.6 数据隔离组件

数据隔离组件处于管理信息大区内网的网络边界，连接两个或多个安全等级不同的网络，对重点数据提供高等级的安全隔离的保护。数据隔离组件的功能见表 5－2。

表 5－2　　数据隔离组件的功能

功能项	功能描述
液晶屏显示	实时显示 CPU 和内存使用情况
双向访问控制	进行数据报文的双向访问控制，严格限制终端访问应用
网络安全隔离	提供第三方有线或无线网络和电力信息网络的安全隔离功能
内网资源保护	实现对内网应用访问资源的屏蔽，防止非法终端窥测内网系统服务及网络拓扑
应用资源映射	实现终端应用数据的映射和安全代理转发，屏蔽内网真实服务，保护内网系统安全
数据模板定制	根据业务系统特点和具体需求，进行合法的数据模板预定制，只允许符合数据模板的数据通过
数据内容过滤	提供对实现数据格式的安全过滤，防止非法数据进入内网
配置管理系统	提供网络参数、应用代理、管理接口、过滤规则、系统监控、路由配置、系统重启/关机、内网应用管理等功能

数据隔离组件采用 2+1 系统架构，包括内网安全主机、外网安全主机、专用物理隔离数据交换模块 3 个部分。其中，内网安全主机和外网安全主机是两套独立的系统，分别与前置服务器和终端直接或间接相连。这两套系统中间通过专用物理隔离数据交换模块相连，专用物理隔离数据交换模块的功能就是通过一些可配置的规则对内网安全主机、外网安全主机的数据进行过滤、转换等操作。因此，数据隔离组件能在保证业务正常交换的情况下，实现不同安全等级的网络区域间的隔离功能。

当终端通过数据隔离组件向内网主机发送数据时，数据首先被发送到数据隔离组件的外网机。数据隔离组件的外网机根据访问控制规则接收到网络报文后，会将业务数据剥离出来，并根据预制规则进行过滤后，再通过网络高速通道转发到内网机，从而实现对业务的应用层访问控制。

5.2.7　配电加密认证装置

根据“14 号令”和“36 号文”的管理要求，遵循国家电网公司《配电自动化系统安全防护方案》总体防护原则，要求配电自动化系统应当支持必要的加解密防护措施，重点防护控制指令的安全，以提高配电自动化终端的防护水平，确保终端和主站之间的通信链路安全，保障终端和主站之间传输数据的保密性和完整性，同时实现主站和终端之间的双向身份鉴别。

配电加密认证装置部署在生产控制大区和管理信息大区内，同配电终端安全芯片相互进行身份合法性认证，并对配电终端的规约数据提供机密性和完整性保护。配电加密认证装置重点防护控制指令的安全，防范通过伪造终端身份、重放等手段对配电主站系统的恶意破坏、攻击及其他非法操作，确保终端和主站之间的通信链路安全。

配电加密认证装置应通过权威机构的检测认证，并取得国家密码管理局颁发的《商用密码产品型号证书》。

1. 密码体制

配电加密认证方案中采用的算法包括对称密码算法 SM1、非对称密码算法 SM2 和摘要算法 SM3。

对称密码算法的加密和解密采用相同的密钥，可以解决通信网络上数据的机密性保护。SM1 算法的效率高，适合加密大量数据，但是密钥分发和密钥管理比较复杂，密钥数目和通信方数目的平方成正比。

非对称密码算法又称公钥密码算法，加密密钥和解密密钥不同，且两者不能通过计算互相得出。SM2 算法的计算效率低于 SM1 算法，但是可以提供对称密码算法无法实现的服务，如数字签名。

摘要算法要求逆向计算得到原始消息非常困难，并且要求很难找到具有相同摘要值的两个原始数据。SM3 算法可以将任意长度的消息映射成一个较短的、定长的报文。

2. 双向身份认证

在终端和主站之间建立链路后，应用数据报文传输之前，需要进行双向身份认证。双向身份认证可以有效防范假冒终端对主站的攻击，也可以防范假冒主站对终端的攻击。

双向身份认证通过数字签名技术实现。数字签名利用了非对称密钥加密技术与数字摘要技术。签名方将原文摘要信息用签名方的私钥加密，与原文一起传送给验签方。验签方只有用发送者的公钥才能解密被加密的摘要信息，然后利用摘要函数使收到的原文产生一个摘要信息，与解密的摘要信息对比。如果对比结果正确，说明签名方拥有正确的私钥，也就证明了签名方的合法身份。

3. 上行数据报文保护

上行数据报文主要为终端上传遥信、遥测报文。为了防止非法终端的重发报文攻击和中间人攻击，终端需要对上行数据报文进行机密性和完整性保护。机密性通过国产对称密码算法实现，完整性通过消息认证码 MAC 实现。实现机制如下：

终端将认证流程中的主站随机数 R1 作为传输参量，将要上传的遥信、遥测报文利用上行数据保护密钥加密并计算消息认证码 MAC，将密文数据+MAC 作为上行数据报文的数据域，发送给主站；主站接收报文后，利用主站随机数 R1 和上行数据保护密钥验证数据的完整性，即 MAC 的正确性，并解密获得明文数据。

4. 下行遥控报文保护

主站下发的遥控报文经过加密认证装置签名并加密下发给终端，终端解密报文并对主站签名进行验签。主站对报文进行签名可以防止伪主站伪造下行控制报文攻击终端。遥控报文的安全交互机制如下：

主站对要下发的遥控选择命令报文 DATA1（遥控选择+时间信息）进行签名，获得签名数据 S1；用下行数据保护密钥对遥控选择命令报文 DATA1+签名数据 S1 进行加密，获得加密结果 DATA1′，将 DATA1′ 发送给终端。

终端接收主站遥控命令数据，使用下行数据保护密钥对 DATA1′ 进行解密，得到 DATA1+S1，判断指令时效后，利用 DATA1 验证主站签名有效性；验证正确后，终端产生随机数 R，然后用上行数据保护密钥对上行数据（含终端随机数 R）加密，并利用主站随机数 R1（认证过程所产生）对密文计算 MAC，最后将密文+MAC 数据作为报文的数据域上传主站。

主站对终端上行数据解密并验证 MAC，验证正确后，主站对要下发的数据 DATA2（遥控指令）+时间+终端随机数 R 进行签名，获得签名数据 S2；然后用下行数据保护密钥对 DATA2+时间+终端随机数 R+签名数据 S2 进行加密，获得加密结果 DATA2′，将 DATA2′ 发送给终端。

终端首先用下行数据保护密钥对 DATA2′ 解密，获得 DATA2，并判断指令时效；之后利用 DATA2 和终端随机数 R 验证主站签名 S2 的正确性，正确则执行相关操作，若不正确，则返回主站错误信息。

5.2.8 终端安全芯片

1. 安全芯片简介

SC1161Y 是针对最新的配电自动化安全防护方案定制开发的专用安全芯片，是通过国家密码管理局检测的商用密码产品。将该安全芯片内嵌在配电终端主板上，可对外提供串行外设接口（serial peripheral interface，SPI）通信接口与配电终端主控多点控制单元（multipoint control unit，MCU）的连接通信，实现对数据的加解密、签名和鉴签功能，协助配电终端实现与配电主站之间的双向身份认证，并确保业务数据的保密性和完整性。

配电专用安全芯片内带片上操作系统，该操作系统在安全芯片上电后独立运行，实现对芯片上密钥、数据、文件和硬件资源的管理，并通过响应外部 SPI 通信接口传入的指令完成数据的加解密、签名和鉴签功能。其关键性能如下：

（1）抗物理攻击的安全特性。为了保证芯片的物理安全，芯片内部集成了真随机数发生器、存储器保护单元、存储器数据加密、内部时钟振荡器、高低电压检测报警、高低频率检测报警、温度检测报警等功能模块。

（2）数据存储可靠性。擦写次数不小于 100000 次，最小数据保持时间 10 年。

（3）密码体制。支持国产 SM1、SM2、SM3 算法。

（4）工作温度。工业级的工作温度为 −40～80℃。

2. 安全芯片应用场景

在配电自动化系统安全防护方案中，配电专用安全芯片首先同配电专用安全接入网关进行双向认证，其次同配电加密认证装置进行双向认证，最后用配电加密认证装置实现数据报文的加解密及签名保护。该方案实现了终端到主站侧数据的端到端加密，既保证了整个通信通道的机密性，又可以防止假冒终端和主站身份的攻击手段。

终端安全芯片包括两种部署方式：一种是内置于配电终端内部；另一种是置于配电终端外部，以加密盒的方式部署。外置方式相对内置方式成本较高，并且增加了额外的故障点，一般只用于老旧设备的安全改造。

3. 安全芯片物理安全

配电终端分布范围广，所处物理环境大多无人看守，终端设备很容易落入攻击者手中。终端设备被攻击者得到后，攻击者会采用边信道攻击、扰乱攻击、故障攻击、物理攻击等手法对终端进行攻击，以获取终端中的密钥等机密信息。如果没有专用的安全芯片，而采用普通芯片、软密码算法及普通存储器，则很难抵挡上述攻击。硬件密码组件与软件密码组件的安全防护性能比较见表 5－3。

表 5－3　　硬件密码组件与软件密码组件的安全防护性能比较

安全防护性能	硬件密码组件	软件密码组件
完整性保护	满足	不可控
对操作系统的依赖性	不依赖	依赖
能量分析攻击防护	有针对性防护	无防护
逆向工程攻击防护	攻击代价高	容易实现攻击
随机数安全性	有针对性防护	无防护
物理攻击防护	有针对性防护	无防护

专用安全芯片的安全防护从芯片设计的源头出发，从密码算法安全、CPU 运行安全、数据存储安全、环境监测传感器网络安全、随机数发生器安全和版图安全等方面，对芯片进行全方位保护。

（1）密码算法安全。由于芯片密码算法在输入信息和密钥进行处理的过程中会泄露一些信息，如功耗、时间、电磁辐射及差错信息等，攻击者利用这些信息与电路内数据之间的相关性，会推断、获取芯片内密码系统的密钥，从而对信息安全产品构成严重的威胁。针对上述攻击手段，一般采用隐藏技术和掩码技术来消除芯片泄露信息和所执行的操作、所处理的数据之间的依赖联系。

（2）CPU 运行安全。CPU 是安全芯片的核心处理单元，当芯片上电后，CPU 从存储器中取值后执行，然后通过总线将指令传达给各个模块。CPU 控制整个程序的执行，其安全防护技术主要包括：

1）能耗均衡技术。CPU 使用的所有机器指令具有基本相同的能量损耗。

2）平顺跳转时序技术。通过插入伪操作的方式掩盖真实的跳转指令。

3）乱序跳转插入技术。根据输入的随机数随机地执行指令序列。

4）关键寄存器的校验保护技术。对关键寄存器的数据提供校验机制，使得攻击者篡改关键寄存器数据的行为能被及时发现并做报警处理。

（3）数据存储安全。安全芯片数据存储的安全保护一般通过对各存储器中的数据进行访问权限控制和加密来实现。此外，芯片的工作模式分为用户模式、特权模式、应用模式，在不同的工作模式下，即便是存储器的同一个存储区的访问权限也有不同的限定。综上，通过存储区域的划分和工作模式的限定，安全芯片中的普通数据和重要数据被有效地分离，各自接受不同程序的条件保护，从而极大地提高了逻辑安全的强度。

（4）环境监测传感器网络安全。为了防止攻击者对芯片进行扰乱攻击和故障攻击（如通过给正在工作的安全芯片注入电压毛刺、时钟毛刺、激光等改变芯片运行程序的流程），从而窃取芯片密钥等关键数据等，安全芯片实现了对芯片工作电压、注入毛刺、时钟频率、外部温度和光照等环境变量的实时监测。当芯片遭受解剖或某种物理攻击，以及工作环境不够理想时，安全芯片会输出报警信息，预警复位芯片，从而有效防止故障注入攻击、边信道攻击等，保护芯片内部存储的敏感数据。

综上所述，安全芯片在设计之初，就引入了大量的防护技术，这是安全芯片与软件实现安全算法的根本区别。

4. 安全芯片的安全管理

（1）一终端对应一密钥。每个终端内嵌入一颗配电专用安全芯片，每个安全芯片的密钥彼此不同。确保每个终端的密钥彼此不同，在使用中，即使某个终端的密钥被泄露，也不会影响其他终端的密钥安全和终端安全。每个安全芯片内的密钥和主站配电加密认证装置内的密钥是子密钥和主密钥的关系，由主站配电加密认证装置的密钥可以推导出每个终端的密钥，但是由终端的密钥不能推导出主站的密钥。

（2）测试密钥和正式应用密钥。终端在生产、测试和返厂维修时，安全芯片内的密钥是测试密钥；当终端正式挂装时，需要将终端的测试密钥更新为对应电力公司的正式应用密钥。密钥更新过程可通过主站远程自动完成。测试密钥同正式密钥的分离，既方便终端厂商的调测与维修，又能保证正式密钥的机密性，防止密钥泄露。

（3）应用注意事项。安全芯片的应用注意事项如下：

1）所有安全芯片均由中国电科院配电所统一发行、统一管控。

2）终端挂装时，需要将安全芯片的测试密钥修改为正式应用密钥；终端返厂维修时，需要将正式应用密钥恢复为测试密钥。

3）终端挂装前，需要将主站的正式证书通过运维配置工具配置到安全芯片内。

4）终端挂装前，需要通过运维工具批量将安全芯片的公钥制成证书请求文件，由中国电科院将证书请求文件制成正式终端证书，并将证书批量导入主站。

5.2.9 防火墙

防火墙是一种网络边界安全防护隔离装置，部署于内外网络的边界，按照网络安全防护策略对内外网络通信进行隔离监视，保护内部网络安全。它可对来自外部网络的通信进行访问控制，防止受到外部网络攻击；也可对内部网络的通信进行监视，防止内部信息泄露。

在配电自动化系统安全防护方案中，防火墙主要部署在安全Ⅲ区与无线公网边界，避免安全Ⅲ区受到来自无线公网的网络层的直接攻击。

防火墙的发展经历了 5 个时期，见表 5–4。

表 5–4　防火墙的发展历史

时期	标志性事件
第一代防火墙	几乎与路由器同时出现，采用了包过滤技术
第二、三代防火墙	1989 年，美国贝尔实验室的 Dave Presotto 和 Howard Trickey 推出了第二代防火墙，即电路层防火墙；同时提出了第三代防火墙——应用层防火墙（代理防火墙）的初步结构
第四代防火墙	1992 年，美国南加利福尼亚大学（University of Southern California，USC）信息科学院的 BobBraden 推出了基于动态包过滤技术的第四代防火墙，后来动态包过滤技术演变为目前所说的状态监视技术；1994 年，以色列的 CheckPoint 公司开发出了第一个采用状态监视技术的商业化产品
第五代防火墙	1998 年，美国 NAI 公司推出了一种自适应代理技术，并在其产品 Gauntlet Firewall for NT 中得以实现，给代理类型的防火墙赋予了全新的意义，此称为第五代防火墙

不论是硬件防火墙还是软件防火墙，其技术原理主要有三种：包过滤技术、状态检测技术和应用层网关代理技术。电力监控系统（包括配电自动化系统）中，普遍使用的是基于包过滤技术的安全防护手段。

包过滤通过访问控制列表（access control list，ACL）规则控制数据流。IP 数据包中最核心的五个元素分别是源地址（source）、目标地址（destination）、协议、源端口（sport）和目标端口（dport），过滤数据也就是这些元素的不断组合（允许/拒绝）。防火墙的规则见表 5–5。

表 5–5　防火墙的规则

源地址	目的地址	协议	源端口	目的端口	方向
221.217.1.x	x.x.x.x	TCP	x	80	出站
x.x.x.x	221.217.1.x	TCP	80	x	入站

现行的防火墙通常提供基于状态检查的动态包过滤。包过滤规则决定了特定的网络包能否通过防火墙，同时也提供相关的选项以保护网络免受攻击。它支持的协议包括基本协议，如超文本传送协议（hypertext transfer protocol，HTTP）、telnet 和简单邮件传送协议（simple mail transfer protocol，SMTP）等；ICMP；动态协议，如 H.323、文件传送协议（file transfer protocol，FTP）、SQLNET 等。包过滤规则配置项说明见表 5－6。

表 5－6　　包过滤规则配置项说明

域名	说明
规则名	安全规则的名称； 规则名必须是 1～15 个可见字符（字母、汉字、数字、减号、下划线的组合）； 规则名可以重复； 默认规则名为“pf”＋默认序号
序号	输入新增策略规则的序号； 防火墙按规则序号从小到大的顺序匹配规则并执行； 序号为数字，若该数字与已定义的规则序号有重复，则防火墙会自动将原策略规则以及序号排在其后的所有规则自动后移一个数字，将新增策略规则的序号设为输入的序号； 若不修改界面中序号，即为添加到最后； 如果序号大于已有规则总数加 1，即为添加到最后
源地址	可选内容包括“防火墙＞地址＞地址/地址组”中定义的所有资源，以及“新建地址/新建地址组”； 当选择“新建地址/新建地址组”时，将弹出相应的配置窗口进行配置，配置完成后提交返回本界面； 默认值 IP 为 0.0.0.0，默认掩码为 0.0.0.0，以此来表示任意地址
目的地址	形式同源地址
源端口	可以用英文逗号分隔表示多个端口，或用英文冒号分隔表示端口段。两种分隔方式不能同时使用。如果资源定义中定义的服务资源也包含了源端口，则以此处规则定义的源端口为准
时间调度	生效的安全规则在指定的时间段内为生效状态，在其他时间段为失效状态；可选内容包括“防火墙>>时间>>时间”和“防火墙>>时间>>时间组”中定义的所有资源
流入网口	限制网络数据包的流入网口，可以防止 IP 欺骗； 可选内容包括 any 和所有已激活的网口； 默认值为 any，表示不限制接收网口； 如果工作在透明模式，必须选择相应的物理网口，如 eth1； 如果不能确定流入网口或工作在混合模式，建议选择 any
流出网口	流出网口检查，当选择源地址转换时才能选择； 在透明模式下建议选择桥设备； 如果不能确定流出网口或工作在混合模式，建议选择 any
服务	选择服务； 可选内容包括 any、在“防火墙>>服务>>服务列表”中配置的基本服务、ICMP 服务、动态服务、服务组
包过滤日志	强制要求匹配该条规则的数据包是否需要记录包过滤日志

续表

域名	说明
认证用户组	对满足条件的数据包所在的连接进行用户认证检查，如果该连接的发起端还没有启动客户端到防火墙的认证，则丢弃该包，否则让该包通过
访问控制	匹配到本条安全规则的数据包可以执行三种过滤策略："允许""禁止""垃圾邮件"； 对于动作为垃圾邮件的规则，首先允许符合该规则的数据包转给垃圾邮件应用层代理进程，它将根据"应用防护>>反垃圾邮件"中的配置匹配数据包，决定包中是否包含垃圾邮件；如果是，将根据用户的动作配置进行阻断、记日志，否则允许数据包通过
源 MAC	源 MAC 地址
抗攻击	包括四种抗攻击。注意，TCP 服务可以选择抗 Syn Flood 攻击；UDP 服务可以选择抗 UDP Flood 攻击；ICMP 服务可以选择抗 ICMP Flood 和 Ping of Death 攻击。也可以在一条规则中设置符合该规则服务的多个抗攻击选项。针对四种抗攻击，详细说明如下： （1）当允许 TCP 规则时，选择了抗 Syn Flood 攻击。防火墙会对流经的带有 Syn 标记的数据进行单独的处理。抗 Syn Flood 攻击之后的输入框中填写的数值的具体含义如下：个位数为保留数字，0～9 分别代表抗攻击强度，从弱到强。设置数字的位数如果超过两位，则该数字减去个位的数字表示限制每秒通过的能够真正建立 TCP 连接的带有 Syn 标识数据包的个数，它是真正可以建立 TCP 连接的数目。如果设置为 0，表示每秒通过的带有 Syn 标识的数据包大于 90，验证能否真正建立 TCP 连接；如果设置为 1，表示每秒通过的带有 Syn 标识的数据包大于 80，仍验证能否真正建立 TCP 连接；如果设置为 9，表示通过的带有 Syn 标识的数据包都经过了防火墙的判断，确认是可以建立真正 TCP 连接的数据包。 （2）当允许 UDP 规则时，选择了抗 UDP Flood 攻击。防火墙会对流经的 UDP 数据进行单独的处理。抗 UDP Flood 攻击之后的输入框中填写的数值的具体含义是限制每秒通过的 UDP 数据包的个数。 （3）当允许 ICMP 规则时，选择了抗 ICMP Flood 攻击。防火墙会对流经的 ICMP 数据包进行单独的处理。抗 ICMP Flood 攻击之后的输入框中填写的数值的具体含义是限制每秒通过的 ICMP 数据包的个数。 （4）当允许 ICMP 规则时，选择了抗 Ping of Death 攻击。防火墙会对流经的 ICMP 数据包进行单独的处理，含有 Ping of Death 攻击特征类型的数据包将被过滤掉
备注	规则注释

值得注意的是，各防火墙访问控制策略均使用了白名单方式，不存在无用策略，不存在源地址、目的地址、端口为空或 any 的情况；各防火墙设备规则库均为最新版；各防火墙设备访问控制规则均应用到端口或者安全域中，设备只能通过安全域配置；各防火墙设备已删除默认用户，设备中各用户密码均为强密码。

5.2.10 入侵检测及防御装置

1. 入侵检测及防御装置简介

入侵检测系统（intrusion detection system，IDS）是一种网络安全设备或应用软件，可以对网络传输进行即时监视，在发现有可疑传输时发出警报或者采取主动反应措施。与其他网络安全设备不同的是，IDS 是一种积极被动的安全防护技术。

IDS 是计算机的实时监视系统，一旦发现异常情况就会发出警告。根据信息来源的不同，IDS 可分为基于主机的 IDS 和基于网络的 IDS；根据检测方法的不同，IDS 又可分为异常 IDS 和误用 IDS。

IDS 是防火墙的合理补充，可帮助系统对付网络攻击，从而扩展了系统管理员的安全管理能力（包括安全审计、监视、进攻识别和响应），提高了信息安全基础结构的完整性。

（1）实时检测。实时地监视、分析网络中所有的数据报文，发现并实时处理所捕获的数据报文。

（2）安全审计。对系统记录的网络事件进行统计分析，以发现异常现象、得出系统的安全状态、找出所需的证据。

（3）主动响应。主动切断连接或与防火墙联动，调用其他程序处理。

不同于防火墙，IDS 是一个监听设备，没有跨接在任何链路上，无须网络流量流经它便可以工作。因此，对 IDS 的部署，唯一的要求是：IDS 应当挂接在所有所关注流量都必须流经的链路上。所谓“所关注流量”，是指来自高危网络区域的访问流量和需要进行统计、监视的网络报文。因此，IDS 在交换式网络中一般选择部署在尽可能靠近攻击源或者尽可能靠近受保护资源的位置。这些位置通常是：服务器区域的交换机上；互联网接入路由器之后的第一台交换机上；重点保护网段的局域网交换机上。

2. 入侵检测及防御装置主要功能

（1）威胁检测。入侵检测与管理系统对病毒、木马、蠕虫、僵尸网络、缓冲区溢出攻击、分布式拒绝服务（distributed denial of service，DDoS）、扫描探测、欺骗劫持、SQL 注入、跨站脚本攻击（cross site script attack，XSS）、网站挂马、异常流量、隐蔽信道、高级规避技术（advanced evasion technique，AET）逃逸攻击等恶性攻击行为有非常准确高效的检测效果，并可通过简单易懂的去技术化语言帮助用户分析威胁，对威胁进行有效处理。

（2）异常流量分析。根据入侵检测与管理系统独立的流量引擎模块，可以为用户采集进行诸如 Web 流量、邮件流量、数据库流量等网络流量的分析，动态分析出当前时刻网络流量的正常运行态势，并通过与实时流量进行对比，判断出当前流量的走势是否异常。图形化的流量实时运行曲线与超压曲线能使流量运行的情况一目了然。

（3）原始报文取证。入侵检测与管理系统内置了原始报文捕获的功能，通过该功能，可以将报警产生的那一瞬间及其前后一段时间内用户场景的上下文如实地记录下来。通过这些信息，可以帮助使用者判断出报警的真伪。原始报文是报警分析的有效手段，同时也可以成为取证的一个途径。

（4）攻击响应。IDS 的响应可以分为主动响应和被动响应。在主动响应中，系统自动地或以用户设置的方式阻断攻击过程或以其他方式影响攻击过程；而在被动响应中，系统只报告和记录发生的事件。

3. 入侵检测及防御装置工作原理

（1）包捕获。从网卡捕获网络上的数据包，数据包经过解码引擎填入链路层协议的包结构体中，以便对高层次的协议进行解码，如 TCP 和 UDP 端口。

（2）预处理器处理。数据包被送到各种各样的预处理器中，在检测引擎处理之前进行检查和操作。每个预处理器负责检查数据包是否应该被注意、报警或者修改某些东西。

（3）规则解析和检测引擎处理。数据包被送到检测引擎。检测引擎通过各种规则文件中的不同选项来对每个数据包的特征和信息进行单一、简单地检测。检测引擎对数据包提供额外的检测功能。规则中的每个关键字选项对应于检测引擎插件，能够提供不同的检测功能。

4. 入侵检测及防御装置应用注意事项

（1）特征库更新。为了保证具备对最新攻击的检测能力，需要进行事件更新。特征库的升级方式分为在线更新和离线更新。在无法连接互联网更新的情况下，可以通过离线更新的方式升级特征库。离线特征库的升级包一般从安全厂商的网站下载，下载完成后将特征库拷贝至内网，再人工手动更新。

（2）误报处理。IDS 为了能够全面地发现和记录攻击，本着“宁可错杀一百，不可放过一个”的工作方式，对所有可疑的攻击行为进行记录和报警。所以，该系统就不可避免地会产生误报事件，对此需要依靠人工进行进一步判断和验证。

5.2.11 漏洞扫描装置

1. 漏洞扫描装置简介

漏洞扫描是指基于漏洞数据库，通过扫描等手段对指定的远程或者本地计算机系统的安全脆弱性进行检测，以发现可利用的漏洞的一种安全检测（渗透攻击）行为。漏洞扫描系统（也称漏洞扫描器）利用漏洞扫描与检测技术，能够快速发现网络资产，识别资产属性，全面扫描安全漏洞，清晰定性安全风险，给出修复建议和预防措施。

漏洞扫描系统用于全面评估网络的弱点，为修复漏洞提供解决方案和行动指导，防患于未然；同时，也作为漏洞自评工具应用于日常管理工作中，帮助安全专责及时掌握系统的脆弱性，为安全建设提供决策依据。

漏洞扫描系统通常部署在安全管理区，网络可达即可，以实现对全网各个区域的自主扫描。也可以将漏洞扫描系统安装在笔记本计算机上，即可实现对独立网络单元的移动式检查测评。

2. 漏洞扫描装置主要功能

（1）资产发现与管理。漏洞扫描系统能够综合运用多种手段（主机存活探测、智能端口检测、操作系统指纹识别等），全面、快速、准确地发现被扫描网络中的存活主机，准确识别其属性，包括主机名称、设备类型、端口情况、操作系统以及开放的服务等，为进一步脆弱性扫描做好准备。

同时，漏洞扫描系统的资产管理功能能够为用户管理被扫描的 IT 资产提供方便，且作为脆弱性风险评估的基础部分，能够为评估主机和网络的脆弱性风险提供依据。

（2）脆弱性扫描与分析。漏洞扫描系统可检测的漏洞数量已经超过上万种，扫描对象涵盖各种常见的网络主机、操作系统、数据库系统、Web 应用等。

漏洞扫描系统的任务管理和策略管理功能，可以使用户的扫描操作变得更加方便和灵活。用户可以使用默认扫描策略或者自定义扫描策略，创建特定或者自动计划任务，调整扫描参数，以提高扫描效率，甚至可以在同一个任务中对不同的对象采用不同的策略进行扫描，从而方便地实现更具针对性的脆弱性扫描。

在扫描任务执行的过程中，漏洞扫描系统就可以将扫描的过程信息、阶段性的扫描结果实时显示出来，并且可以生成在线报表。在扫描任务结束后，使用漏洞扫描系统的报表管理功能可以对扫描结果进行细致全面的分析，生成面向不同安全管理角色如主管领导、管理人员、技术人员的客户化报表。漏洞扫描系统的报表分漏洞扫描、资产统计和弱点评估 3 大类 20 多种，以统计、比较、交叉、评估、详述等多种方法对扫描结果进行分析，支持以 XML、HTML、Word、Excel、PDF、RTF 等多种常用格式导出，方便用户使用。

（3）脆弱性风险评估。漏洞扫描系统能够对漏洞、主机和网络的脆弱性风险进行评估和定性。

漏洞扫描系统采用通用漏洞评分系统（common vulnerability scoring system，CVSS）标准来对漏洞进行统一评级，客观地展现其危险级别。在此基础上，漏洞扫描系统利用漏洞的 CVSS 评分，综合被扫描资产的保护等级和资产价值，采用参考国家标准而制定的风险评估算法，能够对主机、网络的脆弱性风险做出定量和定性的综合评价，帮助用户明确主机和网络的脆弱性风险等级，制定合理的脆弱性风险管理策略。

漏洞信息的描述中包含 CVSS 评分，主机和网络的脆弱性风险评估结论会在弱点评估报表中直接体现，并且对风险控制措施做出建议。

（4）弱点修复指导。通过 CVSS 评分，漏洞扫描系统能够直接给修复工作提供优先级指导，以确保最危险的漏洞被先修复。表 5－7 展示了 CVSS 评分和修复工作优先级的关系，并给出了推荐的修复工作时限。

表 5－7　　漏洞修复工作的优先级别

CVSS 分值	优先级别	修复工作时限
0～1	P4	可以自由决定
1～4	P3	3～6 个月
4～7	P2	最多 4 周
7～10	P1	最多 2 周

漏洞扫描系统的每个漏洞都有详细的描述，包括漏洞的说明、影响的系统和平台、危险级别以及标准的 CNCVE、CVE、CNNVD、BugTraq 等对应关系和链接信息，并提供修补方案，如系统加固建议、安全配置步骤以及补丁下载链接等，这些信息可以帮助用户建立对漏洞的全面认识，正确完成弱点修复工作。

3. 漏洞扫描装置工作原理

漏洞扫描系统运用扫描技术，通过获取对端发回的数据包，发现目标网络中的存活主机，然后根据探测结果选择适合的扫描策略，启动多个任务、多个线程进行并发扫描。对于扫描对象分布在多个互不相通的网段中的扫描任务，漏洞扫描系统提供多网口并发扫描，无须移动扫描器设备或更改网络配置，从而大大简化了用户操作的复杂度，同时保证了扫描任务可以迅速完成。

漏洞扫描系统基于安全的 Web 方式（HTTPS：HTTP＋SSL）进行管理和控制。

4. 漏洞扫描装置应用注意事项

（1）特征库升级。漏洞扫描系统的核心是特征库，所以保持特征库为最新状态是至关重要的。

（2）漏洞的人工验证。漏洞扫描系统的扫描结果是根据被扫描对象的回包以及特征库生成的。在某些情况下，被扫描对象会对自身的旗标进行修改，这将导致扫描结果出现不准确性。所以，为保证结果的准确性，需要通过人工方式进一步对扫描结果进行验证。

5.2.12　日志审计系统

1. 日志审计系统简介

日志就是计算机系统、设备、软件等在某种情况下记录的信息，具体的内容取决于日志的来源。例如，Unix 操作系统会记录用户登录和注销的消息，防火墙将记录 ACL 通过和拒绝的消息，磁盘存储系统在故障发生或者在某些系统认为将会发生故障的情况下会生成日志信息。日志中有大量信息，这些信息会告诉用户为什么需要生成日志，系统已经发生了什么。日志审计系统的作用是将日志进行统一收集、汇总、分析和展现。

（1）日志收集、汇总。在一个完整的信息系统里面，日志系统是一个非常重要的功能组成部分。它可以记录下系统所产生的所有行为，并按照某种规范表达出来。日志会成为事故发生后查明“发生了什么”的一个很好的“取证”信息来源。

（2）日志分析、展现。可以使用日志系统所记录的信息为系统进行排错，优化系统的性能，或者根据这些信息调整系统的行为。在安全领域，日志可以反映出很多的安全攻击行为，如登录错误、异常访问等。日志还能告诉用户很多关于网络中所发生事件的信息，包括性能信息、故障检测和入侵检测。日志可以为审计进行审计跟踪。通过日志审计系统，IT 管理人员可以了解系统的运行状况、安全状况，甚至是运营状况。

日志审计系统通常部署在安全管理区，产品部署比较简单，只要系统的审计中心与审计对象之间网络可达，就可通过网络收集来自网络设备、主机、安全设备等的日志信息。

日志审计系统具备极强的伸缩性，能够通过弹性的部署方式适应各种用户的网络环境，以及各种管理的规模。

日志审计系统的单级部署是指仅部署一个审计中心的模式。此时，在网络中就部署一个审计中心部件，所有的用户都登录到该审计中心进行访问，通过系统权限设置来区分不同的管理职责。单级单机部署是最简洁的系统部署模式，也是最典型的部署模式，适用于大部分网络环境。

2. 日志审计系统功能介绍

日志审计系统从功能组成上至少应该包括信息采集、信息分析、信息存储、信息展示四个基本功能。

（1）信息采集功能。日志审计系统能够通过某种技术手段获取需要审计的日志信息。该功能的关键在于采集信息的手段种类、采集信息的范围、采集信息的粒度（细致程度）。

（2）信息分析功能。日志审计系统要对采集来的信息进行分析、审计。这是日志审计系统的核心，审计效果的好坏直接由此体现出来。在实现信息分析的技术方面，简单的技术可以是基于数据库的信息查询和比较；复杂的技术则包括实时关联分析引擎技术，基于规则的审计、基于统计的审计、基于时序的审计，以及基于人工智能的审计算法等。

（3）信息存储功能。日志审计系统对采集到的原始信息，以及审计后的信息都要进行保存，备查，并作为取证的依据。在该功能的实现上，关键技术包括海量信息存储技术和审计信息安全保护技术。

（4）信息展示功能。日志审计系统的信息展示功能包括审计结果展示界面、统计分析报表功能、告警响应功能、设备联动功能等。该功能是审计效果的最直接体现，其关键在于审计结果的可视化能力和告警响应的方式、手段。

3. 日志审计系统工作原理

日志审计类产品的一项核心功能就是对审计数据源的日志采集。对于用户而言，采集日志面临的最大挑战就是审计数据源分散、日志类型多样、日志量大。为此，日志审计系统需要综合采用多种技术手段，充分适应用户实际网络环境的运行情况，采集用户网络中分散在各个位置的各种厂商、各种类型设备的海量日志。

日志审计系统支持的部分厂商设备类型见表 5-8。

表 5-8　　日志审计系统支持的部分厂商设备类型

设备类型	厂商或产品
交换机	Cisco、Extreme、Juniper、博科、华为、中兴、H3C、神州数码、锐捷、博达、Dell Force 10、Foundry、F5、北电网络
路由器	Cisco、Extreme、Juniper、华为、H3C、神州数码、锐捷、阿尔卡特
防火墙/UTM/USG	启明星辰、网御星云、Cisco、Juniper NetScreen、飞塔、Check Point、Nokia、Blue Coat、天融信、东软、方正科技、网神、亿阳信通、中科网威、中网、阿姆瑞特、卫士通、H3C、迪普、山石、中宇万通
VPN	启明星辰、网御星云、天融信、Array、Juniper、网神

续表

设备类型	厂商或产品
网闸	网御星云、国保金泰、鸿瑞、南瑞
IDS/IPS/IDP	启明星辰、网御星云、Cisco、McAfee、IBM、Snort、HP Tipping Point、绿盟、东软、H3C、迪普、天融信、安氏、三零盛安、网神、理工先河
漏洞扫描	启明星辰、网御星云、绿盟、榕基
防病毒	Symantec、TrendMicro、McAfee、瑞星、金山、江民、冠群金辰、熊猫
Anti-DDoS	网御星云、启明星辰、绿盟
WAF	启明星辰、Imperva、绿盟、中创 InforGuard、安信华
负载均衡设备	F5、信安世纪
安全审计系统	启明星辰、网御星云、复旦光华、汉邦、三零盛安、深信服
运维审计	启明星辰、奇智、谐润
身份认证	格尔、吉大正元、Cisco ASA、安盟
服务器	IBM AIX、HP-UX、Microsoft Windows、SUN Solaris、Linux 及其变种
数据库	Oracle、SQL Server、DB2、MySQL、Informix、Sybase、国产数据库
中间件	WebLogic、WebShpere、JBoss、Apache、Tomcat、Domino
网管系统	HP OpenView NNM、IBM NetCool、CiscoWorks
存储系统	HP、IBM、EMC、VERITA
业务系统	各种用户自有的业务系统（需要定制）
其他	任意 Syslog 日志源、SNMP Trap 日志源

对于目前暂不支持的审计数据源，日志审计系统还提供了方便灵活的扩展机制。只要获得审计数据源的日志样本以及通信协议方式，编写一份 XML 格式的日志解析文件，导入日志审计系统，即可获得对该审计数据源的日志采集能力，无须编码。

5.2.13　数据库安全审计

1. 数据库安全审计系统简介

数据库安全风险包括拖库、刷库、撞库。数据库审计是数据库安全技术之一，数据库安全技术主要包括数据库漏扫、数据库加密、数据库防火墙、数据脱敏及数据库安全审计。

数据库安全审计系统主要用于监视并记录对数据库服务器的各类操作行为，通过对网络数据的分析，实时、智能地解析对数据库服务器的各种操作，并记入审计数据库中以便日后进行查询、分析、过滤，实现对目标数据库系统的用户操作的监控和审计。

数据库安全审计系统可以监控和审计用户对数据库中数据库表、视图、序列、包、存储过程、函数、库、索引、同义词、快照、触发器等的创建、修改和删除等，分析的内容可以精确到 SQL 操作语句一级。数据库安全审计系统还可以根据设置的规则，智能地判断出违规操作数据库的行为，并对违规行为进行记录、报警。由于数据库审计系统是以网络旁路的方式工作于数据库主机所在的网络，因此它可以在根本不改变数据库系统的任何设置的情况下对数据库的操作实现跟踪、记录和定位，实现对数据库的在线监控，在不影响数据库系统自身性能的前提下，实现对数据库的在线监控和保护，及时地发现网络上针对数据库的违规操作行为并进行记录、报警和实时阻断，有效地弥补了现有应用业务系统在数据库安全使用上的不足，为数据库系统的安全运行提供了有力保障。

在部署方式上，数据库审计系统采用了零风险的旁路部署方式，只要在交换机上设置镜像端口即可，而无须对现有的网络体系结构进行调整，也无须对现有数据库进行任何更改或增加配置。

2. 数据库安全审计系统功能介绍

（1）数据库协议审计。实时监测并智能地分析、还原各种数据库的操作过程。数据库安全审计系统可针对各种常用数据库进行访问审计，目前可解析和审计的协议覆盖商业数据库（Oracle、SQL Server、Informix、DB2、Sybase）、行业数据库（Teradata、Cache）、开源数据库（MySQL、PostgreSQL）和国产数据库（人大金仓、达梦、南大通用等），对这些数据库的不同的服务编码方式（UTF－8、UTF－16、GB 2312 等）和各种访问客户端均能有效解析。

（2）数据库异常行为审计。用户对数据库的访问行为，往往具备一定的规律性，在一定的时间周期内，某个用户对某些库、表的操作命令和操作次数均是有规律可循的。例如，客户关系管理（customer relationship management，CRM）系统的管理员张三，每天的例行工作是登录一次数据库，查看数据库的访问量大小以及各数据表是否运行正常；而业务员李四，每天的工作是新客户信息的录入、新客户资料的查询和分析（防止撞单）、客户拜访情况的查询和分析，其工作规律是全天都存在新客户信息录入的情况，只在下午下班前进行客户资料查询 1～5 次，客户拜访情况查询 1 次。

如果某一时段内用户的行为远远超出其以往形成的规律，则可判断：要么其工作职责或者业务逻辑发生了变化，要么其在做一些违规的事。例如，张三进行了客户信息维护，可能存在客户信息被篡改的风险；李四在上午进行了多次客户资料查询，可能是李四的权限被盗取，客户信息存在被泄露的风险。

数据库安全审计系统可自动识别用户在一定业务周期内的行为基线，且能根据此基线判断后续发生的数据库操作是否存在行为特征或者操作频次上的异常，一旦存在异常，则可进行告警。

（3）告警响应。根据规则设定及时阻断违规操作，保护重要的数据库表和视图。数据库安全审计系统对审计到的网络操作，可以及时地进行各种响应，协助网络和安全管理人员及时了解和控制各种网络访问行为。数据库安全审计系统提供了多种响应方式，包括：

1）在数据库安全审计系统审计服务器中记录相应的操作过程。

2）在日常审计报告中标注。

3）向数据库安全审计系统管理控制台发出告警信息。

4）实时重置（real time reset，RST）阻断会话连接。

5）管理人员通过该系统手工 RST 阻断会话连接。

6）通过 Syslog 方式进行告警。

7）通过 SNMP Trap 方式进行告警。

8）通过邮件方式进行告警。

（4）日志展现。数据库安全审计系统的报表子系统为用户提供了丰富而全面的审计日志展现界面，不仅能展示谁在何时访问了服务器，也能细粒度地展示具体的访问内容和访问结果。

事件查询界面提供了精细的过滤条件定义，方便用户精确查询历史行为，查询到的事件和会话之间可以做到互相关联，方便用户分析；统计页面提供了对各种服务器、协议、业务用户的访问统计，用户可以根据统计结果，对网络访问状态有宏观的了解，统计数字也能链接到具体的操作信息；取证页面提供了关键字定义功能，用户可以根据某一关键业务特征进行操作取证。各个日志展现界面之间互相关联，统计信息和详细信息交替呈现，方便用户对各种访问行为进行关联分析。

3. 数据库安全审计系统工作原理

数据库安全审计系统主要由数据中心和审计引擎两部分组成。

（1）数据库安全审计系统数据中心对外提供管理接口，主要负责对审计系统进行管理，配置审计策略，存储审计日志供用户查询和分析。

（2）数据库安全审计系统审计引擎可以旁路或者在线接入用户业务网络，捕获网络访问流量，根据用户配发的审计策略，对网络数据包进行深入解析，提取审计事件并进行响应。

5.2.14 安全监视系统

1. 安全监视系统简介

安全监视系统是智能电网安全防护的重要组成部分，主要实现对安全设备日志数据的采集、分析、统计、报表，以及资产管理等功能，主要对部署在横、纵向边界的电力专用和通用安全设备运行情况和异常访问情况进行实时监视，对内部关键设备和系统的安全运行情况进行监视。

安全监视系统的建设有助于配电自动化系统安全防护体系由边界防护向纵深防御的发展，解决配电自动化系统对关键安全设备、服务器的日志集中采集和统一管理问题，实现对安全设备的实时告警与运行状态监测，为配电自动化系统提供全面的安全基础支撑，对于及时掌握配电自动化系统存在的安全隐患，采取有效措施阻止恶意攻击行为，保障配电自动化系统安全稳定运行具有重要意义。

安全监视平台的系统架构分为三层，由下至上依次为数据采集层、数据处理分析层、数据展现层三层，各层功能说明见表5-9。

表5-9　安全监视平台各层功能说明

技术结构	主要模块和功能
数据展现层	事件监视（事件检索、告警管理）； 统计报表（统计分析、报表管理）； IP地址动态管理及资产管理； 系统管理（系统参数、用户权限）
数据处理分析层	标准化处理（压缩、归并及标准化入库）； 数据存储（事件库、资产库及报表库）； 统计分析（实现多种维度的统计分析）； 事件告警
数据采集层	通用安全设备通过Agent［接收器→翻译器（设备厂商实现）→发送器］转发收集； 电力专用安全设备以Syslog方式直接采集； 调度技术支持系统关键设备和主机通过Agent方式收集

2. 安全监视系统主要功能

（1）数据采集。数据采集功能实现对横向物理隔离装置（正/反向）、纵向加密认证装置、防火墙、IDS、防病毒系统，以及调度技术支持系统内部关键设备和应用的数据采集。

安全监视平台主要使用Syslog方式采集安全设备的日志信息。电力系统专用安全设备（横向物理隔离装置、纵向加密认证装置）使用Syslog方式直接采集；通用安全设备（防火墙、IDS、防病毒系统）通过Agent方式将日志转换为符合电力二次系统标准格式的日志后采集；调度技术支持系统内部的关键设备和应用通过 Agent 方式将日志转换为标准格式后发送至内网安全监视平台。

（2）标准化处理。数据标准化处理功能是安全监视平台的基础功能。采集端接收到原始日志数据后，首先经过协议识别分流到各自的内容识别模块。在内容识别模块中，经过内容模式匹配引擎将数据分流到不同类型的数据分析模块中，进行关键字提取和内容筛选填充处理。

对于采集到的数据，根据安全监视平台设置的规则进行过滤，只保留在监视范围内的、必要的、有效的数据，确保安全监视平台不保存过多的冗余数据。数据的过滤规则能够通过匹配运算符设置复杂的匹配关系。

（3）实时监视。安全监视平台提供安全事件的实时监视机制，包含以下内容：

1）实时刷新显示日志总量、告警总量、平台数据流量等。

2）仪表盘显示平台当前所选节点的安全指标。

3）饼状图显示当前所选节点的各级安全事件所占百分比。

4）柱状图显示平台所监视各区域的实时安全风险指数。

5）按照监视设备和安全事件类型，以表格方式实时显示告警事件的统计信息。

（4）历史追溯。安全监视平台提供多维度的数据查询功能，支持多条件的组合查询，可以将查询结果导出（保存成Excel文件）。

（5）告警管理。安全监视平台提供告警信息实时浏览功能，默认显示最近24h的告警信息，告警确认方式包括单条告警确认和批量告警确认。

1）在告警页面上通过点击某条告警信息可以确认单条告警。

2）在告警页面上通过按钮功能可以确认当前告警窗体上所有未确认的告警。

（6）统计分析。安全监视平台提供统计分析功能，可以根据事件告警级别、事件类型、设备IP地址、通信协议等信息进行统计，以图表方式（饼图、柱状图、列表等）显示TOP 10排名。统计粒度为天，既可单独观察，又可在不同类型之间比较观察，并且提供统计结果导出功能，将统计结果导出。

（7）运行报表。安全监视平台提供生成统计报表功能，报表数据来源覆盖所有监视设备的运行状态和安全告警日志。安全监视平台报表功能提供月报表和年报表，并提供报表导出功能。

5.2.15 等级保护测试

1. 等级保护工作概述

信息安全等级保护是我国信息安全领域的基本制度。在国家基础行业建立和实施等级保护制度，是提高网络与信息安全防护能力，保障网络与信息安全乃至国家安全，促进信息化健康发展的一项基础性工作。为落实国家信息安全等级保护制度，国家出台了一系列政策法规和制度标准。在电力行业，为落实国家等级保护制度，提高电力行业重要信息系统安全防护水平，确保电力系统安全稳定运行，国家能源局（原国家电力监管委员会）发布了《关于印发〈2011 年下半年重点监管工作计划〉的通知》（电监办〔2011〕20 号）、《关于组织开展电力行业重要管理信息系统安全等级保护测评试点工作的通知》（信息办函〔2011〕41 号）等文件，对信息系统开展等级保护定级备案、建设整改和测评工作，以提高电力行业信息系统安全的整体防护水平。

信息系统安全等级保护是指对信息安全实行等级化保护和等级化管理。等级保护的核心是对信息系统特别是业务应用系统安全分等级、按标准进行建设、管理和监督。国家对信息安全等级保护工作运用法律和技术规范逐级加强监管力度，突出重点，保障重要信息资源和重要信息系统的安全。

（1）等级保护涉及的相关法律法规及文件规范如下：

1）1994 年，《中华人民共和国计算机信息系统安全保护条例》（中华人民共和国国务院令 147 号）："计算机信息系统实行安全等级保护。安全等级的划分标准和安全等级保护的具体办法，由公安部会同有关部门制定。"

2）1999 年，《计算机信息系统　安全保护等级划分准则》（GB 17859—1999）："国家对信息系统的安全等级，从功能上划分为五个级别的安全保护能力。"

3）2003 年，中央办公厅、国务院办公厅转发《国家信息化领导小组关于加强信息安全保障工作的意见》（中办发〔2003〕27 号）："要重点保护基础信息网络和关系国家安全、经济命脉、社会稳定等方面的重要信息系统，抓紧建立信息安全等级保护制度，制定信息安全等级保护的管理办法和技术指南。"

4）2004 年，四部委联合签发的《关于信息安全等级保护工作的实施意见》（公通字〔2004〕66 号）："根据信息和信息系统在国家安全、经济建设、社会生活中的重要程度；遭到破坏后对国家安全、社会秩序、公共利益以及公民、法人和其他组织的合法权益的危害程度；针对信息的保密性、完整性和可用性要求及信息系统必须要达到的基本的安全保护水平等因素，信息和信息系统的安全保护等级共分为五级。"

5）2007 年，四部委联合签发的《信息安全等级保护管理办法》（公通字〔2007〕43 号）：“信息系统建设完成后，运营、使用单位或者其主管部门应当选择符合本办法规定条件的测评机构，依据《信息系统安全等级保护测评要求》等技术标准，定期对信息系统安全等级状况开展等级测评。第三级信息系统应当每年至少进行一次等级测评，第四级信息系统应当每半年至少进行一次等级测评，第五级信息系统应当依据特殊安全需求进行等级测评。”“已运营（运行）的第二级以上信息系统，应当在安全保护等级确定后 30 日内，由其运营、使用单位到所在地设区的市级以上公安机关办理备案手续。新建第二级以上信息系统，应当在投入运行后 30 日内，由其运营、使用单位到所在地设区的市级以上公安机关办理备案手续。”

6）2016 年，《中华人民共和国网络安全法》（中华人民共和国主席令第五十三号）：“第二十一条　国家实行网络安全等级保护制度。网络运营者应当按照网络安全等级保护制度的要求，履行下列安全保护义务，保障网络免受干扰、破坏或者未经授权的访问，防止网络数据泄露或者被窃取、篡改：

（一）制定内部安全管理制度和操作规程，确定网络安全负责人，落实网络安全保护责任；

（二）采取防范计算机病毒和网络攻击、网络侵入等危害网络安全行为的技术措施；

（三）采取监测、记录网络运行状态、网络安全事件的技术措施，并按照规定留存相关的网络日志不少于六个月；

（四）采取数据分类、重要数据备份和加密等措施；

（五）法律、行政法规规定的其他义务。”

（2）等级保护工作流程如图 5－18 所示。

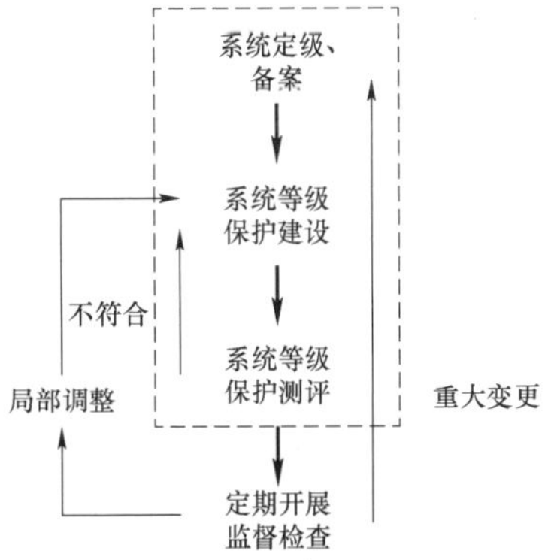

图 5－18　等级保护工作流程

其中，定级备案是等级保护的首要环节，分等级保护是等级保护的核心，整改建设是等级保护工作落实的关键，等级测评是评价安全保护状况的方法，监督检查是保护能力不断提高的保障。

（3）等级保护主要国家标准如下：

GB 17859—1999《计算机信息系统　安全保护等级划分准则》。

GB/T 22239—2019《信息安全技术　网络安全等级保护基本要求》

GB/T 22240—2020《信息安全技术　网络安全等级保护定级指南》

GB/T 25058—2019《信息安全技术　网络安全等级保护实施指南》

GB/T 25070—2019《信息安全技术　网络安全等级保护安全设计技术要求》

GB/T 28448—2019《信息安全技术　网络安全等级保护测评要求》

GB/T 28449—2018《信息安全技术　网络安全等级保护测评过程指南》

（4）等级保护包含以下五个等级。

第一级：自主保护级。信息系统受到破坏后，会对公民、法人和其他组织的合法权益造成损害，但不损害国家安全、社会秩序和公共利益。

第二级：指导保护级。信息系统受到破坏后，会对公民、法人和其他组织的合法权益产生严重损害，或者对社会秩序和公共利益造成损害，但不损害国家安全。

第三级：监督保护级。信息系统受到破坏后，会对社会秩序和公共利益造成严重损害，或者对国家安全造成损害。

第四级：强制保护级。信息系统受到破坏后，会对社会秩序和公共利益造成特别严重损害，或者对国家安全造成严重损害。

第五级：专控保护级。信息系统受到破坏后，会对国家安全造成特别严重损害。

2. 等级保护工作开展情况

国家电网公司网络与信息系统有效支撑了各项业务的开展，全面提高了电网安全、生产效率和服务质量，其基础性、全局性、全员性作用日益增强。信息安全作为信息化深入推进的重要保障，与电网安全生产密切相关，对国家电网公司生产、经营、管理工作有着重要意义，对电网安全有着重大影响。

近年来，在公安部、国家能源局等国家有关部门的悉心指导下，国家电网公司高度重视信息安全工作，开展了大量卓有成效的信息安全防护体系建设工作，申请并实施了国家发展和改革委员会、公安部、国务院国有资产监督管理委员会（以下简称国资委）的信息安全示范工程，在国内率先完成了等级保护建设主体工作。

（1）国家要求。自 2007 年，国家关于等级保护工作发布了如下文件：

2007 年起，国家能源局（原国家电力监管委员会）印发了《电力行业网络与信息安全监督管理暂行规定》（电监信息〔2007〕50 号）《关于开展电力行业信息系统安全等级保护定级工作的通知》（电监信息〔2007〕34 号）等系列文件，全面推进了信息安全等级保护建设工作。

2009 年，公安部印发《关于开展信息安全等级保护安全建设整改工作的指导意见》（公信安〔2009〕1429 号），要求在 2012 年底前完成已定级信息系统安全建设与整改工作，并提出重要行业信息系统主管部门可结合行业特点指导本行业信息系统安全等级保护工作。

2010 年，公安部和国资委联合印发《关于进一步推进中央企业信息安全等级保护工作的通知》（公通字〔2010〕70 号）规定，由国家能源局负责指导电力行业的信息系统安全等级保护工作。

（2）开展现状。国家电网公司等级保护工作开展现状如下：

2008 年初，完成了全部 10082 个信息系统定级备案工作。

2009 年底，完成了管理信息系统等级保护安全建设。

2009 年底，结合 SG186 工程验收完成由内部测评队伍实施的信息系统等级保护测评工作。

2012 年，落实公安部和国家能源局统一组织、由国家和行业专业测评队伍开展的首轮等级保护测评工作的全部要求，提前按国家要求完成等级保护测评工作。

（3）定级备案情况。国家电网公司等级保护定级备案情况如下：

2008 年初，国家电网公司按照《电力行业信息系统等级保护定级工作指导意见》的要求，梳理了 31 个网省公司及其下属单位和所有直属单位的定级信息系统 10082 个，其中管理信息系统 2138 个（三级系统 48 个，二级系统 2090 个），电力生产控制类系统 7944 个（四级系统 32 个，三级系统 3130 个，二级系统 4782 个）。

近年来，国家电网公司实施“四统一”管理，加强集团化管控，统一构建一体化企业级信息系统，系统由两级部署向一级部署过渡。2011 年 7 月，国家电网公司重新梳理管理信息系统定级情况，已备案管理信息系统 690 套，其中三级系统 97 套，二级系统 593 套，比 2007 年共减少了 1448 个信息系统。

2012 年 2 月，根据新技术发展的趋势和系统形态的变化，国家电力调度通信中心（以下简称国调中心）重新梳理了系统定级，并报国家能源局、公安部等上级主管部门审批备案。主要调整为：变电站自动化系统不再独立定级，而是直接并入上级调度机构调度自动化主站系统中统一定级；新一代电网调度控制系统按照分区功能定级，Ⅰ区实时监控与预警定为四级，Ⅱ区调度计划与安全校核定为三级，Ⅲ区调度管理定为二级。其中，配电自动化系统在省级以上和地市级以下均定为三级。

（4）行业标准编制历程。电力行业标准编制历程如下：

2011 年 9 月，国家能源局印发《关于组织开展电力行业重要管理信息系统安全等级保护测评试点工作的通知》（电监会 2011〔41〕号），组织电力行业信息安全等级保护测评中心开展电力行业信息系统与电力二次系统测评工作。

2012 年 5 月，国家能源局印发《关于组织开展电力二次系统安全防护评估试点工作的通知》（办安全函〔2012〕191 号），要求组织开展电力二次系统安全防护评估试点工作。

2012 年 11 月，《电力行业信息系统安全等级保护基本要求》（电监信息〔2012〕62 号）正式发布。《电力行业信息系统安全等级保护基本要求》是基于 GB/T 22239—2008《信息安全信息系统安全等级保护基本要求》编制的。在总体上，行业要求不低于国家要求。《电力行业网络与信息安全监督管理暂行规定》《电力二次系统安全防护规定》的要求，在《电力行业信息系统安全等级保护基本要求》中得以充分贯彻，从而和行业现有安全防护工作相衔接。为适应电力行业总体上将信息系统分为管理信息和生产控制两大类的基本事实，《电力行业信息系统安全等级保护基本要求》对 GB/T 22239—2008《信息系统安全等级保护基本要求》进行了必要调整，具体由总体要求、管理类信息系统基本要求和生产控制类信息系统基本要求三部分组成。

行业标准是在国家标准的基础上做了新增、增强、细化、落实。管理信息类信息系统结合“双网双机、分区分域、安全接入、动态感知、全面防护”的基本原则，制定等级保护基本要求；生产控制类信息系统结合“安全分区、网络专用、横向隔离、纵向认证”的基本原则，制定等级保护基本要求。

3. 等级保护测评

（1）测评组织形式。国家能源局依据《关于开展信息安全等级保护安全建设整改工作的指导意见》（公信安〔2009〕1429 号）要求，组建了电力行业信息安全等级保护测评中心，统一组织落实电力行业信息安全等级保护测评工作。

目前电力行业信息安全等级保护测评中心下属 5 家实验室，其中属于国家电网公司系统的包括南瑞集团有限公司和中国电科院。

国家电网公司信息通信部和国调中心作为国家电网公司等级保护工作主要负责部门，负责落实国家电网公司等级保测评工作的沟通部署、协调、整改和监督工作。

（2）测评基本要求。

1）测评能力要求。测评的能力要求分为以下五级。

a. 第一级安全保护能力：应能够防护系统免受来自个人的、拥有很少资源的威胁源发起的恶意攻击、一般的自然灾难以及其他相当危害程度的威胁所造成的关键资源损害，在系统遭到损害后，能够恢复部分功能。

b. 第二级安全保护能力：应能够防护系统免受来自外部小型组织的、拥有少量资源的威胁源发起的恶意攻击、一般的自然灾难以及其他相当危害程度的威胁所造成的重要资源损害，能够发现重要的安全漏洞和安全事件，在系统遭到损害后，能够在一段时间内恢复部分功能。

c. 第三级安全保护能力：应能够在统一安全策略下防护系统免受来自外部有组织的团体、拥有较为丰富资源的威胁源发起的恶意攻击、较为严重的自然灾难以及其他相当危害程度的威胁所造成的主要资源损害，能够发现安全漏洞和安全事件，在系统遭到损害后，能够较快恢复绝大部分功能。

d. 第四级安全保护能力：应能够在统一安全策略下防护系统免受来自国家级别的、敌对组织的、拥有丰富资源的威胁源发起的恶意攻击、严重的自然灾难以及其他相当危害程度的威胁所造成的资源损害，能够发现安全漏洞和安全事件，在系统遭到损害后，能够迅速恢复所有功能。

2）基本安全要求分类。基本安全要求是针对不同安全保护等级信息系统应该具有的基本安全保护能力提出的安全要求。根据实现方式的不同，基本安全要求分为总体安全要求、基本技术类安全要求和基本管理类安全要求三大类；结合电力行业特点，可将等级保护基本安全要求划分为管理信息系统类要求和生产控制信息系统类要求。

a. 总体安全要求与各个单位的总体安全策略相关，主要通过落实总体安全策略直接导出的、所有信息系统必须遵从的总体安全防护要求来体现。

b. 基本技术类安全要求与信息系统提供的技术安全机制有关，主要通过在信息系统中部署的软硬件并正确地配置其安全功能来实现。

c. 基本管理类安全要求与信息系统中各种角色参与的活动有关，主要通过控制各种角色的活动，从政策、制度、规范、流程以及记录等方面做出的规定来实现。

（3）等级保护测评内容。等级保护测评内容包括总体安全、物理安全、网络安全、主机安全、应用安全、数据安全与备份恢复、安全管理制度、安全管理机构、人员安全管理、系统建设管理及系统运维管理等。

1）总体安全。总体安全从管理类信息系统和生产控制类信息系统要求分别来阐述。

a. 管理类信息系统要求：

总体技术要求。管理信息大区网络与生产控制大区网络应物理隔离，两网之间有信息通信交换时应部署符合电力系统要求的单向隔离装置；管理信息大区网络可进一步划分为内部网络和外部网络，两网之间有信息通信交换时防护强度应强于逻辑隔离；具有层次网络结构的单位可统一提供互联网出口；二级系统统一成域，三级系统单独成域；三级系统域由独立子网承载，每个域有唯一网络出口，可在网络出口处部署三级等级保护专用装置为系统提供整体安全防护。

总体管理要求。如果本单位管理信息大区仅有一级信息系统，总体管理要求等同采用一级；如果本单位管理信息大区含有二级及以下等级信息系统，总体管理要求等同采用二级；如果本单位管理信息大区含有三级及以下等级信息系统，总体管理要求等同采用三级。

b. 生产控制类信息系统要求：

总体技术要求。电力生产企业、电网企业、供电企业内部基于计算机和网络技术的业务系统，原则上划分为生产控制大区和管理信息大区，生产控制大区又可以分为控制区（又称安全Ⅰ区）和非控制区（又称安全Ⅱ区）；生产控制大区网络与管理信息大区网络应物理隔离，两网之间有信息通信交换时应部署符合电力系统要求的单向隔离装置，确保单向隔离装置策略配置安全有效，禁止任何穿越边界的 E-Mail、Web、telnet、RLOGIN、FTP 等通用网络服务；在生产控制大区与广域网的纵向交接处应当设置经过国家指定部门检测认证的电力专用纵向加密认证装置或者加密认证网关及相应设施，确保纵向加密认证装置策略配置安全有效，实现双向身份认证、数据加密和访问控制；电力调度数据网应当在专用通道上使用独立的网络设备组网，在物理层面上实现与其他数据网及外部公共信息网的安全隔离；控制区的信息系统数据通信应使用电力调度数据网的实时子网或专用通道进行传输，非控制区的信息系统数据通信应使用电力调度数据网的非实时子网进行传输；控制区与非控制区之间应采用国产防火墙，或采用具有访问控制功能的设备进行隔离；二级系统统一成域，三级及以上系统单独成域；三级及以上系统域由独立子网承载，每个域有唯一网络出口，可在网络出口处部署满足相应等级要求的等级保护专用装置为系统提供整体安全防护；省级以上及有实际业务需要的地区调度中心的电力监控系统、电力调度数据网上的关键应用、关键用户和关键设备应使用电力调度数字证书系统实现身份认证、安全数据传输及鉴权；生产控制大区所部署的安全审计系统，可对网络运行日志、操作系统运行日志、数据库访问日志、业务应用系统运行日志、安全设施运行日志等进行集中收集、自动分析。

总体管理要求。如果本单位生产控制大区仅有一级信息系统，总体管理要求等同采用一级；如果本单位生产控制大区含有二级及以下等级信息系统，总体管理要求等同采用二级；如果本单位生产控制大区含有三级及以下等级信息系统，总体管理要求等同采用三级；如果本单位生产控制大区含有四级及以下等级信息系统，总体管理要求等同采用四级。

2）物理安全。物理安全的控制点包括物理位置选择、物理访问控制、防盗窃和防破坏、防静电、防雷击、防火、防水和防潮、温湿度控制、电力供应、电磁防护。

3）网络安全。网络安全的控制点包括结构安全、访问控制、安全审计、边界完整性检查、入侵防范、恶意代码防护、网络设备防护。

4）主机安全。主机安全的控制点包括身份鉴别、安全标记、访问控制、可信路径、安全审计、剩余信息保护、入侵防范、恶意代码防范、资源控制。

5）应用安全。应用安全的控制点包括身份鉴别、访问控制、安全标记、可信路径、安全审计、剩余信息保护、通信完整性、通信保密性、抗抵赖、软件容错、资源控制。

6）数据安全与备份恢复。数据安全与备份恢复的控制点包括数据完整性、数据保密性、备份和恢复。

7）安全管理制度。安全管理制度的控制点包括管理制度的制定和发布、评审和修订。

8）安全管理机构。安全管理机构的控制点包括岗位设置、人员配备、资金保障、授权和审批、沟通和合作、审核与检查。

9）人员安全管理。人员安全管理的控制点包括人员录用、人员离岗、人员考核、安全意识教育和培训、外部人员访问管理。

10）系统建设管理。系统建设管理的控制点包括系统定级、安全方案设计、产品采购和使用、自行软件开发、外包软件开发、工程实施、测试验收、系统交付、系统备案、等级测评、安全服务商选择。

11）系统运维管理。系统运维管理的控制点包括环境管理、资产管理、介质管理、设备管理、监控管理、网络安全管理、系统安全管理、恶意代码管理、密码管理、变更管理、备份与恢复管理、安全事件处置、应急预案管理。

（4）测评工作开展。测评工作的关键在于测评方法、测评工作流程和测评结果判定。

1）测评方法。测评方法主要分技术符合性评估和管理符合性评估两类。

a. 技术符合性评估主要针对物理安全、网络安全、主机安全、应用安全、数据安全等根据等级保护要求进行符合性评估，主要方式有访谈、查看（检查）和测试（人工审计、人工操作测试、工具测试、渗透测试）。

b. 管理符合性评估以访谈和查看为主，主要是查阅相关的安全管理制度、安全管理机构、人员安全管理、系统建设管理、系统运维管理等安全相关的制度。

2）测评工作流程。测评工作分为以下几个阶段：

a. 测评准备阶段。该阶段是开展等级测评工作的前提和基础，是整个等级测评过程有效性的保证。测评准备工作是否充分直接关系到后续工作能否顺利开展。该阶段的主要任务是掌握被测系统的详细情况，准备测试工具，为编制测评方案做好准备。

b. 方案编制阶段。该阶段是开展等级测评工作的关键，要为现场测评提供最基本的文档和指导方案。该阶段的主要任务是确定与被测信息系统相适应的测评对象、测评指标及测评内容等，并根据需要重用或开发测评指导书，形成测评方案。

c. 现场测评阶段。该阶段是开展等级测评工作的核心。该阶段的主要任务是按照测评方案的总体要求，严格执行测评指导书，分步实施所有测评项目（包括单元测评和整体测评两个方面），以了解系统的真实保护情况，获取足够证据，发现系统存在的安全问题。

d. 报告编制阶段。该阶段给出等级测评工作的结果，对被测信息系统的整体安全保护能力给出综合评价。该阶段的主要任务是根据现场测评结果和行业标准的有关要求，通过单项测评结果判定、单元测评结果判定、整体测评和风险分析等方法，找出整个系统的安全保护现状与相应等级保护要求之间的差距，并分析这些差距将导致被测系统面临的风险，从而给出等级测评结论，形成测评报告文本。

在测评准备阶段的信息收集和分析中，被测方需提供被测信息系统承载业务的描述文件、定级报告、验收报告、安全需求分析报告、安全防护方案、自查或上次等级测评报告（如果有）、信息系统基本情况调查表。其中，信息系统基本情况调查表包括网络拓扑图、机房名称、物理位置、网络设备名称、网络设备厂家/型号、网络设备 IP、安全设备名称、安全设备厂家/型号、安全设备 IP、服务器/存储设备名称、服务器/存储设备操作系统厂家/型号、服务器/存储设备 IP、数据库系统名称、数据库厂家/型号、数据库 IP、业务系统名称、业务系统 IP、业务系统中间件、业务系统开发厂商、安全管理人员姓名、安全管理人员岗位/角色、安全管理人员联系方式、安全管理文档名称、安全管理文档主要内容等。

3）测评结果判定。测评结果分为符合、基本符合和不符合三类。

a. 符合。等级测评结果中不存在部分符合项或不符合项。

b. 基本符合。等级测评结果中存在部分符合项或不符合项，但不会导致信息系统面临高等级安全风险。

c. 不符合。等级测评结果中存在部分符合项或不符合项，会导致信息系统面临高等级安全风险。

其中，符合与基本符合均为通过等级测评。

第6章

配 电 物 联 网

6.1 配电物联网体系架构

在全球进入互联网和数字经济时代的大背景下，能源革命和数字革命融合发展趋势也日益明显。为支撑能源互联网在配电网中的应用落地，配电网迫切需要引入“大、云、物、移、智”即大数据、云计算、物联网、移动互联网、人工智能等新技术和新理念，全力打造一个以实现“配电网+物联网”深度融合为导向的配电物联网生态系统，从本质上提升配电网建设、运维以及运营管理水平，推动业务模式、服务模式和管理模式不断创新，支撑能源互联网的快速发展。

遵循电力物联网的“感知层、网络层、平台层、应用层”技术架构，参考工业互联网“云、边、端”和通信网络架构体系，提出并构建了配电物联网系统总体架构，分为“云”“管”“边”“端”四层，如图6-1所示。

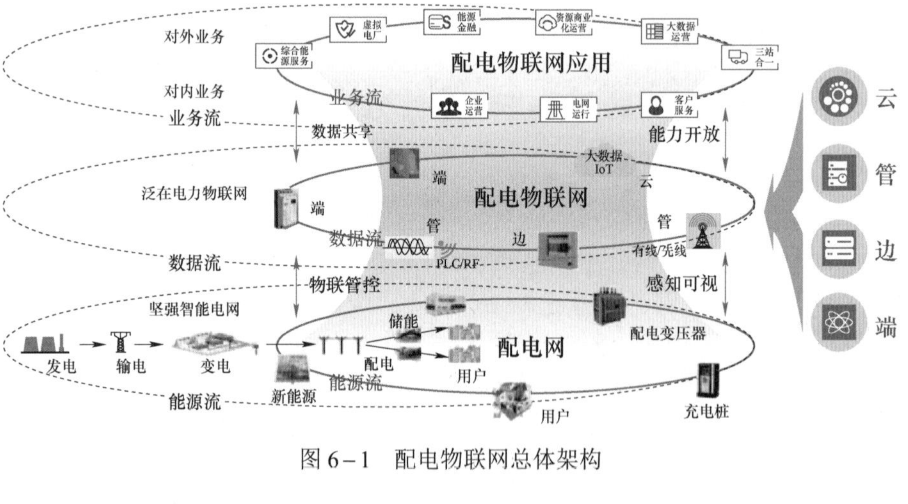

图6-1 配电物联网总体架构

(1)“云”层。“云”层采用“物联网平台+业务微服务+大数据+人工智能”的技术架构，实现海量终端连接、系统灵活部署、弹性伸缩、应用和数据解耦、应用快速上线，满足业务需求快速响应、应用弹性扩展、资源动态分配、系统集约化运维等要求。

（2）“管”层。“管”层采用“云边通信网＋边端通信网”的技术架构，通过通信通道 IP 化、物联网协议、物联网信息模型映射，实现通信网络自组网、设备自发现自注册、资源自描述，支撑边端设备的即插即用，满足配电业务处理实时性和带宽需求。

（3）“边”层。“边”层采用“硬件平台化＋业务软件 App 化”的技术架构，融合通信、计算、存储、应用核心能力，通过边缘计算技术提高业务处理的实时性，降低云平台通信和计算的压力；同时通过软件定义终端，实现电力系统生产业务和客户服务应用功能的灵活部署。

（4）“端”层。“端”层采用“轻量级物联网操作系统＋设备业务应用软件”的技术架构，实现配电网的运行状态、设备状态、环境状态以及其他辅助信息等基础数据的采集，并执行决策命令或就地控制；同时完成与电力客户的友好互动，有效满足电网生产活动和电力客户服务需求。

6.2　配电物联网通信系统

6.2.1　配电物联网通信要求

作为电网的“最后一公里”，低压配电网的物联网建设是实现电力物联网关键的一环，是配电物联网的重要组成部分，是当前阶段配电物联网需要解决的关键场景，而通信则是实现低压配电物联网的重要支撑技术。

1. 低压配电网台区特点

低压配电网最小的单位是台区，其中配电房是台区的中心节点。当前还没有明确的配电物联网建设需求或设计规范要求，因此不管是城市还是农村，配电房的选址建设并未将台区向下延伸的通信要素作为考虑因素，继而形成了错综复杂的现场环境。在城市社区，存在全部配电房都在小区地下室，或部分在地下室、部分在地上，或全部在地上的情况，地上部分有些独立建造在小区的各个角落，有些位于小区居民楼底部房间，有些位于小区外围商铺一楼；在农村范围，配电房基本上是在地面，但是分布范围较大，部分呈狭长的一字形延伸开。

2. 台区下属设备特点

台区范围内需要通信的设备有电能表、换向开关、充电桩、光伏逆变器等，目前安装位置均以自身功能要求为基准，并未过多考虑通信传输的问题，这给物联网接入带来了诸多挑战。例如，在大多数的高层楼栋，电能表通常位于建筑物中心的强电井中，有些每层一个安装点，有些几层一个安装点。各层的强电井被高层建筑四周的房间、墙壁等团团围住，也没有预留通信线缆，因此通信方式大大受限。

3. 低压物联网通信要求

从配电房、台区下设备的各种位置可以看出，它们有一个重要的共同点：台区里的设备进行通信，通常以配电房为中心，大多要横跨多个室内、室外障碍物。在城市区域，主要是建筑物遮挡，台区所覆盖的区域半径一般在500m以内；而在农村区域，建筑物遮挡变少，但是距离变长，所覆盖的区域半径有超过1km的情况。

因此，根据不同的使用目的，低压配电物联网对通信的要求不尽相同，但总体来说，要求所使用的通信技术能够覆盖低压台区的范围达数百米到上千米，速率从数kbit/s至数Mbit/s。

6.2.2 现有物联网通信及网管技术

1. 现场通信技术

（1）有线通信技术。有线通信技术有很多类型，如光纤、网线、PLC、HPLC、RS－485等。光纤和网线目前已普遍用于各类互联网接入服务中，已为各行业及人员所熟悉。下面主要介绍未来有可能大量用于配电物联网内端设备接入的RS－485总线、PLC、HPLC等有线通信方式。

1）RS－485总线。RS－485总线的主要特点：一般为A/B两线制，速率小（一般为几kbit/s），标准较悠久，设备支持面广。

应用场景特点举例：① 需考虑施工的方便性。为考虑施工的方便性，一般是在短距离下方便布线的场景下，如针对配电房里一些设备边上几米以内的温湿度传感器，而如果进行批量的长距离铺装，则工作量大、工期长。② 适用于现场存量设备的信息化改造。由于RS－485总线通信历史悠久，很多老式设备也都支持。

2）PLC。PLC通信是指载波信号频率不大于500kHz的低压电力线载波通信。其最大的优点是不需要重新架设网络，只要有电线，就能进行数据传输。其主要特点有：通信速率低，其数据传输速率在5～5.4kbit/s；网络拓扑结构与电线铺设结构相同；窄带电力线载波抗衰减和抗干扰能力差，其传输距离在200～1000m。

应用场景特点举例：目前较多的 PLC 通信用于营销的用电采集业务上，但随着营配融合的深入，未来经过技术优化可能会被用于配电物联网上。

3）HPLC。HPLC 是在低压电力线上进行数据传输的宽带电力线载波通信技术。其主要技术特点有：采用了 OFDM 技术，频段使用 0.7～12MHz，通信速率不小于 1Mbit/s，网络平均时延不大于 30ms，常规传输距离一般在 200～300m，目前在远程抄表系统已经取得了一定的成果。

应用场景特点举例：对于同一个台区内的与电力线有物理连接的设备，速率要求几百 kbit/s 且可靠性、实时性要求较高的场景，可以采用 HPLC 通信方式。虽然目前较多的 HPLC 通信用于营销业务上，但随着营配融合的深入，将越来越多地被要求用到营销、配电的物联网应用中去。

（2）短距离无线通信技术。短距离无线通信技术包括 Wi-Fi、蓝牙、Zigbee、470MHz 频段无线网络技术、射频识别（radio frequency identification，RFID）技术、近场通信（near field communication，NFC）技术等。

1）Wi-Fi。Wi-Fi 是一种基于 IEEE 802.11 标准的无线局域网技术。其主要技术特点有：速率可以达到几十到上百 Mbit/s，工作频段为带业务监测（in-service monitoring，ISM）免授权的 2.4GHz 频段，无线发射功率为 100mW 以下，适合无遮挡环境下几十米范围内的高速通信应用。

应用场景特点举例：由于 Wi-Fi 应用广泛、各类设备成熟、部署简单，可用于安全性要求不高、单位面积点数不多的配电范围内建筑物里的灯光设备的通信、控制等。

2）蓝牙。蓝牙是一种支持设备短距离通信（一般 10m 内）的无线电技术，能在包括移动电话、PDA、无线耳机、笔记本计算机、相关外设等众多设备之间进行无线信息交换。其主要技术特点有：工作于 ISM 免授权的 2.4GHz 频段，速率为几 Mbit/s 左右，无线发射功率视应用场景不同而不同，最大不超过 100mW，适合无遮挡环境下几米、几十米范围内的较高速通信应用。

应用场景特点举例：由于蓝牙安全性相对较高，可用于配电物联网相关的近距离设备的无线调试、无线门锁等领域。

3）Zigbee。Zigbee 底层是采用 IEEE 802.15.4 标准规范的媒体访问层与物理层。其主要特点有：低速，空中速率为几百 kbit/s；低耗电，支持电池供电；支持几百到上千个网络节点；工作于 ISM 的 2.4GHz 频段，无线发射功率标准为 17dBm。

应用场景特点举例：适合无遮挡环境下百米以内的低速通信，或需要电池供电的场景，如配电房里，以及一些较远处不方便有线施工的电池供电式接头温度传感器等。

4）470MHz 频段无线网络技术。其主要技术参数为：使用频率为 470～510MHz；在极限条件（极限工作电压、极限温度环境）下检测的设备发射功率限值为 50mW（e.r.p）；单次发射持续时间不超过 1s；一般采取将网络设计成 Mesh 自组织多跳的网络形式，以路由路径绕转、路径自愈的方式避开障碍物，提高通路的可达性、可靠性。

应用场景特点举例：对于一个建筑物、一个小区内的集中采集，如果速率要求几十 kbit/s 且遮挡较少，可以考虑采用 470MHz 频段的无线通信技术进行组网通信。

5）RFID。RFID 的原理为阅读器与标签之间进行非接触式的数据通信，以达到识别目标的目的。RFID 工作的无线频段有 125kHz、13.56MHz、920MHz、2.45GHz、5.8GHz。

应用场景特点举例：配电场景里的相关资产的物流、资产管理、身份识别等，可以采用 RFID 系统。

6）NFC。NFC 是一种新兴的近距离无线通信技术。使用了 NFC 技术的设备（如移动电话）可以在彼此靠近的情况下进行数据交换。NFC 是由非接触式 RFID 及互联互通技术整合演变而来的。其主要技术特点有：通信距离在 10cm 以内，运行频率为 13.56MHz，传输速度有 106、212kbit/s 和 424kbit/s 三种。

应用场景特点举例：配电场景里的门锁、身份识别等，可以采用 NFC 技术。

（3）长距离无线通信技术。长距离无线通信技术包括 5G 等蜂窝通信技术、NB-IoT 和远距离无线电（long range radio，LoRa）等。

1）5G 等蜂窝通信技术。5G、4G、3G 等属于数字蜂窝网络，4G 以下的公网，除带宽外没有本质区别，而目前正在铺开的 5G 技术，将是与之前有本质区别的一代移动通信技术。5G 有非独立接入（non-standalone access，NSA）与独立接入（standalone access，SA）两种模式。NSA 模式迁就于成本，在 4G 系统的基础上升级而来，本质上与 4G 相同而速率有所提高。所以，准确地说，与 4G 本质上有区别的是 5G 的 SA 模式，它是完全根据 5G 技术标准重新建立的网络。5G 的 SA 模式具有几个重大技术特性：网络切片，提高服务质量；支持多接入边缘计算（mobile edge computing，MEC），减少时延。

应用场景特点举例：如在配电物联网产业链上的培训与维护方面，可通过5G网络的增强现实（augment reality，AR）与物联设备联动进行虚拟培训与远程操作示范。

2）NB-IoT。NB-IoT 构建于蜂窝网络，属于公网，由运营商提供网络服务。NB-IoT只消耗大约180kHz的带宽，提供100kbit/s以下的速率。NB-IoT的特点：每扇区10万个终端的海量接入；功耗较低，支持电池供电。

应用场景特点举例：在配电环境里，传感器分布较散，如果有NB-IoT等公网蜂窝网络服务的覆盖，则采用NB-IoT是一种较好的选择。

3）LoRa。LoRa 是一种线性调频扩频的调制技术。其主要技术特点有：工作在非授权的ISM频段，在国际上包括433、868、915MHz等频段，在国内实际使用的频段主要为470MHz；传输速率为几百bit/s到几十kbit/s，速率越低传输距离越远；一个LoRa网关可以连接上千到上万个LoRa节点；节点支持电池供电。

应用场景特点举例：在配电环境里，传感器节点分布分散，且相互间有墙体、建筑物遮挡，为提升对节点的覆盖，可以采用LoRa方案。不过，LoRa虽然理论覆盖距离可达数千米，但是在通常情况下由于地理位置和遮挡物的影响，信号覆盖能力远远达不到理论值。在实际项目的方案设计阶段，需要进行前期特定环境的通信踏勘。

（4）短距离混合组网通信技术。由于单个通信技术在电力应用场景的目标台区、目标小区等小范围内仍有可能无法完成目标节点百分百网络接入的事实，混合组网技术应运而生，即采用多个不同的通信技术一起工作，相互间取长补短，以期达到百分百网络接入的目标。目前常见方案有IP化或非IP化的 HPLC 与 470MHz 频段无线网络技术的独立双模技术，以及研究中的HPLC与470MHz频率无线网络技术的融合双模技术。

2. 通信组网方式与网络构架

电力物联网下，由于单位面积内有大量节点需要联网、大片的分散范围内的节点需要联网等，光靠网线、光纤、4G无线广域网等是无法有效完成的，因此需要一些现场组网方案加以补充。现场组网连同回传的主干网，形成了一些较典型的网络架构。

（1）远传型网络架构。远传型网络是将现场的数据统一地直接上传到远程的云端数据中心进行处理的网络。这种场景下，NB-IoT、LoRaWAN、现场IP化场域网将是可行的几种方法。在NB-IoT方案下，网络架构与传统的GPRS应用架构类似，这里不再展开，下面重点介绍LoRaWAN网络架构和IP场域网方案。

1）LoRaWAN 网络架构。LoRaWAN 网络底层采用 LoRa 无线调制技术，在网络角色上分终端、LoRaWAN 网关、后台服务三个部分。LoRaWAN 网络架构是一个典型的星形拓扑结构，如图 6－2 所示。在这个网络架构中，LoRa 网关是一个透明的中继，连接前端终端设备和后端 LoRaWAN 后台服务。网关与后台服务器通过标准 IP 连接，而终端设备采用单跳与一个或多个网关通信，所有的节点均是双向通信。

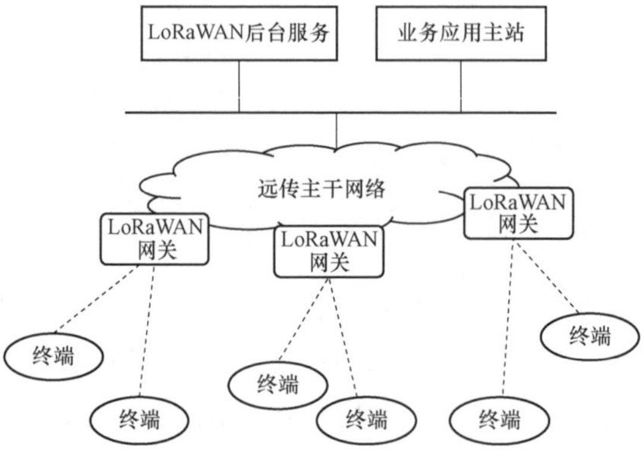

图 6－2　LoRaWAN 网络架构

终端是 LoRaWAN 网络的末端通信节点。需要联网的设备，通过加装该终端，可实现自身的联网。终端分 A、B、C 3 种类型，其中 A 类终端设备在应用中功耗最低，支持电池供电，以适应不方便取电的场景；B 类终端设备会在预设时间中开放多余的接收窗口，为了达到这一目的，终端设备会同步从网关接收到一个无线电信号（beacon），该方式会让服务器了解终端设备正在“倾听”；C 类终端设备几乎持续开放接收窗口，只在无线数据发射时关闭。

LoRaWAN 网关是现场 LoRaWAN 星形网络的中心，终端加入该星形网络，进而实现与远程后台的数据交互。终端与网关之间的通信是在不同频率和数据传输速率基础上完成的，数据速率的选择需要在传输距离和消息时延之间进行权衡。由于采用了扩频技术，不同数据传输速率下的通信不会互相干扰。LoRaWAN 网络数据传输速率范围为 0.3～50kbit/s。为了最大化终端设备电池寿命和整个网络容量，LoRaWAN 后台网络服务器通过一种速率自适应（adaptive date rate，ADR）方案来控制数据传输速率和每一终端设备的射频输出。

远传主干网采用光纤、网线、无线广域网等进行现场数据的回传。

LoRaWAN 后台服务负责终端入网安全认证、网络数据包的传输控制和网络的维护。

业务应用主站通过后台服务，与现场联网的设备进行数据采集与交互。

2）IP 场域网方案。在远传主干网采用 IP 网络的基础上，现场场域网采用 IP 化的通信网络，将能实现网络端到端的直接通信、维护。这种网络架构下，现场如采用低功耗无线个人区域网上的 IPv6（IPv6 over low power wireless personal area networks，6LoWPAN）、IP 化的 HPLC 等 IP 网络时，具体架构如图 6－3 所示。

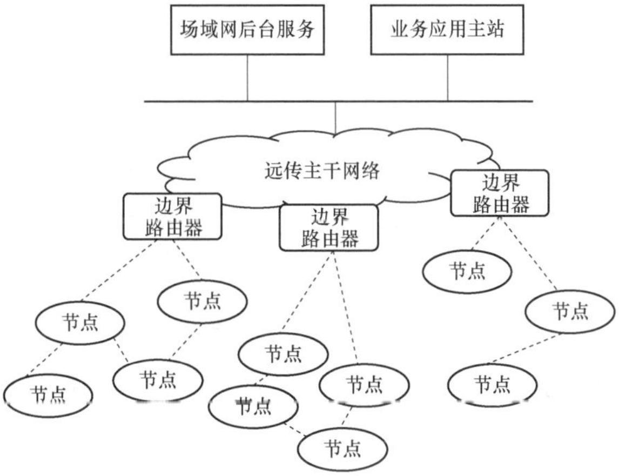

图 6－3　IP 场域网架构

6LoWPAN 基于 IEEE 802.15.4 的芯片和射频。和传统的 IPv6 不同，6LoWPAN 的最大传输报文大小只有 128B 而不是 IPv6 标准的 1280B，以便能用在内存有限的低性能设备中。低性能设备通过 6LoWPAN，可以支持现有的广泛流行的 TCP/IP 协议，能够利用 IETF 现有的协议组、QoS 和网络安全相关的架构，能够无缝地路由互联网 IP 报文。

现场节点与边界路由器组成基于如 6LoWPAN 标准的 IP 化的有线 HPLC 或无线射频形式的 Mesh 网络，每个节点都分配一个唯一的 IPv6 地址，通过该 IPv6 地址，直接与远端的场域网后台以及业务应用主站进行端到端的网络维护、业务交互。

边界路由器负责现场 Mesh 网络的建立，并实现远程主干网络与现场 Mesh 网络之间的数据包路由转发功能。

场域网后台服务提供节点入网安全认证、IPv6 地址分配、网管服务等功能。

（2）本地汇聚型网络架构。本地汇聚型网络主要应用于边缘计算场景。该场景下需要通过通信通道，将现场设备的数据汇聚到边缘计算节点上，以实现通信链路长度减少、时延减少、现场大量原始数据的处理下沉等目标。通过 IP 场域网方案、本地私有网络方案等，可以实现这种本地汇聚型网络架构。

1）基于 IP 场域网的本地汇聚型网络。基于 IP 场域网的本地汇聚型网络架构如图 6－4 所示。

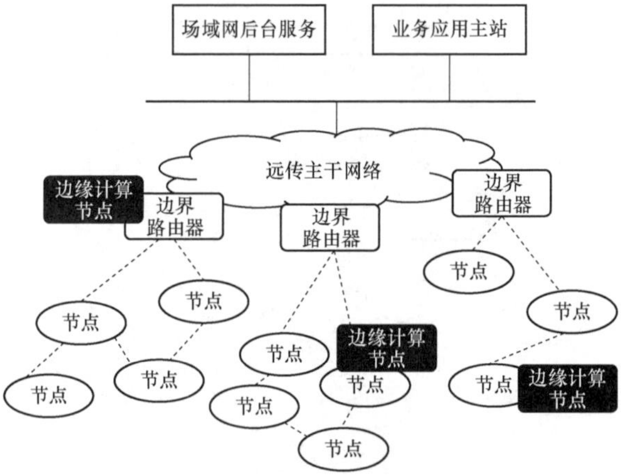

图 6－4　基于 IP 场域网的本地汇聚型网络架构

在 IP 场域网方案里，由于每个网络节点都是可以做到 IP 端到端直达的，所以理论上数据流可以自由地通过 IP 地址到达任何地方。因此，在边界路由器侧或者网络节点侧都可增加边缘计算设备，以实现对本地汇聚后的数据的处理。一般地，边缘计算节点部署在边界路由器侧优于部署在网络节点侧，原因一方面是可以避免占用现场网络的带宽，另一方面是现场网络的路由寻址因素。

同样地，通过远传主干网可以实现场域网对现场网络的管理、维护，实现业务主站与边缘计算节点的交互。

2）基于现场私有网络协议的本地汇聚型网络。通用标准网络可能基于方方面面较为全面的考虑而较为复杂，或者不适应特定行业、特定业务的应用，因此有些场景下会针对业务特性进行定制化私有网络的开发应用。既然是定制网络，当然可以定制成适用于远传型的网络，但一般地，这种网络都适合本地汇聚型业务的应用，前提是该网络信号能较好地覆盖到目标节点。基于现场私有网络协议的本地汇聚型网络架构如图 6－5 所示，其中 3 个中心节点以及各自的节点，从左到右分别代表了 Mesh 网状网、树形网、星形网的现场网络拓扑。

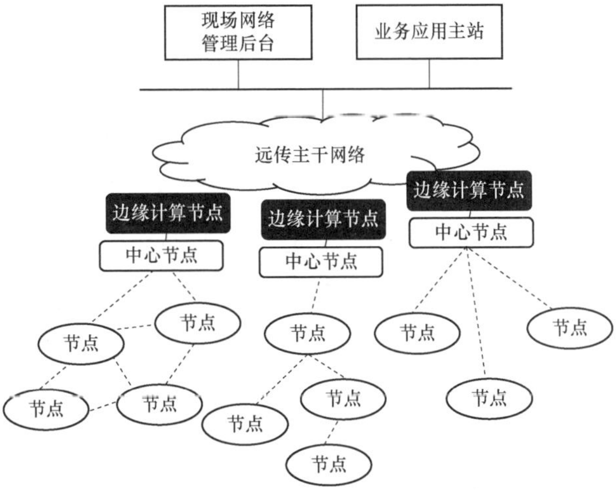

图 6－5　基于现场私有网络协议的本地汇聚型网络架构

这种网络架构下，网络的中心节点在现场信号覆盖范围内，建立一个 Mesh 拓扑、树形拓扑或者星形拓扑的网络；其他节点上电后，按私有自定规则加入这个网络。边缘计算节点一般位于中心节点侧，通过与中心节点的交互，间接完成对下挂设备节点的采集、控制等功能。

边缘计算节点通过额外的回传模块，接入远传主干网络，与业务应用主站进行交互；现场的私有网络可能配套的网络管理后台，也可以通过该通道，对现场网络进行管理、维护。

此类私有协议网络，一般以 470MHz 无线频段作为物理层，设计开发成一个星形或多跳 Mesh 等拓扑的无线网络例如，物理层采用频移键控（frequency-shift keying，FSK）调制方式，构建一个空中速率为上百 kbit/s 的 Mesh 网络；或者物理层采用 LoRa 调制方式，构建类似 LoRaWAN 的空中速率小于几十 kbit/s 的点对点通信距离相对较远的私有星形无线网络。

多跳 Mesh 网络是解决“最后一公里”问题的关键技术之一，其具有自动组网、无线节点间中继转发、路由自动发现、路径自动恢复的特点，可提高无线网络的部署便捷性和链路健壮性。

3. 网络管理方式

现场网络的建立需要机制，网络的运行需要维护。网络方案设计者一般会根据自身网络的特点，开发适合自己的网络管理方式。网络管理方式主要有如下几种类型。

（1）远程集中式管理。远程集中式网络管理架构如图 6－6 所示。

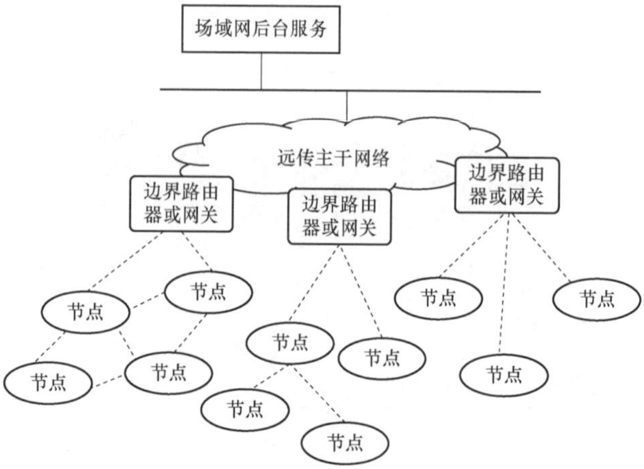

图 6－6　远程集中式网络管理架构

该类网络管理架构下，其现场网络方案一般为 LoRaWAN 方案，或者 IP 化（如 IPv6）的场域网方案，场域网后台服务与现场节点进行端到端地直接控制、监控、维护，如节点入网的认证、节点地址的分配、入网出网时间查看、邻居节点查看、信号强度实时查看、数据流量查看、固件远程升级等。

这类网络管理架构的特点是，由于是端到端的维护，网络维护类的异常问题的排查只限于源头和目标，逻辑简单清晰；网管协议的内容、版本的升级，也只需考虑两端，而与中间链路的所有设备无关，从而减少了开发、维护工作量，也减少了出错机会；网管用户在日常操作中能体会到直接面向节点本身操作的直观体验；由于是集中式管理，在各地现场上线的网络节点总规模越来越大后，由于各节点都是直接进行交互，因此后台资源消耗很大，后台需要进行各项工作的负载均衡设计与部署，以满足对应规模的性能要求。

（2）就地网关分布式管理。就地网关分布式管理，主要是现场各网络的中心节点即设计有自身网络节点的管理功能。就地网关分布式管理架构如图 6－7 所示。

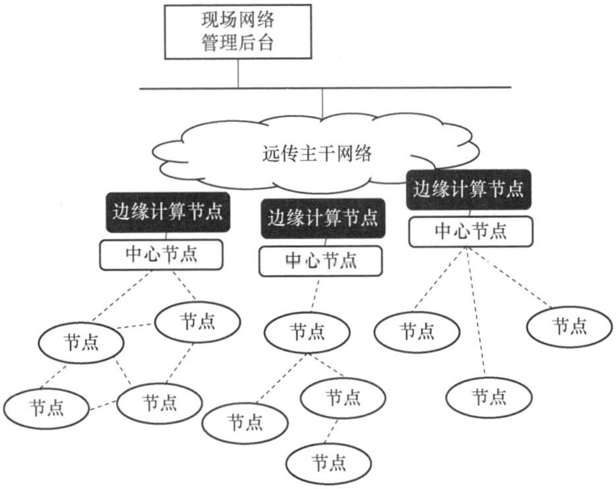

图 6－7　就地网关分布式管理架构

现场各网络的中心节点，可以自行完成入网控制、网络地址分配、对节点进行远程升级等功能。在远程后台，还有可能额外部署网管后台，也具有相应的功能。但是后台网管不是直接控制现场网络节点，而是通过将命令下达到现场的分布式网关，再由分布式网关的网络维护功能模块翻译成直接的网络控制报文，实现对网络内现场节点的控制。特别地，对于现场网络的运行来讲，由于中心节点是能独立、完全地起到组网、管理作用，远程后台不是组网必需的，所以远程后台不管是在设计上还是在实际工程运行时，都可能是没有的。如果系统很大，现场网络数量很多，有了这个远程管理后台，还是能起到方便维护的作用，但在功能层面还是不同的。

这种网络管理架构的好处是，能灵活适应现场网络规模的需要，大有大部署，小有小配置。例如，对于很小的网络，则无须部署后台网管平台，各设备在现场上电组网后即可马上开始工作；而相对地，对于集中式网管架构，无论多小的网络均需要部署后台网管，从而增加了设备成本、部署调试工作量，并延长了工程周期。其缺点也比较明显，在大型网络需要后台网管时，由于网络管理的行为是后台网管、分布式网关、现场节点的三方不同协议的行为，因此修改、增删都涉及三方的周全考虑，从而使得机制增加、设计工作量增大，增加了出错、缺陷的可能性。

（3）业务融合式网络管理。一般的网络，网络管理数据通过网络管理协议解析，业务应用数据通过业务协议解析，两者互不相关，设计上也是完全分开、实现解耦的。然而在电力领域，鉴于某些场景下网络是定制化的，特别有时是完全针对某类固定应用，或者是要在历史遗留的、符合已有协议的框架下实现某类设备的网络通信，也有时是为了优化网络行为，是将网络管理协议融合在业务协议中，即业务融合型网络管理架构。

业务融合式网络管理架构的优点有：对于管理与业务独立的架构而言，网络管理中在线、离线的状态需要专门的机制、流量来完成；而对融合式的网络管理架构，可以利用业务数据的交互成功与否，作为充当判断节点是否在线的手段之一，没回复不一定不在线，但有回复则一定在线。因此，融合式网络管理架构可以节省一些机制及现场宝贵的带宽资源。其缺点有：定制化程度太高，网络本身无法脱离该业务协议存在，无法在其他应用协议中实现简单的部署应用。

所以，这种网络管理架构适用于以下场景：

1）现场网络带宽很低的场景，秉着能省一点是一点的思想进行设计，依据应用业务的交互特点，尽量减少额外独立的网络管理维护用报文的长度和数量。

2）现场网络的设计目标既是专项定制的，未来也不考虑或者不可能用于其他业务的场景。

3）要在符合已有协议的框架下实现某类设备网络通信的场景。

6.2.3 低压配电物联网试点工程

1. 通信环境与通信方案

在低压配电台区的通信条件要求下，常用通信方案有各自的缺陷，具体如下：

（1）RS－485 总线。需要额外铺设通信线缆，工作量大，成本高且扰民。

（2）PLC。不需要额外铺设通信线缆，但缺点是通信速率较低，受配电台区负载影响大，信号衰减严重，信道不可靠，存在传送死区问题，仅能实现“户变关系”的识别，用于一天一个点的用电信息采集比较可行，但用于 15min 一次的高频次配电数据交互则明显性能不足。

（3）HPLC。相较 PLC，数据传输速率高、抗干扰性强，各方面有较大改善，但其通信的根本要素——信道阻抗——在电力线负载变动时变化显著，无法克服断电时跨断点续传的弊端，面临着通信可靠性、通信距离、环境多样的适应性等方面的考验，目前有部分地区在进行配电台区的试点，可以追踪后续试点结果。

（4）短距离微功率无线通信方式。数据传输速率较高，抗干扰性较强，但一般发射功率不大于 50MW，其信号的传输距离相对有限，障碍物会严重缩短传输距离；通过 Mesh 多跳网络组网方式可以延伸覆盖范围，但受限于发射功率，有些障碍物不具备穿透、绕射条件，则无法进行完全覆盖。

（5）LoRa。LoRa 调制技术在国内一般使用 470MHz 频段，发射功率不大于 50MW，在通信距离上优于一般的其他技术，抗干扰性强；但由于通信距离是以牺牲通信速率为代价的，低速率下无法满足 Mesh 多跳网络的路由转发、较多 Mesh 网络路由管理数据的消耗等，一般只适合做星形网，而星形网在低压台区复杂恶劣的环境下，对于困难节点缺少解决方法。

针对这种通信环境，可选取具有建筑物较强穿透能力的 920MHz 频段的无线射频网状网，作为电网“最后一公里”的通信网络。首先，它是无线技术，避开了有线通信的缺点；其次，无线信道阻抗特性较为稳定，避开了载波的固有缺陷；再次，发射功率为 1W，从而使得其无线传输的原动力大大强于一般的微功率无线网络；最后，空中速率为几百 kbit/s，对于单网络规模为几百点的通信，能满足多跳路由转发、Mesh 网络较多路由管理数据消耗的要求，适合作为 Mesh 多跳网状网。因此，在配电台区错综复杂的信通条件下，通过多跳路由，可满足不同节点的要求，实现台区设备最大可能的接入。

2. 射频网状网的技术特性

射频网状网是近年出现的一种新型的、适用于区域覆盖的无线多跳区域网络（field-area network，FAN）。射频网状网使用 IEEE 802.15.4g 物理层技术，相比传统的 IEEE 802.15.4 传感网，其前向纠错字节和帧识别符均得到加强，更加适合恶劣的传输环境，如安装电能表的强电井或地下室；它使用 IEEE 802.15.4e 的 MAC 协议，所以具有更低的功耗且能更好地支持传输 IP 协议帧；在网络层它采用 6LoWPAN 技术，支持 IPv6，进而支持真正的端到端管理，支持多跳网状网路由，使得其网络具有较强的健壮性，在连接环境较差或受到较大干扰时，可以通过绕过较差的连接、通过较好连接的中继传输数据包，因此比较适合低压配电物联网。

（1）射频网状网的通信协议栈架构如图 6－8 所示。

1）物理层。采用 IEEE 802.15.4g 协议，该协议支持传统的 2.4GHz 和全球范围的亚 GHz（sub-GHz）频段，如 920、860、433MHz 等频段；调制方式为模块化频移键控（movement related-frequency shift keying，MR-FSK），支持

几十到几百 kbit/s 多种速率可调。

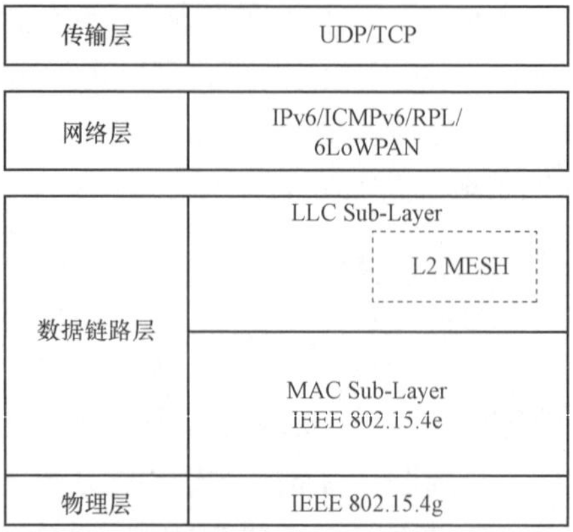

图 6－8　射频网状网和通信协议栈架构

2）数据链路层。为适应较长的 IP 数据包，采用 IEEE 802.15.4e 协议。由于传统互联网的 IP 数据包较长，为适配到该协议栈，IEEE 802.15.4e 在 IEEE 802.15.4 的基础上，将 MAC 帧的长度从 127B 增加到 2047B。

3）网络层。采用 IPv6、ICMPv6、用于低功耗易丢失网络的 IPv6 路由协议（IPv6 routing protocol for low-power and lossy networks，RPL）和 6LoWPAN 等多种协议。其中，通过 RPL 协议，射频网状网中相邻节点间可动态地生成自组织通信链路，在一条路径被障碍物阻塞时可以在网状网中找到另外的替代路径，具有很好的自愈性。

4）传输层。采用 UDP/TCP 协议。射频网状网采用了增强的 IEEE 802.15.4 物理层和链路层以及适合 IPv6 的网络层协议，具有较强的网络健壮性，因此适合配电物联网等传输条件较差的网络环境以及能够大规模高效率且低功耗地组网。

（2）射频网状网的网络应用特性如下：

1）无线发射功率不大于 30dBm（1W）。

2）各网络节点以唯一的 IPv6 地址，实现业务、维护间端到端的 IPv6 通信。

3）Mesh 网络空中速率为 150kbit/s，单个网络支持 300～500 个终端业务节点。

4）单跳平均时延 200ms，时延范围为 50～500ms。

5）网络跳数：最大 7 跳。

6）网络架构：采用“基于 IP 场域网的本地汇聚型网络”，网管侧采用 IP 端到端的远程集中式管理方式。

7）网络安全：通道侧，采用了 IPv4 隧道技术和 VPN 加密技术，实现了回传网络中传统 IPv4 网络对于 IPv6 通信的限制和数据的安全可靠传输；设备侧，采用基于 IEEE 802.1x 的证书安全机制，实现设备的安全入网。

3. 工程试点情况

（1）试点环境和部署情况。试点工程要验证的通信环境主要为居民高层住宅区，包括高层 24 层、小高层 13 层和别墅区，其中一级采集点到无线网络中心汇聚网关的距离在 200～500m，中间阻挡物主要为绿化带和建筑物本身。试点无线通信设备采用的频段为 920MHz，最大传输功率不超过 1W（30dBm）。

试验现场实际部署环境如图 6－9 所示。

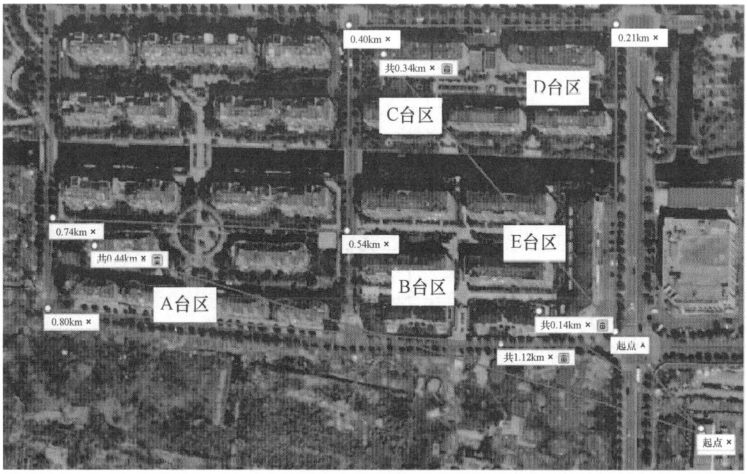

图 6－9　试验现场实际部署环境

环境中右下角“起点”处，也是网络的中心节点，安装于变电站的二楼西侧靠窗位置。网络的中心节点负责创建本地无线网络，并通过变电站的回传网络，实现后台主站、网管与现场网络内设备的端到端交互。业务节点分布在中心节点西北侧的居民小区中，最近点为“0.14km”处，最远侧为西北边的“0.34km”处，以及西边的“0.44km”处。图 6－9 中围起来的 A、B、C、D、E 5 个台区，均安装有无线射频网状网的网络节点，其中 B、C、D、E 台区中，每幢居民建筑均为 7 层、3 个单元，每个单元每楼层的电能表箱处均安装有一个业务节点；A 台区的建筑相似，但业务节点只安装于各单元的一楼电能表箱与南侧的店面商铺处。现场形成了共计 3 跳的无线 Mesh 网络。业务节点处的功能设备有采集传输单元（collect transfer unit，CTU）、用户表，业务数据有负荷、计量、谐波、智能电容器数据、JP 柜（配电变压器综合配电柜）温湿度环境参数等。

（2）数据结果分析。试点工程开展了用户表和 CTU 读数、配电台区业务读数以及配电台区拓扑识别等测试。试验天数为十数天到超过 100 天。

1）用户表和 CTU 读数。表 6－1 列出了这 A、B、C、D、E 5 个台区的用户表和 CTU 个数及对应的数据记录天数，图 6－10 和图 6－11 分别展示了 5 个台区各自的以及 5 台区总体的综合读数成功率。可以看到：对用户表，读数成功率最高可以超过 99%（E 台区），最低也超过 88%（C 台区）；对于 CTU，读数成功率最高可以接近 95%（C 台区），最低也超过 89%（B 台区和 D 台区）；就 5 个台区总体而言，读数成功率均超过 90%。

表 6－1　　　　用户表个数和试验 CTU 个数及记录天数

台区	用户表个数	用户表读数记录天数	试验 CTU 个数	CTU 读数记录天数
A	89	13	12	98
B	79	22	37	107
C	63	27	6	112
D	67	11	8	73
E	79	13	8	107

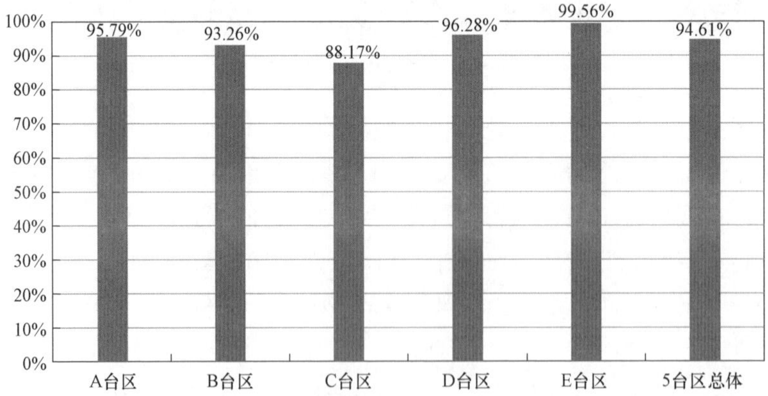

图 6－10　各台区及 5 台区总体用户表综合读数成功率

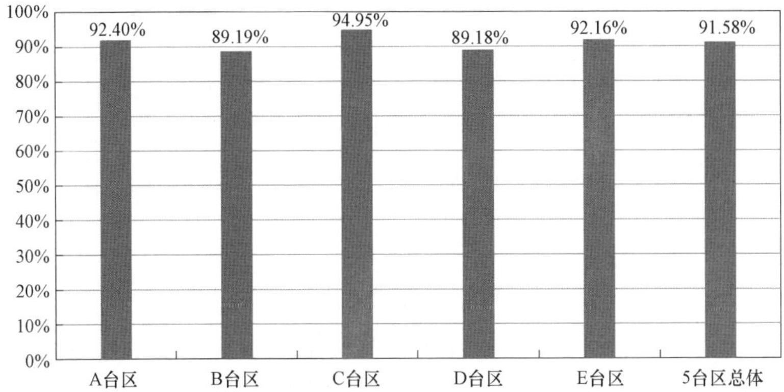

图 6－11　各台区及 5 台区总体 CTU 综合读数成功率

2）配电台区业务读数。试点应用工程中的低压配电台区业务，有负荷数据、计量数据、电压最值、电压谐波、智能电容器和 JP 柜温湿度等的监测，其中智能电容器每小时形成一个数据点（一天 24 点），其余业务均为每 15min 形成一个数据点（一天 96 点）。试验时间跨度为 65 天。

对于某一天记录的数据，这里定义了两个等级的合格标准。标准Ⅰ：如果在某一天某业务有一个时间点没有成功读到数据，则这一天记录的数据为“不合格”，否则为“合格”。当然，这个标准非常严格，在实际应用中，可以按需适当放宽标准，这样就形成了标准Ⅱ：对于智能电容器业务，如果某一天超过 1 个时间点的数据没有成功读取，则这一天的数据为“不合格”（读数不成功率小于 1/24，即 4.17%），否则为“合格”；对于其他业务，如果某一天超过 3 个时间点的数据没有成功读取，则这一天的数据为“不合格”（读数不成功率小于 3/96，即 3.125%），否则为“合格”。

按标准Ⅰ和标准Ⅱ，所统计的成功率情况如图 6－12 和图 6－13 所示。

按以上定义的标准Ⅰ和标准Ⅱ，可以看到即使在最严格的标准Ⅰ下，A、B 和 E 台区的部分业务数据在超过 98%的天数里读数合格，即在试验的 65 天内有超过 63.7 天内都全部读到数据；其他合格天数统计率分布在 70%～90%，即在试验的 65 天内有 45.5～58.5 天内全部读到数据。如果使用标准Ⅱ，可以看出，每种业务在超过 80%的天数（大于 52 天）里读数合格，最高可以在超过 98%的天数（大于 63.7 天）里读数合格。

3）配电台区拓扑识别。图 6－14 为基于射频网状网的低压配电台区自动拓扑识别功能示意图。试验采用特征信号拓扑识别方案，即利用功率或电流

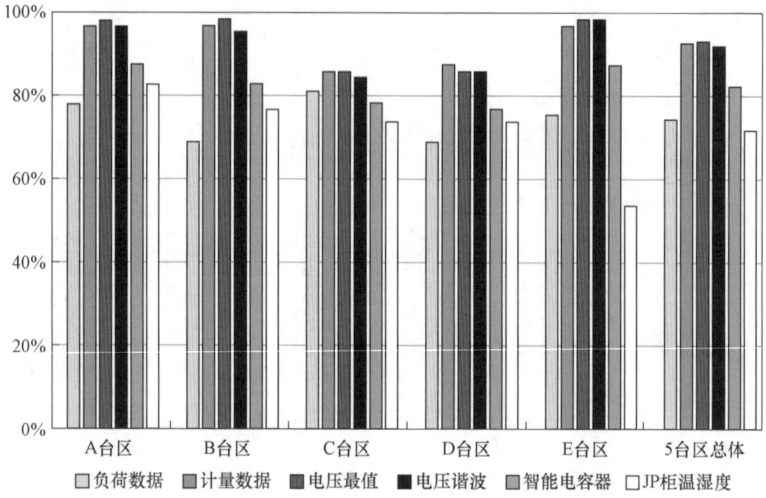

图 6-12　按标准Ⅰ定义的业务数据合格统计率

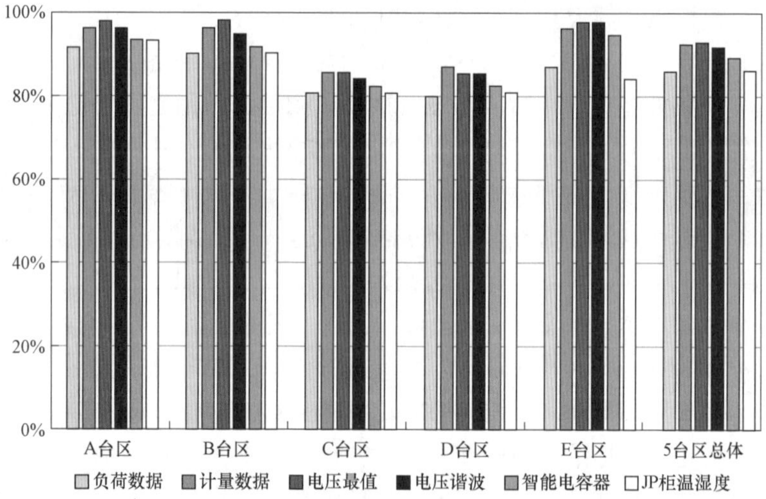

图 6-13　按标准Ⅱ定义的业务数据合格统计率

特征信号来进行拓扑识别。特征信号由安装在各级分支箱和用户表箱等监测点处的低压回路监测终端分布单元 CTU 产生，并沿着电力线与安装在变压器低压出线端的智能配电变压器终端汇集单元 TTU 处汇集，中间节点的 CTU 和 TTU 之间利用快速、高精度的采样技术进行信号检测，从而完成各级节点层级关系的自动识别。

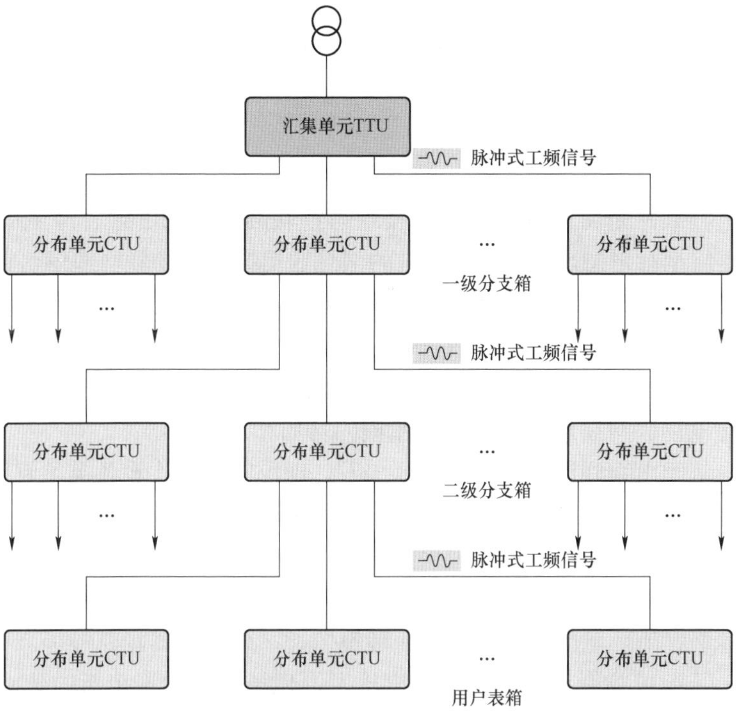

图 6-14　基于射频网状网的低压配电台区自动拓扑识别功能示意图

在试点台区进行拓扑识别时，基于射频网络识别 CTU 上线，配电变压器终端可针对新增设备的入网情况进行增量拓扑呈现，也可设置定期拓扑模式，完成台区电气拓扑图与实际线路的一致性校验。此外，通过 CTU 与表箱Ⅱ型集中器进行 RS-485 通信的就地数据集成，还可以准确识别户变关系。现场通过召测报文反馈生成拓扑图，与实际连接对比，拓扑识别准确率可达 100%，实现了“变—线—户”低压配电网全链路的匹配关系校验，是实现台区可视化运维管理的基础。

4. 应用总结

运行测试结果表明，射频网状网可有效支持用户表、CTU 和多种配电台区业务。读用户表或 CTU 的成功率最高可达 99%，最低也超过 88%。试验的几种业务可在超过 98%的天数内完全读到数据，在放宽标准的情况下所测试的几种业务也可以在超过 80%的天数内读数合格。在特征信号拓扑识别的试验中，拓扑识别率可以达到 100%。技术特征和试验结果表明，射频网状网适用于传输条件恶劣的电力物联网，特别是低压配电台区。

6.3 配电物联网信息模型

6.3.1 信息建模的目的和原则

配电物联网是将传统电力工业技术与物联网技术深度融合产生的一种新型电力网络运行形态，需要通过先进的信息通信技术与物联网通信协议，实现配电物联网现场设备和现有智能电网信息系统的互联互通和即插即用。为此，需要制定统一的信息模型和通信协议，以构建基于软件定义的高度灵活和分布式智能协作的配电网络体系，实现对配电网的全面感知、数据融合和智能应用。

从配电物联网需求出发，信息建模的目的和原则在于：

（1）从配电物联设备管理的角度出发，现场的一二次设备类型有所增加，需要维持主站—现场设备的一致性。现场一次设备，如电能质量治理设备、电容器、电抗器、换相开关；如用户光伏等新能源发电装置、用户储能装置等；如剩余电流动作保护器、智能开关等。现场二次设备及系统，如智能低压分路监测设备、站所环境监测设备、库房环境监控、库房工器具监控等。

（2）从配电物联设备感知的角度出发，现场增加了不少新的传感量以及传感二次设备。如温度、湿度、电场、磁场、水位、气压、降雨、日照、气体、照明亮度等一些常见传感器和专业特殊传感器等。

（3）从配电物联运行管理的角度出发，现场下沉了一些基于现场传感量进行的综合感知计算内容和告警报告，以减少边云通信流量。如高温、暴雨、雷电等特殊天气下场所的环境风险评估、设备风险评估等；如低压台区的分线三相在线不平衡率、分线分相在线电压合格率、分线分相在线线损率、分线分相负荷波动率、异常用电用户标签等；如低压台区治理设备的在线行为标签，如电容器、换相开关的行为异常告警等。

（4）从配电物联运行管理的角度出发，现场下沉了一些基于现场传感、感知的优化计算内容和优化控制策略，以达到减少边云通信流量和快速边—云协调，以及边云通信暂时失去情况下的优化控制的目的。如高温、暴雨、雷电等特殊天气下站所的应急处置（如自动挂牌、自动撤牌等）；如低压配电台区的三相不平衡治理，不仅需要历史的配置下发和更新，还需要模型下发和更新，实现相关应用的就地综合感知计算。

6.3.2 配电物联网信息模型及交互模型

配电物联网信息模型及交互模型，以云主站应用服务需求、边/端层设备需求、信息交互需求为基础，实现配电物联网各层级的信息交换标准化。配电物联网信息模型及交互模型框架如图 6－15 所示。

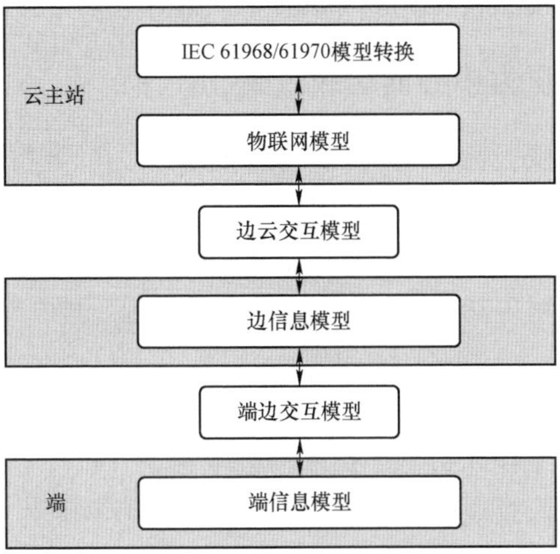

图 6－15　配电物联网信息模型及交互模型框架

（1）云主站信息模型。主要由一二次设备模型、配置信息模型、电网拓扑模型、量测模型组成。云主站信息模型分成面向云服务和信息交换的 IEC 61968/IEC 61970 转换模型，以及面向设备和企业数字化的统一设备数据资产模型层，从而实现边云信息和上层业务应用的转换。

（2）边节点信息模型。由设备配置信息模型、量测模型、信息模型，以及一次设备电网拓扑模型、一二次设备映射模型、设备管理模型组成；同时由边节点管理边云、端边交互模型。

（3）端节点信息模型。主要由量测模型和配置信息模型组成。由于端侧设备资源受限，端节点设备只需按模型规范要求，对数据进行组织，构建数据结构体。

（4）边云交互模型。边云间采用标准的设备管理、参数配置、设备命令、设备数据上报接口，使用物联网协议——消息队列遥测传输（message queuing telemetry transport，MQTT）承载信息。边云交互时，边云交互模型采用 JavaScript 对象简谱（JavaScript object notation，JSON）格式封装至 MQTT 协议的 Payload 部分，发送给云端主站。

（5）端边交互模型。主要由量测模型组成。由于资源和通信带宽等因素的限制，端边交互模型需要简洁高效的编码方式，如采用类型－长度－值（type-length-value，TLV）、BSON（binary serialized document format）、抽象语法标记（abstract syntax notation one，ASN.1）方式描述数据及功能，并根据业务需求对数据进行实时性、可靠性等的等级划分，构建消息结构体，通过受限应用协议（constrained application protocol，CoAP）等方式，发送至边侧。

6.3.3 以设备标识为中心的层级映射

配电物联网主要面向设备，因此设备标识成为配电物联网的一个关键概念。由于设备数量巨大，为实现配电物联网现场设备的即插即用及互操作性的目的，对边云交互中的量测对象名称进行唯一标识。具体要求为：

（1）配电物联网现场设备序列号 SN 为该设备的唯一标识，出厂时内部固化。

（2）物联网设备管理标识 deviceID 由 IoT 平台统一分配，与 SN 一一对应，作为物联网架构中端侧与边侧、边侧与云主站交互过程中用于模型生成与数据流转的唯一标识，对端设备与云主站的业务应用不可见。

（3）主资源标识 mRID 由云主站统一分配，与 deviceID 建立关联，作为云主站中的资源唯一标识。

（4）设备序列号 SN 与物联网设备管理标识 deviceID 会随着设备的退役而消失，而主资源标识 mRID 作为运行 ID 不会改变。

设备标识如图 6－16 所示。

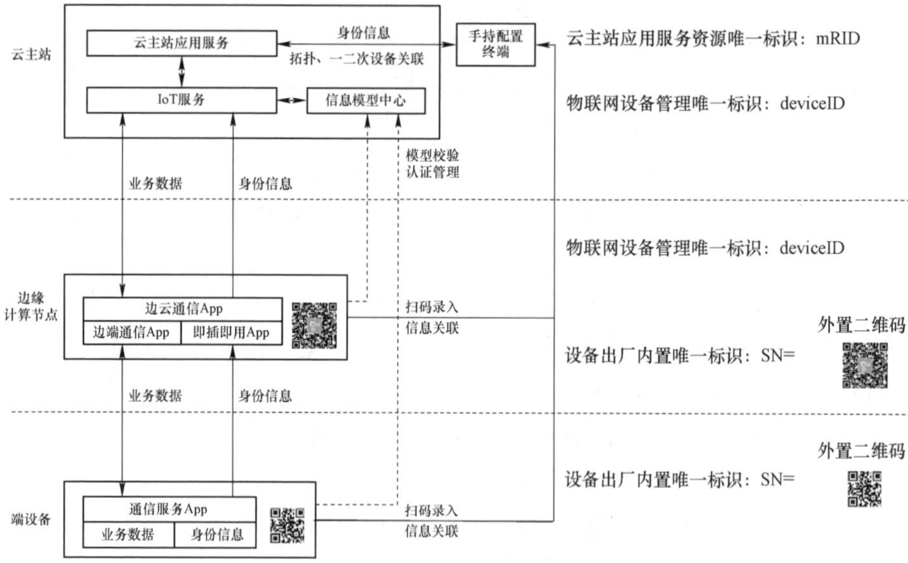

图 6－16　设备标识

6.3.4　云侧信息模型

1. CIM 相关信息模型

CIM 相关信息模型主要由一二次设备模型、电网拓扑模型、量测模型、配置信息模型组成。云主站信息模型分成面向云服务和信息交换的 IEC 61968/IEC 61970 转换模型，以及面向设备和企业数字化的统一设备数据资产模型层，从而实现边云信息和上层业务应用的转换。

2. XML 模型数据结构及实例

```
<?xml version="1.0" encoding="UTF-8"?>
<!-- edited with XMLSpy v2013 (http://www.altova.com) by  () -->
<!--Sample XML file generated by XMLSpy v2013 (http://www.altova.com)-->
<IED xsi:noNamespaceSchemaLocation="IED.xsd" xmlns:xsi="http://www.w3.org/2001/XMLSchema-instance">
  <basic>
      <SN>0000-0000-0000-0000</SN>
      <name>TTU</name>
      <manufacturer>xxx 厂家</manufacturer>
      <type>ipacs</modelType>
      <model>T20</psrType>
      <hardVer>V1.2</hardVer>
      <softVer>V2.1</softVer>
      <profileVer>V1.0</profileVer>
  </basic>
  <measurement>
      <parameter>
          <name>Load</name>
          <desc>配电变压器台区的额定容量</desc>
          <value>600</value>
          <valueType>int</valueType>
          <unitSymbol>kW</unitSymbol>
          <maxVal>1000</maxVal>
          <minVal>100</minVal>
```

```
        <stepsize>100</stepsize>
    </parameter>
```

6.3.5 边侧信息模型

配电物联网模型采用平面式架构，同时侧重业务场景贯通，因此各类量测对象名称按照业务功能，采用字符串形式进行详细定义，语义与业务功能紧密关联。

配电物联网的边侧信息模型包括电力 CIM 相关信息模型和物联模型。

配电物联网物的边侧信息模型架构，抽象分类为 basic（基本信息，包括制造厂商、设备型号等），config（参数配置，包括通信参数、保护参数等），topology（拓扑，包括电网一次拓扑信息等），capability（按设备能力抽象分类，包括 analog 模拟量、discrete 状态量、accumulator 累积量、command 命令等），如图 6－17 所示。

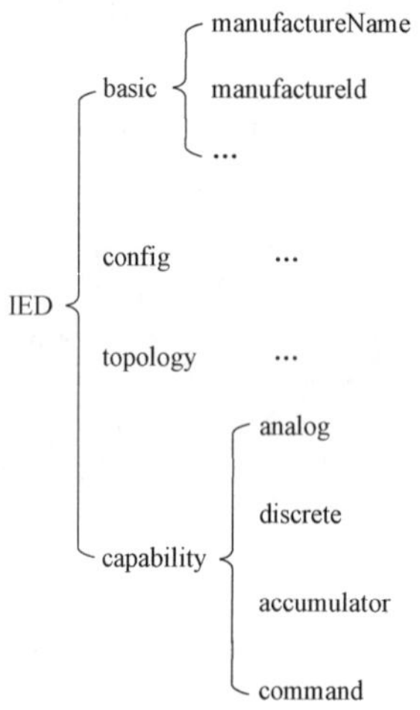

图 6－17　配电物联网的边侧信息模型架构

1. 基本信息（basic）

基本信息简介，见表 6－2。

表 6－2　基 本 信 息 简 介

属性	类型	基数	注释
SN	string	[1]	设备出厂序列号
Name	string	[1]	终端名称
manufacturer	string	[0,1]	终端生成厂商
Type	string	[0,1]	终端类型，如 TTU
Model	string	[0,1]	终端型号
hardVer	string	[0,1]	硬件版本
softVer	string	[0,1]	软件版本
profileVer	string	[0,1]	模型版本

2. 设备模型（equipment）

（1）低压监测终端简介，见表 6－3。

表 6－3 低压监测终端简介

属性	类型	基数	注释
mRID	string	[1]	LVTU 唯一标识
name	string	[1]	LVTU 名称
cabinetID	string	[0,1]	指向所属 JP 柜或电缆分支箱
terminalID	string	[0,1]	指向挂接的拓扑端子 mRID

（2）换相开关简介，见表 6－4。

表 6－4 换相开关简介

属性	类型	基数	注释
mRID	string	[1]	换相开关唯一标识
name	string	[1]	换相开关名称
phaseID	string	[0,*n*]	指向分相相位 mRID

（3）智能电容器简介，见表 6－5。

表 6－5 智能电容器简介

属性	类型	基数	注释
mRID	string	[1]	智能电容器唯一标识
Name	string	[1]	智能电容器名称
maximumSections	int	[0,1]	可投入最大分组数目
normalSections	int	[0,1]	正常时投入的分组数
phaseConnection	string	[0,1]	连接方式，如“D”“Y”“Yn”
switchOnCounts	int	[0,1]	投切数量
switchOnDate	DateTime	[0,1]	投切日期

（4）传感器简介，见表 6－6。

表 6-6　传感器简介

属性	类型	基数	注释
mRID	string	[1]	传感器唯一标识
name	string	[1]	传感器名称
deviceType	string	[1]	传感器类型
equipmentID	string	[1]	传感器关联的设备

3. 拓扑模型（topology）

（1）端点简介，见表 6-7。

表 6-7　端点简介

属性	类型	基数	注释
mRID	string	[1]	设备端点唯一标识
equipmentID	string	[1]	指向连接设备的 mRID
connectivityNodeID	string	[1]	指向拓扑连接节点的 mRID
phases	PhaseCode	[0,1]	相位，枚举值标准

（2）连接节点简介，见表 6-8。

表 6-8　连接节点简介

属性	类型	基数	注释
mRID	string	[1]	连接节点唯一标识

4. 量测模型（measurement）

设备功能指设备能够提供的某些能力，包括遥测量、遥信量、累积量的数据采集与计算能力，还包括设备能够接受控制指令的能力，特别是具有参数的配置能力。

（1）参数简介，见表 6-9。

表 6-9　参数简介

属性	类型	基数	注释
propertyName	string	[1]	配置参数名称
dataType	string	[1]	配置参数设置类型

续表

属性	类型	基数	注释
required	string	[0,1]	参数是否为必选项
min	string	[0,1]	配置参数设置最小值
max	string	[0,1]	配置参数设置最大值
step	string	[0,1]	配置参数设置步长
unit	string	[0,1]	配置参数单位
enumList	string	[0,1]	配置参数枚举值
maxLength	string	[0,1]	配置参数最大长度
desc	string	[0,1]	配置参数描述
value	string	[0,1]	配置参数值

（2）模拟量简介，见表 6-10。

表 6-10　　模 拟 量 简 介

属性	类型	基数	注释
propertyName	string	[1]	遥测量名称
dataType	string	[1]	遥测量数据类型
required	string	[0,1]	遥测量是否为必选项
min	string	[0,1]	遥测量最小值
max	string	[0,1]	遥测量最大值
step	string	[0,1]	遥测量精度
unit	string	[0,1]	遥测量单位
enumList	string	[0,1]	遥测量枚举值
maxLength	string	[0,1]	遥测量最大长度
desc	string	[1]	遥测量描述
analogValue	string	[0,1]	遥测量
timeStamp	DateTime	[0,1]	遥测量时间戳
measurementType	string	[0,1]	量测类型
phases	PhaseCode	[0,1]	相位，枚举值
equipmentID	string	[0,1]	指向遥测关联的设备
terminalID	string	[0,1]	指向遥测关联的拓扑端子

（3）离散量简介，见表 6－11。

表 6－11　　离散量简介

属性	类型	基数	注释
propertyName	string	[1]	遥信名称
dataType	string	[1]	遥信量数据类型
required	string	[0,1]	遥信量是否为必选项
min	string	[0,1]	遥信量最小值
max	string	[0,1]	遥信量最大值
step	string	[0,1]	遥信量精度
unit	string	[0,1]	遥信量单位
enumList	string	[0,1]	遥信量枚举值
maxLength	string	[0,1]	遥信量最大长度
desc	string	[0,1]	遥信描述
discreteType	int	[1]	单点、双点
discreteValue	int	[0,1]	遥信值
timeStamp	DateTime	[0,*n*]	遥信时间戳
measurementType	string	[0,1]	量测类型
phases	PhaseCode	[0,1]	相位，枚举值
equipmentID	string	[0,1]	指向遥信关联的设备
terminalID	string	[0,1]	指向遥信关联的拓扑端子

（4）累积量简介，见表 6－12。

表 6－12　　累积量简介

属性	类型	基数	注释
propertyName	string	[1]	累积量名称
dataType	string	[1]	累积量数据类型
required	string	[0,1]	累积量是否为必选项
min	string	[0,1]	累积量最小值
max	string	[0,1]	累积量最大值

续表

属性	类型	基数	注释
step	string	[0,1]	累积量精度
unit	string	[0,1]	累积量单位
enumList	string	[0,1]	累积量枚举值
maxLength	string	[0,1]	累积量最大长度
desc	string	[0,1]	累积量描述
accumulatorType	string	[0,*n*]	累积量类型
accumulatorValue	string	[0,1]	累积量值
measurementType	string	[0,1]	量测类型
phases	PhaseCode	[0,1]	相位，枚举值
equipmentID	string	[0,1]	指向累积量关联的设备
terminalID	string	[0,1]	指向累积量关联的拓扑端子

（5）控制指令简介，见表 6－13。

表 6－13　　　　控 制 指 令 简 介

属性	类型	基数	注释
commandName	string	[1]	控制指令名称
dataType	string	[1]	控制指令数据类型
required	string	[0,1]	控制指令是否为必选项
min	string	[0,1]	控制指令最小值
max	string	[0,1]	控制指令最大值
step	string	[0,1]	控制指令精度
unit	string	[0,1]	控制指令单位
enumList	string	[0,1]	控制指令枚举值
maxLength	string	[0,1]	控制指令最大长度
desc	string	[0,1]	控制指令描述

续表

属性	类型	基数	注释
controlMode	int	[1]	指令参数：0为不可控，1为直控，2为预置控制，3为带校验直控，4为带校验预置控制
commandType	int	[1]	指令类型：0为单点，1为双点
timeStamp	DateTime	[0,1]	上一次控制指令发送的时间
value	int	[1]	指令值
equipmentID	string	[0,1]	接收遥信指令的设备mRID

5. 资产相关模型（assets）

（1）设备资产简介，见表6–14。

表6–14　　设备资产简介

属性	类型	说明
mRID	string	设备资产唯一标识
name	string	设备资产名称
assetType	string	设备资产类型
serialNumber	string	设备资产编号
inUseState	string	资产运行状态
hardVer	string	硬件版本
softVer	string	软件版本

（2）资产维护者简介，见表6–15。

表6–15　　资产维护者简介

属性	类型	说明
mRID	string	设备资产维护者唯一标识
name	string	设备资产维护者名称
assetID	string	设备资产标识

（3）资产所有者简介，见表 6－16。

表 6－16 资产所有者简介

属性	类型	说明
mRID	string	设备资产所有者唯一标识
name	string	设备资产所有者名称
assetID	string	设备资产标识

（4）设备厂商简介，见表 6－17。

表 6－17 设备厂商简介

属性	类型	说明
mRID	string	设备资产所有者唯一标识
manufacturerName	string	厂商名称
assetID	string	设备资产标识

6.4 配电物联网信息交互

6.4.1 信息交互相关基础知识

1. 基于 ASN.1 语言的 TLV 数据结构

（1）ASN.1 语言概述。ASN.1 是一种独立于机器的描述语言，用于描述在网络上传递的消息。

1）ASN.1 的正式标准文件及其编码规则由 ITU-T 和 ISO/IEC 联合颁布，包括：

ISO 8824－1 | ITU-T X.680：抽象语法符号 1（ASN.1）：基本语法规范（Specification of basic notation）

ISO 8824－2 | ITU-T X.681：抽象语法符号 1（ASN.1）：信息对象规范（Information object specification）

ISO 8824－2 | ITU-T X.682：抽象语法符号 1（ASN.1）：约束规范（Constraint

specification）

ISO 8824－2 | ITU-T X.683：抽象语法符号 1（ASN.1）：ASN.1 规范的参数化（Parameterization of ASN.1）

ISO 8824－2 | ITU-T X.690：ASN.1 编码规范：关于基本编码规则（BER），规范编码规则（CER）和高效编码规则（DER）的说明

ISO 8824－2 | ITU-T X.690：ASN.1 编码规范：分组编码规则（PER）的说明

ASN.1 规则可分为两个部分：一是语法规则，即从数据类型、内容顺序或结构等方面来描述消息的内容；二是编码规则，即如何编码实际消息中的数据。

2）ASN.1 具有如下特点：

a. 表达简单和复杂类型的能力。

b. 可对类型根据大小及（或）数值进行约束。

c. 可以施加更强的约束。

d. 字段可标记为 OPTIONAL。

e. 大写开头的表示类型名，小写开头的表示变量名/字段名。

3）ASN.1 的术语及解释如下：

a. 抽象语法：描述通用数据结构，允许定义数据类型和值。

b. 数据类型：值的集合，可以是简单类型或结构类型，可以对数据类型命名。

c. 编码：用于表示数据值的字节序列。

d. 编码规则：给出从一种语法到另一种的映射方法。

e. 传输语法：位模式，用来描述数据在传输时是如何表示的。

（2）ASN.1 字符串 TLV 数据结构。基本编码规则（basic encoding rule，BER）把 ASN.1 表示的抽象类型值编码为字节串，这种字节串的结构为 TLV，而且值部分还可以递归地再编码为 TLV 结构，因此具有表达复杂结构的能力。

ASN.1 的编码格式如图 6－18 所示，所有位均为 16 进制值；编码的第一个字节（2 位）用于标签；第二个字节的第 1 位（总第 3 位）用于区分简单类型和构造类型，而第二个字节的第 2 位为（总第 4 位）表示后续数值的长度（L）；标签的值（V）占位长度为 L，由数值具体决定。

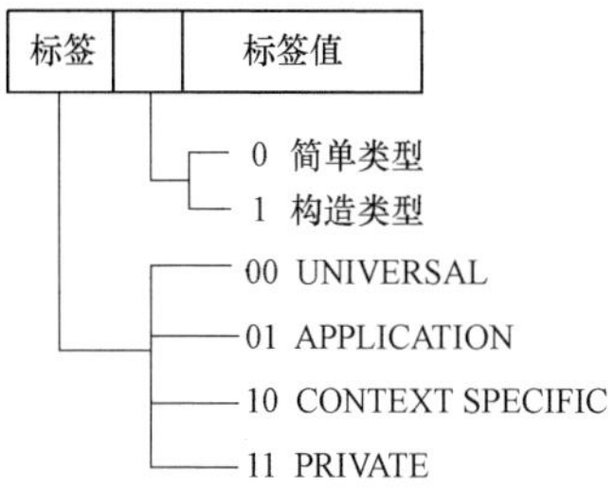

(a) 2字节标签的定义

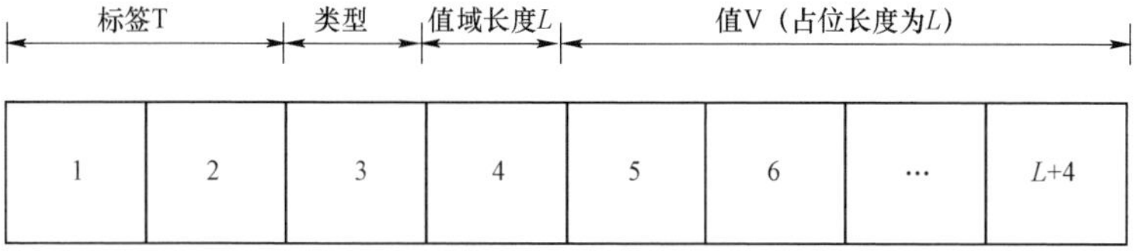

(b) 编码格式

图 6－18　ASN.1 的编码格式

2. 面向配电物联网的 ASN.1 TLV 应用规范

（1）Tag 编码方式。Tag 编码采用 ASN.1/BER 的简单定长编码规则，共 4B。

根据编码规则，第一个字节 0xDF 表示此编码为企业私有类型，第二个字节 bit8 固定为 1，bit7～bit4 表示数据类型，bit3～bit1 为量测类别定义；第三个字节 bit8 为 1，第四个字节的最高位为 0；第三个字节和第四个字节的 bit7～bit1 共同表示具体量的测量标识。以 A 相电压为例：

MSB　LSB

第一个字节							第二个字节								第三个字节									第四个字节							
								数据类型				量测类别				量测量标识高位									量测量标识低位						
1	1	0	1	1	1	1	1	1	1	0	0	1	0	0	1	1	0	0	0	0	0	0	0	0	0	0	0	0	0	0	0
DF							C9								80									00							

详细编码规则参考 ASN.1/BER。

（2）TLV 数据类型定义，见表 6－18。

表 6-18　TLV 数据类型定义

序号	名称	类型	Tag 标识	长度	值
1	布尔型	Boolean	0	1	1：true；0：false
2	小整型	Tiny	1	1	-128～127
3	无符号小整型	UTiny	2	1	0～255
4	短整型	Short	3	2	-32768～32767
5	无符号短整型	UShort	4	2	0～65535
6	整型	Int	5	4	-2147483648～2147483648
7	无符号整型	Uint	6	4	0～4294967295
8	长整型	Long	7	8	-2^{64}～2^{64}
9	无符号长整型	Ulong	8	8	0～$2^{128}-1$
10	单精度浮点型	Float	9	4	-2^{128}～2^{128}
11	双精度浮点型	Double	10	8	-2^{1024}～2^{1024}
12	八位位串型	OcterString	11	可变	OcterString
13	字符串型	String	12	可变	ASCII 码组成，64B，以\0 结尾

（3）量测类别定义，见表 6-19。

表 6-19　量测类别定义

量测类别	量测类别定义
遥测类	1
遥信类	2
累积量类	3
参变量类	4
指令类	5

（4）量测名称定义。以部分遥测类名称为例，见表 6-20。

表 6-20　量测名称定义示例

序号	描述（desc）	JSON 唯一标识	TLV 标识 Tag（hex）	单位
1	A 相电压	PhV_phsA	DFC98000	V
2	B 相电压	PhV_phsB	DFC98001	V

续表

序号	描述（desc）	JSON 唯一标识	TLV 标识 Tag（hex）	单位
3	C 相电压	PhV_phsC	DFC98002	V
4	零序电压	PhV_neut	DFC98003	V
5	正序电压	SeqV_c1	DFC98004	V
6	负序电压	SeqV_c2	DFC98005	V
7	A 相电流	A_phsA	DFC98006	A
8	B 相电流	A_phsB	DFC98007	A
9	C 相电流	A_phsC	DFC98008	A
10	零序电流	A_neut	DFC98009	A
11	正序电流	SeqA_c1	DFC9800A	A
12	负序电流	SeqA_c2	DFC9800B	A
13	频率	Hz	DFC9800C	Hz
14	有功功率	TotW	DFC9800D	kW
15	无功功率	TotVAr	DFC9800E	kvar
16	视在功率	TotVA	DFC9800F	kVA
17	功率因数	TotPF	DFC98010	—
18	三相电压不平衡度	ImbNgV	DFC98011	%
19	三相电流不平衡度	ImbNgA	DFC98012	%
20	三相负荷不平衡度	ImbNgL	DFC9806	%
21	配电变压器负载率	LoadRate	DFC98014	%
22	A 相频率	Hz_phsA	DFC98015	Hz
23	B 相频率	Hz_phsB	DFC98016	Hz
24	C 相频率	Hz_phsC	DFC98017	Hz
25	A 相有功功率	PhW_phsA	DFC98018	kW
26	B 相有功功率	PhW_phsB	DFC98019	kW
27	C 相有功功率	PhW_phsC	DFC9801A	kW
28	A 相无功功率	PhVAr_phsA	DFC9801B	kvar
29	B 相无功功率	PhVAr_phsB	DFC9801C	kvar
30	C 相无功功率	PhVAr_phsC	DFC9801D	kvar

续表

序号	描述（desc）	JSON 唯一标识	TLV 标识 Tag（hex）	单位
31	A 相视在功率	PhVA_phsA	DFC9801E	kVA
32	B 相视在功率	PhVA_phsB	DFC9801F	kVA
33	C 相视在功率	PhVA_phsC	DFC98020	kVA
34	A 相视在功率	PhVA_phsA	DFC98021	kVA
35	B 相视在功率	PhVA_phsB	DFC98022	kVA
36	C 相视在功率	PhVA_phsC	DFC98023	kVA
37	A 相功率因数	PhPF_phsA	DFC98024	—
38	B 相功率因数	PhPF_phsB	DFC98025	—
39	C 相功率因数	PhPF_phsC	DFC98026	—
40	A 相基波无功功率	HphVAr_phsA	DFC98027	kvar
41	B 相基波无功功率	HphVAr_phsB	DFC98028	kvar
42	C 相基波无功功率	HphVAr_phsC	DFC98029	kvar
43	A 相电压偏差	PhVDe_phsA	DFC9802A	%
44	B 相电压偏差	PhVDe_phsB	DFC9802B	%
45	C 相电压偏差	PhVDe_phsC	DFC9802C	%
46	A 相频率偏差	HzDe_phsA	DFC9802D	%
47	B 相频率偏差	HzDe_phsB	DFC9802E	%
48	C 相频率偏差	HzDe_phsC	DFC9802F	%
49	总频率偏差	HzDe	DFC98030	%
50	A 相电压谐波总畸变率	ThdPhV_PhsA	DFC98031	%
51	B 相电压谐波总畸变率	ThdPhV_PhsB	DFC98032	%
52	C 相电压谐波总畸变率	ThdPhV_PhsC	DFC98033	%
53	A 相电流谐波总畸变率	ThdA_PhsA	DFC98034	%
54	B 相电流谐波总畸变率	ThdA_PhsB	DFC98035	%
55	C 相电流谐波总畸变率	ThdA_PhsC	DFC98036	%
56	A 相电压基波值	HphV1_phsA	DFC98037	V
57	A 相电压二次谐波值	HphV2_phsA	DFC98038	V
…	…	…	…	…

3. 面向配电物联网的 JSON 应用规范

```
{    "IED":{
         "basic":{
              "SN":"0000-0000-0000-0000",
              "name":"TTU",
              "manufacturer":"xxx厂家",
              "modelType":"ipacs",
              "psrType":"T20",
              "hardVer":"V1.2",
              "softVer":"V2.1",
              "profileVer":"V1.0"
         },
         "measurement":{
              "parameter":[
                   {
                        "name":"Load",
                        "desc":"配电变压器台区的额定容量",
                        "value":600,
                        "valueType":"int",
                        "unitSymbol":"kW",
                        "maxVal":1000,
                        "minVal":100,
                        "stepsize":100
                   },
                   {
                   …
                   },
                 ]
              }
         }
    }
```

6.4.2 端边信息体及交互通信协议

1. 信息体内容及协议选择

（1）信息体主要内容。包括端设备资产信息、量测信息、计量信息、控制命令、配置信息等。

（2）信息体编码方式。为达到低压物联网内低压设备的即插即用及互操作性的目的，对边端交互中的量测对象名称进行唯一性定义；考虑端设备的数据处理能力，边端通信采用 TLV 格式，量测名称采用 ASN.1/BER 的简单定长编码规则，即端侧与边侧的交互基于二进制流编码的方式。

（3）可供选择的协议及适合场景分析。配电变压器在整个配电网中的分布点多、面广，在智能配电台区建设过程中，许多低功耗资源受限型设备也随之被接入，尤其是台区中资源受限的传感器部分，CoAP 支持主传和订阅机制，非常适合配电网设备的通信。

目前，端侧电力设备通信协议主要是传统的 Modbus 协议和 DL/T 645—2007《多功能电能表通信协议》，主要适用于主从模式的总线通信方式的场合。

2. 基于 CoAP 的传输方式

CoAP 是一种物联网协议，《RFC 7252》对它进行了详细的规范定义。CoAP 协议通常使用在资源受限的物联网设备上。

（1）通信机制。CoAP 协议架构如图 6－19 所示。

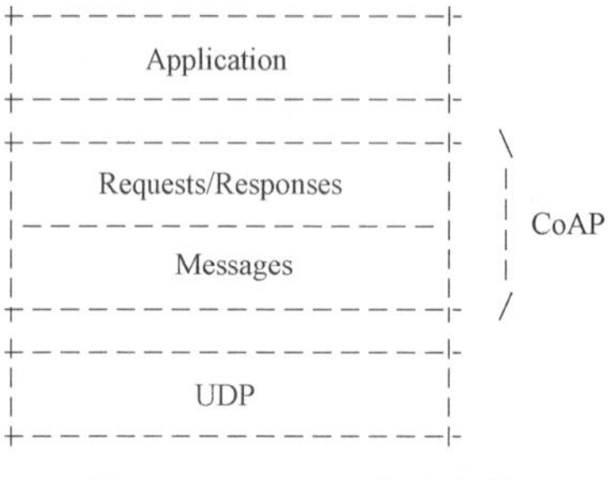

图 6－19　CoAP 协议架构

（2）消息类型。CoAP 协议有以下 4 种消息类型。

1）CON：需要被确认的请求，如 CON 请求被发送，则对方必须做出响应。

2）NON：不需要被确认的请求，如 NON 请求被发送，则对方不必做出响应。

3）ACK：应答消息，对应 CON 消息的应答。

4）RST：复位消息，可靠传输时，在不能识别接收的消息或接收消息错误时，应回 RST 消息。

（3）特点分析。CoAP 协议具有如下主要特点：

1）CoAP 协议的网络传输层采用标准 UDP 协议，资源占用小。

2）CoAP 的资源地址格式与互联网的 URL 格式类似，具有通用性。

3）CoAP 编码格式采用二进制格式，更加紧凑和轻量化，CoAP 最小长度仅为 4B。

4）支持可靠传输、数据重传和块传输。

5）支持 IP 多播，即可以同时向多个设备发送请求。

6）非长连接通信，适用于低功耗物联网场景。

（4）CoAP 安全性。CoAP 的安全性采用数据包传输层安全（datagram transport layer security，DTLS）协议加密，是基于 UDP 的传输加密，如图 6－20 所示。

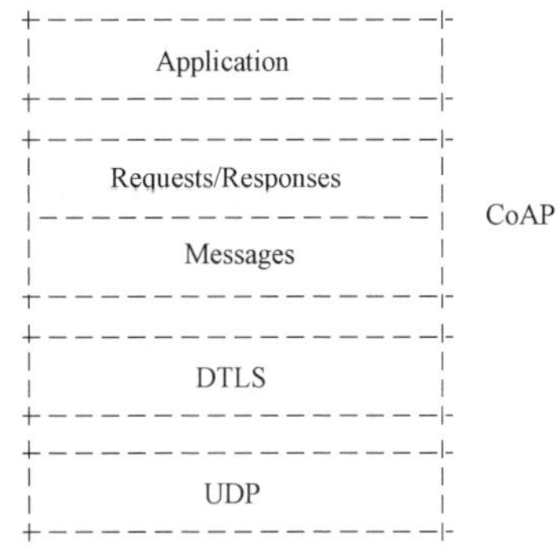

图 6－20　DTLS 安全协议层示意图

3. Modbus 协议

Modbus 是一种串行通信协议，是 Modicum 公司于 1979 年为使用可编程逻辑控制器通信而发表的。Modbus 已经成为工业领域通信协议的业界标准，是工业电子设备之间常用的通信协议。控制器之间、控制器经由网络（如以太网）和其他设备之间可以通过该协议通信。

（1）通信机制。Modbus 协议包括 ASCII、RTU、TCP 等。Modbus TCP 基于以太网和 TCP/IP 协议，Modbus RTU 和 Modbus ASCII 则基于异步串行传输（通常是 RS－232、RS－422、RS－485）协议。该协议定义了控制器能够认识和使用的消息结构，而不管它们是经过何种网络进行通信的。该协议支持多种通信接口方式，如 RS－232、RS－485、光纤和无线等方式。智能仪表等都在使用 Modbus 协议作为它们之间的通信标准。

Modbus 协议是一个 master/slave 架构的协议。其中有一个节点是 master 节点，其他使用 Modbus 协议参与通信的节点是 slave 节点，每一个 slave 设备都有一个唯一的地址。

（2）特点分析。Modbus 协议的主要技术特点如下：

1）公开发表并且无版权要求。

2）易于部署和维护，协议简单、容易复制。

3）Modbus 允许多个（串口大约 240 个）设备连接在同一个网络上进行通信。

4）支持的数据类型太少，对节点而言，难以用标准的方法找到数据对象的描述信息。

5）不支持 slave 设备主动上报。

6）效率太低。

7）应用实现上几乎所有都是官方标准的某种变体，不同的供应商设备之间可能无法进行正确通信。

4. DL/T 645—2007 协议

DL/T 645—2007 协议关于多功能电能表通信协议，也是目前使用最多的多功能电能表通信协议。该协议的前面一个版本是 DL/T 645—1997《多功能电能表通信规约》，现已作废。

（1）通信机制。DL/T 645—2007 协议适用于本地系统中多功能电能表的费率装置与手持单元（handheld unit，HHU）或其他数据终端设备进行点对点的或一主多从的数据交换方式，规定了它们之间的物理连接、通信链路及应用技术规范，其协议层结构如图 6－21 所示。

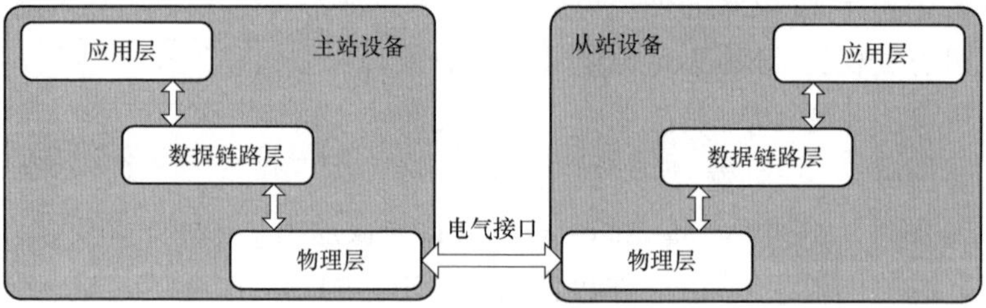

图 6－21　协议层结构

DL/T 645—2007 协议采用主从结构的半双工通信方式。手持单元或其他数据终端为云主站，多功能电能表为从站，每个多功能电能表均有各自的编码地址。通信链路的建立与解除均由云主站发出的信息帧来控制，每帧由帧起始符、从站地址域、控制码、数据域长度、数据域、帧信息纵向校验码及帧结束符 7 个域组成，每个域由若干字节组成。

DL/T 645—2007 协议在物理层多采用串口通信，协议规定串口速率为 600～19200bit/s，共 6 挡可调，默认通信速率为 2400bit/s，单帧数据域的长度在写入时小于 50B，读取时小于 200B。

（2）特点分析。DL/T 645—2007 协议的优势是结构非常简单、容易理解，应用比较成熟、广泛。但是，该协议的缺点也很明显：

1）灵活性不足，不支持多个数据项采集，采集效率低。

2）采用主从结构的半双工模式，不支持主动上报。

3）DL/T 645—2007 的所有数据是通过数据标识 ID 唯一定义索引的，并枚举和固定所有数据项、数据内容及数据格式，互操作性不足。

4）扩展性方面，各种扩展版本很不统一。

6.4.3　边云信息体及交互通信协议

1. 信息体内容及协议选择

（1）信息体主要内容。边侧与云主站交互的信息体内容主要包括端边设备模型文件、台区拓扑模型文件，以及端边设备的资产信息、量测信息、计量信息、控制命令、配置信息等内容。

（2）信息体编码方式。边侧与云主站的交互基于信息模型的框架实现，采取 JSON 数据格式作为信息体。

（3）可供选择的协议及适合场景分析。配电物联网边云信息交互目前主流协议有基于 MQTT 的物模型协议、电力 ICE 104 规约。前者灵活扩展，基于消息发布/订阅机制，支持一发多收，适合配电台区跨专业多场景的数据共享共用；后者实时性高，扩展性差，更适合在中压侧的配电设备通信。

2. 基于 MQTT 的传输方式

MQTT 是考虑到运行设备资源有限这一条件的一种公共订阅消息收发协议。MQTT 采用轻量级数据包结构设计，旨在最大程度地节约内存使用量及运行功耗。物联网设备以订阅方式监听托管在 MQTT 代理端的主题，每一次在其他设备或者服务向该主题发送数据时，所有参与订阅的设备都将自动获取这一更新信息。

在 MQTT 协议中，一个 MQTT 数据包由固定头、可变头、消息体三部分构成。MQTT 的传输格式非常精小，最小的数据包只有 2bit，且无应用消息头。

MQTT 的最大优势在于支持所有平台，几乎可以把所有的物联网设备和互联网连接起来。另外，MQTT 具备公共订阅消息队列机制以及多对多广播能力，基于 MQTT 代理端的长效 TCP 连接的支持，可以确保有限带宽下的消息收发。

MQTT 的一个缺点在于，其始终存在的连接限制了设备进入休眠状态的整体时长。如果相关设备在运行中多数处于休眠状态，可以采取 MQTT-S，即采取 UDP 取代原始协议中的 TCP。MQTT 的另一个缺点在于缺少基础协议层面的加密机制。MQTT 被设计为一种轻量化协议，而内置加密的方式会给传输连接增加很大的负担，为此需要在应用程序层级添加定制化的安全机制。

（1）通信机制。MQTT 协议采用客户端/服务器端模式。MQTT 协议中有三种身份：发布者、代理（服务器）、订阅者。其中，消息的发布者和订阅者都是客户端，消息代理是服务器，消息发布者可以同时是订阅者。

MQTT 传输的消息包含：主题（Topic）和负载（Payload）两部分。Topic

为消息的类型，订阅者订阅（Subscribe）后，就会收到该主题的消息内容（Payload）；Payload 为消息的内容，是指订阅者具体要使用的内容，如图 6－22 所示。

图 6－22 MQTT 协议角色和消息类型

MQTT 服务器端被定义为处理客户端请求并转发客户端消息的设备或应用程序，它具备以下功能：

1）接受来自客户端的网络连接。

2）接受客户端发布的应用信息。

3）处理来自客户端的订阅和退订请求。

4）向订阅的客户端转发应用程序消息。

（2）特点分析。MQTT 的通信特点为：

1）使用发布/订阅消息模式，提供一对多的消息发布和应用程序之间的解耦。

2）消息传输不需要知道负载内容。

3）使用 TCP/IP 协议提供网络连接。

4）有三种消息发布的服务质量：

a. QoS 0：“最多一次”，消息发布完全依赖底层的 TCP/IP 网络，分发的消息可能丢失或重复。例如，这个等级可用于环境传感器数据，单次的数据丢失没关系，因为不久后还会有第二次发送。

b. QoS 1：“至少一次”，确保消息可以到达，但消息可能会重复。

c. QoS 2：“只有一次”，确保消息只到达一次。例如，这个等级可用在一个计费系统中，这里如果消息重复或丢失会导致不正确的收费。

5）小型传输，开销很小（固定长度的头部是 2B），协议交换最小化，以降低网络流量。

6）使用遗言机制（Last Will）和遗嘱机制（Testament）特性通知有关各方客户端异常中断的机制。

（3）协议安全。MQTT 协议的安全机制包括传输层安全（transport layer security，TLS）协议和国家电网公司安全应用链路层（State Grid secure application link layer，SSAL）协议。

1）TLS 协议。MQTT 通常部署在不安全的通信环境中。在这种情况下，协议安全是基于 TLS 协议的，具体实现流程如图 6-23 所示。

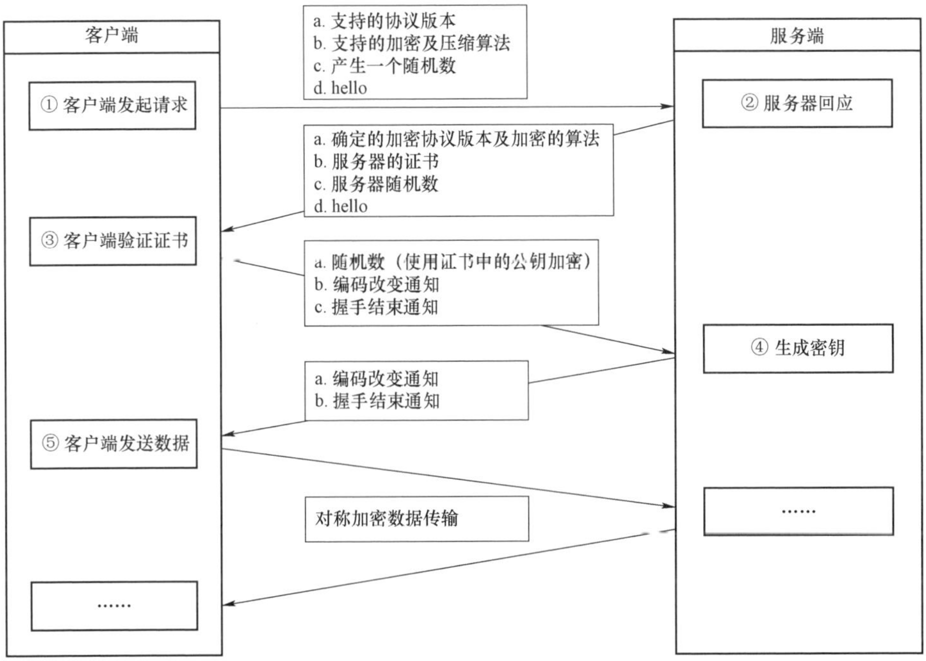

图 6-23　TLS 交流流程

2）SSAL。边缘物联代理（包括融合终端、智能配电变压器终端等）通过安全接入网关接入国家电网公司相应大区时，应基于安全接入客户端软件，遵循 SSAL 或国密 SSL 安全协议规范，实现终端与安全接入网关之间的网络传输层加密认证，承载边缘物联代理和物联管理平台之间的 MQTT 等上层协议通信；无须启用应用软件自带，或物联管理平台提供的同层同段加密认证机制，避免重复加密。

（4）协议主题列表。配电物联 MQTT 通信协议的典型主题清单见表 6-21。

表 6-21　　　典型主题清单示例

主题	发布者	订阅者	说明
/iot/devices/{nodeId}/request/sign	边设备	物联平台	将端侧设备注册到物联平台
/iot/devices/{nodeId}/response/sign	物联平台	边设备	回复注册

续表

主题	发布者	订阅者	说明
/iot/devices/{nodeId}/request/cmd/ctrl	物联平台应用	边设备	主站请求控制
/iot/devices/{nodeId}/request/cmd/reset	物联平台应用	边设备	主站请求复位
/iot/devices/{nodeId}/request/cmd/syncTime	物联平台应用	边设备	主站请求对时
/iot/devices/{nodeId}/request/get/parameter	物联平台	边设备	主站请求读参数
/iot/devices/{nodeId}/request/set/parameter	物联平台应用	边设备	主站请求配置参数
/iot/devices/{nodeId}/notify/data	边设备	物联平台业务应用	边主动上报数据
/iot/devices/{nodeId}/notify/event	边设备（物联代理）	物联平台业务应用	边主动上报事件
/iot/devices/{nodeId}/request/get/data	物联平台应用	边设备	主站请求召测数据
/iot/devices/{nodeId}/response/get/data	边设备	物联平台应用	设备回复召测数据

（5）业务功能实现。以下典型业务功能实现，如设备注册、时间同步、实时召测、事件上报等。

1）设备注册。

功能说明：

a. 设备（TTU 和 LTU）档案信息导入主站（至少包含设备编号、设备类型、经纬度）。

b. 设备（TTU）上电注册到物联平台（用户名和密码），QoS=1，同时推送到主站（或主站实时刷新），主站显示设备上线。

c. 如有末端设备通过无线或其他通信方式自注册，并推送给主站，主站显示设备上线。

d. 主站自动下发档案信息、数据模型，根据设备类型编制通用数据模型（模拟量、离散量、基本参数）。

e. TTU 对模型保存处理完成后，告知主站自注册完成。

相关主题及消息：

a. 设备注册发布到主题（主站订阅、设备发布）：/iot/devices/{nodeId}/request/sign。

b. 主站下发模型信息到主题（主站发布、设备订阅）：/iot/devices/{nodeId}/response/sign。

设备注册信息见表 6－22。

表 6-22 设备注册信息

属性	选项	数据类型	说明
msgType	必选	string	“sign”
mid	必选	int	2B 无符号的消息 id
deviceId	必选	string	类似通信逻辑地址，由采集平台
msgTime	必选	string	yyyyMMdd'T'HHmmss'Z'

```
{
  "msgType":"sign",
  "mid":1212,
  "deviceId":"90100001"
  "msgTime":20200712T121212Z
}
```

档案信息（末端设备白名单）：

```
{
  "msgType":"parameter",
  "mid":1213,
  "msgTime":
  "deviceId":"90100001",
  "data":[
    {
        "deviceType":"LVTU"
        "devices":[
            {
              "deviceId"://末端设备通信地址
              "IPv6Addr"://末端设备的无线通信 IP 地址
            },
        ]
    },
  ]
}
```

设备模型基础信息:


```
{
  "devices":[
    {
    "manufacturerId":"1111",
    "manufacturerName":"huayun",
    "model":"2222",
    "protocolType":"MQTT",
    "deviceType":"TTU",
    "serviceTypeCapabilities":[
            {
            "serviceId":"analog",
            "serviceType":"analog",
            "option":"Master"
            },
            {
            "serviceId":"discrete",
            "serviceType":"discrete",
            "option":"Mandatory"
            },
        ]
    }
  ]
}
```


2）时间同步。

功能说明：通过主站页面进行对时操作，对时完成后，支持实时召测 TTU 的时钟。

相关主题及消息：主站通过 HTTP 方式将对时/召测命令发送到物联平台，物联平台将消息发布到/iot/devices/{nodeId}/request/cmd/syncTime 主题，TTU 根据召测命令返回时钟数据到/iot/devices/{nodeId}/response/cmd/syncTime 主题。

对时请求：


```
{
  "msgType":"timeSyncReq",
    "mid":1001,
```

```
  "serviceId":"command",
  "cmd":"set",
  "msgTime":"20161219114920999",
  }
```

返回：

```
{
  "msgType":"timeSyncResp",
  "mdi":1001,
  "errcode":0    //0:成功,1:失败
}
```

召测时钟：

```
{
  "msgType":"TimeReq",
  "mid":1002,
  "msgTime",      //请求端的时间
  "resTime":      //值为空
  }
```

返回消息：

```
{
  "msgType":"TimeRes",
  "mid":1002,                              //消息 ID,2 字节
  "msgTime":"20161219T114920999",    //请求端的时间
  "resTime":"20161219T115020999"     //响应端的时间
}
```

3）实时召测。

功能说明：主站连续实时地召测 TTU 交采数据多次，统计成功率。

相关主题及消息：主站通过 HTTP 方式将对时/召测命令发送到物联平台，物联平台将消息发布到/iot/devices/{nodeId}/request/cmd 主题，TTU 根据召测命令返回时钟数据到/iot/devices/{nodeId}/response/cmd 主题。

请求消息：

```
{
```

```
  "msgType":"DataReq",
  "mid":1003,
  "serviceId":"analog",     //请求模拟量数据
  "
  para":[
       {
         "deviceType":"ADC","LVTU"
         "deviceId":,         //设备编号
         "mpno":,             //测量点
         "serviceData":["PhV_phsA","PhV_phsB","PhV_phsC"],
         }
  ]
}
```

返回消息：

```
{
  "msgType":"DataResp",
  "mid":1003,
  "serviceId":"analog",
 "data":[
     {
         "deviceType":"ADC","LVTU"
         "deviceId":,         //设备编号
         "mpno":0,
         "mpData":{
              "PhV_phsA":220.22,
          }
       }
   ]
}
```

4）事件上报。

功能说明：TTU 实时将停电事件发送到主站。

相关主题及消息：TTU 定时将数据发布到主题：/iot/devices/{nodeId}/

notify/event，QoS=2，物联平台订阅接收并解析入库。

```
{
  "msgType":"devicesEventNotify",
   "deviceId":"90100001",
    "serviceId":"discrete",
  "data":[
         {
              "deviceType":"ADC","LVTU"
              "deviceId":[0],                    //设备编号
              "mpno":1,                          //测量点
              "mpData":
                  {
                  "PwrOffAlm":"1"                //1 表示停电
                  }
              "eventTime":"20160503T121540Z"     //发生时间
        }
     ]
}
```

（6）基于 MQTT 消息定义。

1）主题定义：

{prefix}/{nodeID}/{opcType}/{opc}/{codetype}，见表 6－23。

表 6－23　　　　主　题　定　义

主题项	说明
{prefix}	/iot/devices
{nodeID}	发布消息的节点 ID/逻辑地址
{opcType}	操作分类： 请求、应答 通知（自动上报）
{opc}	业务操作码分类： cmd 事件 数据（含遥测、遥信类）

2）操作码分类主题命名说明，见表 6－24。

表 6-24　　操作码分类主题命名说明

opcType		opc	
request	请求	get set cmd	读 写 控制命令
response	应答		
notify	通知	event data	事件 数据

3. 基于 101/1104 的传输方式

101/104 规约是在 IEC 制定的一系列远动规约基本标准的基础上，制定的用以实现对地理广域过程的监视和控制的通信协议，规约规定了配电自动化中云主站和终端之间以问答方式进行数据传输的帧格式、链路层的传输规则、服务原语、应用数据结构、应用数据编码、应用功能和报文格式等。

相应的国际标准为 IEC 60870-5-101、IEC 60870-5-104，国内对应的行业标准为 DL/T 634-5-101、DL/T 634-5-104。

IEC 61850-7-4 梳理和严格定义了针对业务功能场景的数据模型。在将 104 用于边云信息交互时，参考了 IEC 61850-7-4 中数据类的定义，采用数据模型中的逻辑节点名称及其包含的数据定义，进行组合确定量测模型的唯一对象名称，同时对 IEC 61850-7-4 中未涉及的业务功能进行了补充及扩展。

量测模型中与数据采集相关的对象名称直接采用数据名称定义，与保护功能相关的对象名称采用逻辑节点名称和数据名称组合的方式定义，扩展新的量测名称时同样采用此规则。

（1）通信机制。101 规约和 104 规约的通信机制分别如下：

101 规约主要应用于串行口通信，适用于网络拓扑结构为点对点、点对多点、多点星形配置的网络中。通道可以是全双工或半双工。点对点和点对多点的全双工通道结构，采用非平衡式传输的链路传输规则和子站事件启动触发传输规则进行平衡式传输。

104 规约支持 TCP/IP、UDP 协议，适用于网络拓扑结构为点对点、点对多点、多点共线、多点环形和多点星形配置的远动系统，具备差错控制机制以保证数据传输的可靠性［IEC 101 通过档案控制区块（financial coding block，FCB）的翻滚表示确认，IEC 104 通过 S 格式或 I 格式报文中的接收计数来确认］，IEC 101/104 的数据传输机制为点对点的数据传输及文件传输，支持报文长度限制（IEC 101 报文长度受通信速率限制，IEC 104 有最大规定的报文长度）。

（2）特点分析。104/101 规约针对电力行业设计，具有可靠性、容错性、实时性高的特点，通过对标准规约的扩展，目前已经支持文件传输、定值参数修改等功能。但是由于规约本身的限制，每帧报文最长 255B，在传输大文件时过于耗时，且规约本身结构复杂，调试难度较高。规约不是面向对象的，而是针对信息体地址进行描述，需要和信息点表配合使用，自描述功能较弱。针对配电网规模的不断扩大，接入终端数量可能达到百万级别，而 IEC 104/101 规约采用点对点的通信模式，受限于每台前置服务器建立链接的数量。

参 考 文 献

[1] 国家电网公司. 分布式电源接入配电网测试技术规范：Q/GDW 10666—2016［S］. 北京：中国电力出版社，2017：3.

[2] 国家电网公司. 配电网规划设计技术导则：Q/GDW 1738—2020［S］. 北京：中国电力出版社，2021：4.

[3] 国家电网公司. 配电自动化技术导则：Q/GDW 1382—2013［S］. 北京：中国电力出版社，2014：9.

[4] 国家能源局. 配电自动化系统技术规范：DL/T 814—2013［S］. 北京：中国电力出版社，2014：4.

[5] 国家电网公司. 配电自动化主站系统功能规范：Q/GDW 513—2010［S］. 北京：中国电力出版社，2010：12.

[6] 国家电网公司. 配电自动化终端/子站功能规范：Q/GDW 514—2010［S］. 北京：中国电力出版社，2010：12.

[7] 国家电网公司. 配电自动化系统验收技术规范：Q/GDW 567—2010［S］. 北京：中国电力出版社，2011：6.

[8] 国家电网公司. 配电自动化建设与改造标准化设计技术规定：Q/GDW 625—2011［S］. 北京：中国电力出版社，2011：5.

[9] 国家电网公司. 配电自动化系统运行维护管理规范：Q/GDW 626—2011［S］. 北京：中国电力出版社，2011：12.

[10] 刘健，沈兵兵，赵江河. 现代配电自动化系统［M］. 北京：中国水利水电出版社，2013.

[11] 刘健，毕鹏翔，杨文宇，等. 配电网理论及应用［M］. 北京：中国水利水电出版社，2007.

[12] 李天友，金文龙，徐丙垠，等. 配电技术［M］. 北京：中国电力出版社，2007.

[13] 冷华，朱吉然，唐海国，等. 配电自动化调试技术［M］. 北京：中国电力出版社，2015.

[14] 国家电网公司. 配电网典型设计图册［M］. 北京：中国电力出版社，2010.

[15] 秦立军，马其燕. 智能配电网及其关键技术［M］. 北京：中国电力出版社，2010.

[16] 刘健，等. 简单配电网——用简单办法解决配电网问题［M］. 北京：中国电力出版社，2017.

[17] 赵江河，王立岩. 智能配电网的信息架构[J]. 电网技术，2009，33（15）：26－29＋75.
[18] 刘东，丁振华，腾乐天，等. 配电自动化实用化关键技术及其进展［J］. 电力系统自动化，2004，28（7）：16－19.
[19] 沈兵兵，吴琳，王鹏. 配电自动化试点工程技术特点及应用成效分析［J］. 电力系统自动化，2012，36（18）：27－32.
[20] 赵江河，陈新，林涛，等. 基于智能电网的配电自动化建设［J］. 电力系统自动化，2012，36（18）：33－36.
[21] 郑毅，刘天琪，洪行旅，等. 中心城市大型配电自动化设计方案与应用［J］. 电力系统自动化，2012，36（18）：49－53.
[22] 张波，赵江河，林涛，等. 配电自动化系统标准体系研究与建立［J］. 供用电，2014（5）：26－29＋4.
[23] 李有铖，黄邵远，于力，等. 南方电网配电自动化管理与实践［J］. 供用电，2014（9）：20－23.
[24] 赵江河. 智能配电网的体系架构设计探讨［J］. 供用电，2016，33（10）：2－6.
[25] 张岚. 配电网自动化通信方式综述［J］. 电力系统通信，2008（4）：42－46.
[26] （日）电气学会高速电力线通信系统和 EMC 调查专门委员会. 高速电力线通信系统（PLC）和 EMC［M］. 吴国良，译. 北京：中国电力出版社，2011.
[27] 孟爱萍. 配电自动化系统中的通信方案［J］. 电力系统通信，2007（S1）：43－45.
[28] 钟元高. 配网通信系统方案研究［J］. 电力系统通信，2008，29（12）：42－44.
[29] 李大矿. 光传输在配电自动化中的应用研究［D］. 吉林：东北电力大学，2007.
[30] 王翔，樊强，张军，等. 基于 EPON 的配电通信接入网 ODN 设计［J］. 电力系统通信，2012，33（2）：5－9.
[31] 唐海国，冷华，朱吉然，等. 智能配电网 EPON 通信技术的应用分析［J］. 供用电，2015，32（9）：74－78＋68.
[32] 徐光年，马新祥，潘克菲，等. 基于 EPON 技术的配电网通信系统设计和应用[J]. 电力系统通信，2008（5）：59－62＋70.
[33] 余南华，陈云端. 智能配电网技术丛书：通信技术［M］. 北京：中国电力出版社，2012.
[34] 刘宝仁. 几种无线宽带通信技术在低压配电网通信中的应用分析[J]. 电力通信，2009（6）.
[35] 蔡开裕，范金鹏. 计算机网络［M］. 北京：机械工业出版社，2001.
[36] 钟章队，蒋文怡，李红君，等. GPRS 通用分组无线业务［M］. 北京：人民邮电出版社，2001.

[37] 凌万水，刘东，陆一鸣，等. 基于IEC 61850的智能分布式馈线自动化模型［J］. 电力系统自动化，2012，36（6）：90－95.
[38] 国家电网有限公司运维检修部. 配电自动化运维技术［M］. 北京：中国电力出版社，2018.
[39] 郑毅，刘天琪. 配电自动化工程技术与应用［M］. 北京：中国电力出版社，2016.